国家出版基金资助项目
"十四五"时期国家重点出版物出版专项规划项目

国家出版基金项目
NATIONAL PUBLICATION FOUNDATION

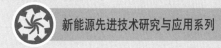

新能源先进技术研究与应用系列

锂离子电池状态监测
与状态估计

Lithium-ion Battery State Monitoring
and State Estimation

刘大同　宋宇晨　彭　宇　彭喜元　著

哈尔滨工业大学出版社
HITP　HARBIN INSTITUTE OF TECHNOLOGY PRESS

内 容 简 介

本书着眼于"双碳"应用场景下,新能源储能系统中锂离子电池状态监测与状态估计的理论、方法和应用,兼顾电动汽车、航空航天等相关领域对锂离子电池储能系统状态评估和预测的现实需求,系统地介绍了锂离子电池状态监测与状态估计的基本概念及方法。

本书可作为高等院校本科电类专业学生的课外选用书,也可作为高等院校电类学科硕士研究生的教学用书,以及新能源储能、电动汽车、航空航天等相关领域科研与工程技术人员的参考书。

图书在版编目(CIP)数据

锂离子电池状态监测与状态估计/刘大同等著. —
哈尔滨:哈尔滨工业大学出版社,2024.6
(新能源先进技术研究与应用系列)
ISBN 978 - 7 - 5767 - 1190 - 5

Ⅰ.①锂… Ⅱ.①刘… Ⅲ.①锂离子电池-监测
Ⅳ.①TM912

中国国家版本馆 CIP 数据核字(2024)第 028537 号

策划编辑　王桂芝　张　荣
责任编辑　王　爽　陈雪巍　张永芹
出版发行　哈尔滨工业大学出版社
社　　址　哈尔滨市南岗区复华四道街 10 号　邮编 150006
传　　真　0451 - 86414749
网　　址　http://hitpress.hit.edu.cn
印　　刷　辽宁新华印务有限公司
开　　本　720 mm×1 000 mm　1/16　印张 20.25　字数 397 千字
版　　次　2024 年 6 月第 1 版　2024 年 6 月第 1 次印刷
书　　号　ISBN 978 - 7 - 5767 - 1190 - 5
定　　价　118.00 元

 总　序

　　能源是人类社会生存发展的重要物质基础,攸关国计民生和国家安全。当前,随着世界能源格局深刻调整,新一轮能源革命蓬勃兴起,应对全球气候变化刻不容缓。作为世界能源消费大国,牢固树立和贯彻落实创新、协调、绿色、开放、共享的发展理念,遵循能源发展"四个革命、一个合作"战略思想,推动能源生产和利用方式发生重大变革,建设清洁低碳、安全高效的现代能源体系,是我国能源发展的重大使命。

　　由于煤、石油、天然气等常规能源储量有限,且其利用过程会带来气候变化和环境污染,因此以可再生和绿色清洁为特质的新能源和核能越来越受到重视,成为满足人类社会可持续发展需求的重要能源选择。特别是在"双碳"目标下,构建清洁、低碳、安全、高效的能源体系,加快实施可再生能源替代行动,积极构建以新能源为主体的新型电力系统,是推进能源革命,实现碳达峰、碳中和目标的重要途径。

　　"新能源先进技术研究与应用系列"图书立足新时代我国能源转型发展的核心战略目标,涉及新能源利用系统中的"源、网、荷、储"等方面:

　　(1)在新能源的"源"侧,围绕新能源的开发和能量转换,介绍了二氧化碳的能源化利用,太阳能高温热化学合成燃料技术,海域天然气水合物渗流特性,生物质燃料的化学烟,能源微藻的光谱辐射特性及应用,以及先进核能系统热控技术、核动力直流蒸汽发生器中的汽液两相流动与传热等。

（2）在新能源的"网"侧，围绕新能源电力的输送，介绍了大容量新能源变流器并联控制技术，面向新能源应用的交直流微电网运行与优化控制技术，能量成型控制及滑模控制理论在新能源系统中的应用，面向新能源发电的高频隔离变流技术等。

（3）在新能源的"荷"侧，围绕新能源电力的使用，介绍了燃料电池电催化剂的电催化原理、设计与制备，Z 源变换器及其在新能源汽车领域中的应用，容性能量转移型高压大容量电平变换器，新能源供电系统中高增益电力变换器理论及其应用技术等。此外，还介绍了特色小镇建设中的新能源规划与应用等。

（4）在新能源的"储"侧，针对风能、太阳能等可再生能源固有的随机性、间歇性、波动性等特性，围绕新能源电力的存储，介绍了大型抽水蓄能机组水力的不稳定性，锂离子电池状态的监测和状态估计，以及储能型风电机组惯性响应控制技术等。

该系列图书是哈尔滨工业大学等高校多年来在太阳能、风能、水能、生物质能、核能、储能、智慧电网等方向最新研究成果及先进技术的凝练。其研究瞄准技术前沿，立足实际应用，具有前瞻性和引领性，可为新能源的理论研究和高效利用提供理论及实践指导。

相信本系列图书的出版，将对我国新能源领域研发人才的培养和新能源技术的快速发展起到积极的推动作用。

2022 年 1 月

前　言

　　随着"碳达峰、碳中和"愿景的不断落地实施,以锂离子电池为代表的电化学储能系统已成为加强新能源消纳能力的关键技术。锂离子电池凭借优异的能量密度和功率密度,在新能源储能系统削峰填谷、电动汽车能量存储和释放,以及航空航天等相关领域得到了广泛应用。锂离子电池运行状态参数较多,除电压、电流和温度等参数可直接测量外,大多数参数均难以在线监测或测量。因此,需要研究锂离子电池的状态监测与状态评估技术,以实现高效、精准的运维,确保安全、稳定地运行。

　　近年来,锂离子电池状态监测与状态估计等相关研究备受关注,但系统地介绍锂离子电池状态监测与状态估计的著作并不多。本书是作者所在课题组多年研究成果的结晶,希望能为广大读者深入理解锂离子电池的状态监测与状态估计的基本理论、典型方法以及系统开发实现流程等提供帮助,为锂离子电池管理系统、新能源储能运维系统等的设计和研制提供支持。

　　全书共分为9章。第1章介绍了锂离子电池的基本概念与工作原理,以及几种常见的锂离子电池,并阐述了锂离子电池在新能源储能、电动汽车及航空航天等领域的应用现状。第2章介绍了锂离子电池状态监测与状态估计的基本概念,并对锂离子电池状态监测与状态估计的研究现状进行了综述。第3章在详细介绍锂离子电池管理系统的基础上,以基于集成型管理芯片的锂离子电池状态监测系统和基于独立元器件的锂离子电池状态监测系统作为设计实例,对相关芯片的使用、硬件电路设计等进行了详细分析和介绍。第4章重点探讨了锂离子电池测试和实验的方法，详细介绍了锂离子电池最大可用容量、内阻、电化学阻抗及容量增量等典型参数的测试方法。此外，还深入介绍了以台架设备为核心的锂离子电池测试平台的搭建，以及嵌入式锂离子电池性能退化测试系统的软硬件设计。第5章、第6章和第7章针对锂离子电池荷电状态估计、健康状态估计和剩余使用寿命预测方面进行了详细的介绍，并给出了各种不同状态估计和预测方法的计算实例。第8章则针对锂离子电池状态估计和预测的嵌入式实现问题，详细介绍了锂离子电池状态估计的嵌入式计算以及锂离子电池剩余使用寿命预测的嵌入式计算架构，并对应给出了系统的设计实例，同时阐述了可重构计算技术在锂离子电池状态估计和预测中的应用。第9章主要从锂离子电池组层面，对状态估计和预测的研究工作进行了总结与展望，介绍了锂离子电池组的退化机理分析、分布式状态监测以及数字孪生体构建的关键技术。

本书由哈尔滨工业大学刘大同教授、宋宇晨博士、彭宇教授、彭喜元教授共同撰写。其中，刘大同教授撰写了全书大纲、前言以及第1、2、3章，宋宇晨博士撰写了第5、6、7章，彭宇教授撰写了第4、8章，彭喜元教授撰写了第9章。最后由刘大同教授统稿。

本书研究的内容获得了国家自然科学基金（62201177、61771157、61301205）和黑龙江省自然科学基金优秀青年项目（YQ2023F006）的资助。同时，在本书的撰写过程中，在读博士研究生杜宇航、王瑛琪、于润泽，博士毕业生侯彦冬，硕士毕业生印学浩、张绪龙、李律、程琬晴等做了大量的文档整理和绘图工作，在此一并表示衷心的感谢。由于作者水平有限，书中难免存在不足之处，恳请广大读者批评指正。

作　者
2024 年 2 月

目　录

第1章

绪　论

锂离子电池凭借优异的能量密度和功率密度特性，被广泛应用于新能源储能、电动汽车、航空航天等领域。作为一种具有显著非线性的复杂电化学系统，锂离子电池内部的物质材料多样，不同场景下的形状和参数也各不相同，这导致对其状态监测与状态评估的需求存在差异。本章首先简要介绍锂离子电池的基本概念与工作原理，然后展示几种常见的锂离子电池，最后对其在新能源储能、电动汽车及航空航天领域的应用现状进行总结。

1.1　概述

　　目前,锂离子电池已被广泛应用于多个领域,从我们手中的手机、笔记本电脑,到驾驶的汽车,再到太空中运行的卫星、空间站等航天器,都能看到锂离子电池的身影。尤其在碳达峰、碳中和的"双碳"愿景下,以风能和太阳能为核心的新能源系统已成为我国能源技术革命的重要领域。但是风能和太阳能系统自身的波动性和负载的不确定性,促使锂离子电池等电化学储能系统成为新能源消纳的主要手段,近年来的装机容量不断提升、新能源储能的示范性应用等大量涌现。

　　然而,锂离子电池在运行过程中仅能对电流、电压和温度等参数进行监测,却无法直接测量描述运行状态(如荷电状态、健康状态)的参数。同时,随充放电过程的持续进行,其内部会产生不可逆的电化学反应,导致不可逆的锂损失及电解液浓度下降等问题,造成电池性能退化,进而影响系统运行的安全性和可靠性。因此,锂离子电池状态监测与状态估计技术获得越来越多的关注,成为新能源、电化学、可靠性研究等多领域交叉的热点问题。

　　锂离子电池内部的化学物质是多样的,不同成分的锂离子电池充放电特性各异。同时,不同应用场景下锂离子电池的组成结构和形状各异,对其状态监测与状态估计的影响各不相同。因此,明确锂离子电池的基本概念和工作原理,以及明确不同应用场景下锂离子电池的应用特性,是建立准确、稳定的锂离子电池状态监测与估计方法的基本前提。

1.1.1　锂离子电池的基本概念与工作原理

1. 锂离子电池的基本概念

　　锂离子电池是指其中的锂离子(Li^+)嵌入和脱嵌正负极材料的一种可充放电的高能电池。其正极一般采用储锂化合物,如 $LiCoO_2$、$LiNiO_2$、$LiMn_2O_4$ 等;

负极采用锂－碳层间化合物 Li_xC_6；电解质为溶解了锂盐（如 $LiPF_6$、$LiAsF_6$、$LiClO_4$ 等）的有机溶剂，主要有碳酸乙烯酯（Ethylene Carbonate，EC）、碳酸丙烯酯（Propylene Carbonate，PC）、碳酸二甲酯（Dimethyl Carbonate，DMC）等。

2.锂离子电池的工作原理

锂离子电池是一种二次电池（充放电电池），主要依靠锂离子在正极和负极之间移动工作。锂离子电池在充电时，Li^+ 从正极脱出，经过电解质嵌入负极，使负极处于富锂状态，正极处于贫锂状态，同时电子的补偿电荷从外电路供给负极，确保了电荷的平衡；锂离子电池在放电时，情况正好相反。在正常充放电情况下，Li^+ 在层状结构的碳材料和氧化物的层间嵌入和脱嵌，此现象一般只会引起材料层面间距的变化，而不会破坏其晶体的结构，因此在充放电过程中，负极材料的化学结构基本不变。从充放电反应的可逆性看，锂离子电池反应是一种理想的可逆反应，锂离子电池也被形象地称为"摇椅电池"，如图 1.1 所示。

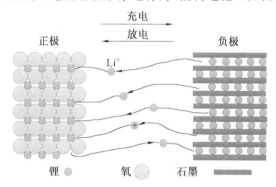

图 1.1　锂离子电池的工作原理图

1.1.2　锂离子电池的主要特点

锂离子电池与镍氢电池、镉镍电池是目前典型的蓄电池。表 1.1 中，对比了不同种类蓄电池单体间的主要性能。

相比于镍氢电池、镉镍电池等常见的蓄电池，锂离子电池的优点表现在以下几方面。

（1）工作电压高。锂离子电池的工作电压范围在 $2.7 \sim 4.2$ V 之间，高于镍氢电池和镉镍电池。在相同电压需求下，所需的锂离子电池单体更少。

（2）质量比能量和体积比能量高。其代表锂离子电池的能量密度高于镍氢电池及镉镍电池，同时锂离子电池还具有功率密度高的优点。因此，锂离子电池能有效降低能源系统的质量。

表 1.1　锂离子电池与镍氢电池、镉镍电池的主要性能对比

关键参数	锂离子电池	镍氢电池	镉镍电池
标称电压 /V	3.6	1.2	1.2
质量比能量 /(Wh·kg^{-1})	100 ～ 140	65	50
体积比能量(Wh·L^{-1})	270	200	150
充放电寿命 / 次	500 ～ 1 000	300 ～ 700	300 ～ 600
自放电率(每月)/%	6 ～ 9	30 ～ 50	25 ～ 30
电池容量	高	中	低
高温性能	优	差	一般
低温性能	较差	优	优
记忆效应	无	无	有
电池质量	较轻	重	重
安全性	具有过充、过放、短路等保护功能	无前述功能,尤其是无短路保护功能	无前述功能,尤其是无短路保护功能

　　(3)循环使用寿命(充放电寿命)长。相比于镍氢电池和镉镍电池,锂离子电池的充放电寿命更长,约为镍氢电池的 1.5 倍,镉镍电池的 2 倍。

　　(4)运行温度范围大。锂离子电池具有良好的高低温放电性能,可以在 $-20 ～ +55$ ℃ 范围内工作,其高温放电性能优于镍氢电池和镉镍电池。

　　但同时,受到自身电化学体系、组成成分(如电解液为有机溶剂)等的影响,锂离子电池在安全性、成本等方面也存在一定的不足,具体表现如下。

　　(1)工作电压变化范围大。锂离子电池的工作电压高,但其工作电压上、下限的差值也达到 1.5 V,当多个锂离子电池单体串联成组后,使其工作电压的变化范围更大,过高或过低的工作电压可能会影响设备的性能或导致设备损伤。因此,需要配备一个电源控制器稳定输出电压,此控制器可以监测锂离子电池组的电压,并确保输出电压在正常工作的范围内。

　　(2)生产成本高。锂离子电池正极材料的成本相对较高,因此,当前锂离子电池的梯次利用已成为相关领域的研究热点。

　　(3)运行监测需求高。一方面,锂离子电池的电解液大多为有机溶剂,使用不当易出现热失控现象,造成起火或爆炸;另一方面,在充放电过程中,使用不当会造成过充或过放现象的发生。因此,需要准确监测锂离子电池的运行状态。

1.1.3 常见的锂离子电池

锂离子电池种类繁多,按单体外形区分,常见的锂离子电池包括圆柱形锂离子电池、方形锂离子电池和袋形锂离子电池等,如图1.2所示。

(a) 圆柱形锂离子电池　　　(b) 方形锂离子电池　　　(c) 袋形锂离子电池

图 1.2　锂离子单体电池外形

(1) 圆柱形锂离子电池。

圆柱形锂离子电池按填充材料分为磷酸铁锂($LiFePO_4$)、钴酸锂($LiCoO_2$)、锰酸锂($LiMn_2O_4$)、钴锰混合、三元锂等不同体系。典型的圆柱形锂离子电池的结构包括正极盖、安全阀、PTC元件、电流切断机构、垫圈、正极、负极、隔离膜和壳体。

根据国际电工委员会发布的标准《电力系统设备和部件的电磁兼容性》(IEC 61960—2017),圆柱形锂离子电池的表示方法为3个字母和5个数字的组合。其中,第1个字母表示电池的负极材料,第2个字母表示电池的正极材料,第3个字母表示电池的形状,各字母的含义见表1.2。字母后的前两个数字表示电池的直径,单位为mm;后3个数字表示电池高度的10倍,单位为mm。当直径或高度大

表 1.2　圆柱形电池命名规范中各字母的含义

位置	含义
1	I:锂离子电池
	L:锂金属电极或锂合金电极
2	C:基于钴的电极
	N:基于镍的电极
	M:基于锰的电极
	V:基于钒的电极
3	R:圆柱形电池

于或等于 100 mm 时,两个尺寸之间应加一条斜线。例如,ICR18650 表示圆柱形锂离子电池,正极材料为钴,其直径为 18 mm,高度为 65 mm。通常在描述锂离子电池的过程中,习惯省略其字母,仅用尺寸信息描述型号。常见的圆柱形锂离子电池型号包括 18650、21700 等。

(2) 方形锂离子电池。

方形锂离子电池的外包装多为铝壳或钢壳。方形锂离子电池的普及率在国内很高,尤其随着近年来汽车动力电池的兴起,汽车续航里程与电池容量之间的矛盾日渐突显,国内动力电池厂商多采用电池能量密度较高的铝壳方形锂离子电池。

方形锂离子电池的结构较为简单,其重要组成部件包括顶盖、壳体、正极板、负极板、隔膜组成的叠片或者绝缘件、安全组件等。相比圆柱形锂离子电池,方形锂离子电池具有更高的能量密度。同时,方形锂离子电池能够根据实际需求,定制化设计电池的尺寸,从而更加适应实际的应用场景需求。

定制化设计和生产能够在一定程度上提升锂离子电池单体的容量,从而提升锂离子电池单体的能量摸底,因此方形锂离子电池常被用于电动汽车和航空航天等领域。如我国的上海空间电源研究所、法国的 SAFT 等航天器锂离子电池核心配套单位,均已经开始生产方形锂离子电池,并应用于各个型号的航天器中。

(3) 袋形锂离子电池。

袋形锂离子电池又称为软包锂离子电池,是液态锂离子电池套上一层聚合物外壳,与其他电池最大的不同之处在于其外包装使用了软包装材料封装工艺,这也是袋形锂离子电池中最关键、技术难度最高的工艺。软包装材料通常分为三层,即外阻层(一般为尼龙 BOPA 或 PET 构成的外层保护层)、阻透层(铝箔构成的中间层)和内层(多功能高阻隔层)。袋形锂离子电池具有安全性能好、质量轻、容量大、内阻小及设计灵活等优势,然而袋形锂离子电池现有的软包电池芯型号较少,无法满足市场需求,同时开发新的型号成本较高。目前,袋形锂离子电池常见于航模和智能车等应用中,也可为无人机等提供能源。

与此同时,随着相关技术的不断进步以及电池芯的生产厂商、动力电池集成厂商对锂离子电池安全性、使用寿命、续航能力等的持续深入关注,部分电池设计、制造厂商也对电池的生产工艺进行了改良设计。日本横滨国立大学与住友电气工业株式会社等多家机构的研究团队针对锂离子电池存在的火灾隐患等安全问题进行了协作研究,成功研发出利用水代替可燃性有机溶剂的技术,进而开发了具有更高安全性的锂离子电池。北京低碳清洁能源研究院针对锂离子电池充电慢、充电时间长等问题,成功研制出新型快充锂离子电池。缩短负极材料内载流子的迁移距离、构建内部二次颗粒结构等方式极大提高了锂离子电池的充电效率,使得该新型快充锂离子电池可在 5 min 内完成充电操作。比亚迪公司针对锂离子电池热失控导致的安全问题开发了一款"刀片电池"。该电池在保证续航能力不下降的同时,大大提高了电池的安全性能。目前该电池已经通过了行业内公认的高难度测试 ——"针刺测试",并受到了极大关注。

1.2　锂离子电池的应用现状

1.2.1　锂离子电池在新能源储能领域的应用

锂离子电池作为一种具有多种优点的新型储能器件,在新能源储能领域也有着许多成功的应用案例,如特斯拉的 Powerwall、大规模集中式储能系统、华为的智能组串式储能系统等。

(1) 特斯拉的 Powerwall。

Powerwall 是特斯拉公司提出的一种基于锂离子电池的家庭储能设备。Powerwall 的主要功能是储能,能检测断电情况,并在停电时为住宅供电。与发电机不同,Powerwall 无须保养,不耗油,也不会产生噪声。Powerwall 搭配太阳能电池板,利用太阳能充电,可为家庭用电连续供电数天,同时,Powerwall 通过存储太阳能增强了系统用电的独立性,可降低家庭用电对公共电网的依赖性。

(2) 大规模集中式储能系统。

为加快构建清洁低碳、安全高效的能源体系,实现 2030 年"碳达峰"及 2060 年"碳中和"目标,国家能源局经过反复的审查等工作后正式发布了首批科技创新(储能)试点示范项目名单,其中覆盖可再生能源发电侧、用户侧、电网侧、火储调频等应用场景各有 2 个项目。入选的 8 个项目均利用锂离子电池进行储能系统的构建,详细介绍见表 1.3。

表 1.3 首批科技创新(储能) 试点示范项目介绍

序号	所在省份	名称	应用场景	储能设备
1	青海省	青海黄河上游水电开发有限责任公司国家光伏发电试验测试基地配套 20 MWh 储能电站项目	可再生能源发电侧	锂离子电池、液流电池
2	河北省	国家风光储输示范工程二期储能扩建工程	可再生能源发电侧	锂离子电池
3	福建省	宁德时代储能微网项目	用户侧	锂离子电池
4	江苏省	张家港海螺水泥厂 32 MWh 储能电站项目	用户侧	锂离子电池
5	江苏省	苏州昆山 110.88 MWh/193.6 MWh 储能电站	电网侧	锂离子电池
6	福建省	福建晋江 100 MWh 级储能电站试点示范项目	电网侧	锂离子电池
7	广东省	科陆－华润电力(海丰小漠电厂) 30 MWh 储能辅助调频项目	火储调频	锂离子电池
8	广东省	佛山市顺德德胜电厂储能调频项目	火储调频	锂离子电池

(3)华为的智能组串式储能系统。

2021 智能光储大会上,华为技术有限公司发布了智能组串式锂离子电池储能解决方案——《智能组串式储能解决方案》。在会议上,华为提出将数字信息化技术与光伏储能技术相结合,形成一种全新的信息化储能技术,同时还开创性地提出了"组串化""智能化""模块化"的全新设计概念。通过所开创的"三化"概念,华为的智能组串式储能系统实现电池模组级精细化管理,产生更多放电量,助力能源技术从光伏平价迈向光储平价。目前,华为所提出的智能组串式储能系统已经应用于山东德州等地。

1.2.2 锂离子电池在电动汽车领域的应用

锂离子电池是新能源汽车的核心部件。新能源汽车动力电池的要求包括高能量密度、高体积比能量、宽温度范围、长循环使用寿命、支持高倍率放电以及更高的安全性。与新能源汽车中其他的储能设备相比,锂离子电池凭借其能量密度高、循环使用寿命长等性能方面的优势,在新能源汽车动力电池领域占据了主导地位。近年来,锂离子电池在电动汽车中的应用稳步快速发展,根据相关研究机构预计,到 2025 年,中国汽车动力锂离子电池装机量将达到 232 GWh,相比 2020 年增长超过 3 倍。

三元锂离子电池和磷酸铁锂离子电池在新能源乘用车(插电式混动、纯电动)和专用车(纯电动)领域占主导地位,其中,磷酸铁锂离子电池在纯电动客车市场占 90% 以上的市场份额。

作为动力电池,三元锂离子电池的主要特点是具备高能量密度,可满足市场对车辆高续驶里程的需求。2018 年起,三元锂离子电池迎来高速发展,前三季度的装机量达17.7 GWh,超过其 2017 年全年装机量,并超过同时期磷酸铁锂离子电池的装机量,排名第一,市场份额达到 60%。搭载三元锂离子电池的电动汽车包括大众 ID.4 CROZZ、极氪 001,以及高性能版特斯拉 Model 3 等。

相比于三元锂离子电池,磷酸铁锂离子电池的制造成本更低,安全性更好,循环使用寿命更长。2020 年起,随着新能源汽车产业相关补贴政策的调整,主机厂获得的补贴减少,于是开始使用成本较低的磷酸铁锂离子电池代替三元锂离子电池。2021 年 5 月开始,磷酸铁锂离子电池首次在产量上重新反超三元锂离子电池;同年 7 ~ 9 月,磷酸铁锂离子电池在动力电池市场所占比重也逐月提升。到 2021 年 9 月,磷酸铁锂离子电池的装机量占比已超过 60%,呈现出对三元锂离子电池加速替代的趋势。搭载磷酸铁锂离子电池的主要车型包括比亚迪"汉"EV 标准续航版、五菱宏光 MINI EV 版、特斯拉 Model Y 标准续航版等。随着产业链上游原材料价格的不断走高以及对新能源汽车安全性要求的提升,磷酸铁锂离子电池可能会取代三元锂离子电池,重回市场主流。

与此同时,面向电动汽车广阔的市场空间,各大车企和电池生产厂商也正将更多的研发成本投入新型动力电池的研发和应用中。其中,最具代表性的是比亚迪公司设计生产的"刀片电池",通过优化磷酸铁锂离子电池的结构设计,缩小了电池单体间的无效空隙,从而增大了电池系统的散热面积,降低了电芯发生起火的概率。目前,"刀片电池"已经应用于比亚迪"汉""元 Plus"等车型,进一步提升了车辆的安全性。

1.2.3　锂离子电池在航空航天领域的应用

锂离子电池凭借较高的能量密度和功率密度,被广泛应用于各类型号的航天器中,对电源系统减重、航天器平台携带载荷的能力提升具有重要意义。目前,锂离子电池已成为我国第三代空间储能电源,成为航天器电源系统中至关重要的组成部分。

不同种类的航天器根据应用任务的不同而采用不同类型的电源系统。目前应用过的航天器电源系统类型有：一次化学原电池或锂离子电池组、氢氧燃料电池、核电源以及太阳电池阵－锂离子电池组联合电源。其中，太阳电池阵－锂离子电池组联合电源是目前最常见的航天器电源系统。锂离子电池在航空航天中的快速应用，有效减轻储能电池组及整个航天器电源系统的质量和体积，进一步提升了航天器平台可携带载荷的种类和数量，丰富了航天器的功能。太阳电池阵－锂离子电池组联合电源基本组成结构如图 1.3 所示。

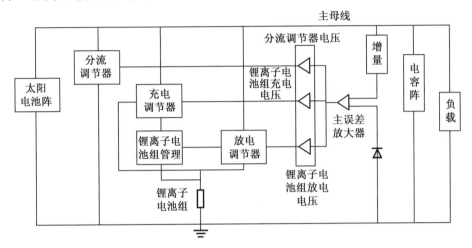

图 1.3　太阳电池阵 — 锂离子电池组联合电源基本组成结构

太阳电池阵－锂离子电池组联合电源的主要组成部件包括太阳电池阵、锂离子电池组、分流调节器、充电调节器、放电调节器等。其中，卫星能量的来源和储存部件为太阳电池阵和锂离子电池组；卫星电源的控制部件为分流调节器、充电调节器、放电调节器，主要作用是调节并控制能量的使用与传输。

卫星在轨运行期间，随"星 — 地 — 日"三者间相对位置的动态变化，航天器从光照期经入影期进入本影期，再逐渐进入出影期，最后进入光照期，如图 1.4 所示。

（1）光照期：一般情况下，在光照期太阳电池阵能够产生足够的输出功率，满足航天器平台和负载的功率需求，同时在充电调节器的作用下控制锂离子电池组充电，而多余的电量则通过分流调节器分流。

（2）入影期：部分太阳光被遮挡，导致太阳电池阵输出功率降低。当太阳电池阵输出功率低于负载正常运作的功率需求时，放电调节器开始工作，控制锂离子电池组放电，与太阳电池阵共同为负载供电。

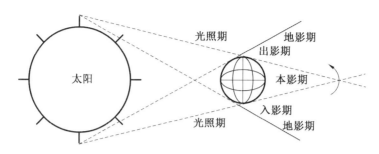

图 1.4　卫星运行各阶段示意图

（3）本影期：太阳光被全部遮挡，太阳电池阵无输出，仅由锂离子电池组为整颗卫星上的负载供电，并在放电调节器的调节下稳定地维持母线电压，确保卫星正常运行。

（4）出影期：部分太阳光被遮挡，太阳电池阵输出功率逐渐增大。与入影期相似，由放电调节器调节，锂离子电池组放电，与太阳电池阵同时为负载供电。

目前，国内外已有多家研究院所、公司等机构开展了锂离子电池在航空航天领域应用的研究，并取得了许多成果。例如，上海空间电源研究所研究并开发了多款锂离子电池单体与锂离子电池组应用于航空航天领域（"东方红"系列卫星、北斗系列卫星、神舟系列飞船等）。中国电子科技集团公司第十八研究所也开发了多款锂离子电池，同样取得了广泛应用。

国外比较著名的航空航天领域的锂离子电池生产商有美国的 Eagle-Picher 和 Yardney 公司、法国的 SAFT、日本的汤浅蓄电池科技有限公司、俄罗斯的电源蓄电池技术研究所和"土星"生产联合公司等。上述公司及机构均有大量的锂离子电池产品应用于航空航天领域。

不同应用场景对锂离子电池的性能需求略有不同，新能源储能场景要求电池具有良好的能量存储和释放能力，从而适应光伏、风能等新型能源发电的动态性和不确定性，为电网提供优秀的消纳能力；电动汽车场景则对锂离子电池的峰值功率输出提出了较高要求和挑战，车辆运行过程中的频繁启停、加速减速等过程，需要锂离子电池具备良好的动态工况适应能力；航空航天的应用场景则更加关注锂离子电池的在轨循环使用寿命。不同的应用场景对锂离子电池的性能参数提出了不同的需求，相应地，对锂离子电池的状态监测与状态估计也各有侧重，需要针对实际应用场景的需求设计对应的状态监测与状态估计体系。

1.3　本章小结

　　锂离子电池具有能量密度大、功率密度高的优势,被广泛应用于新能源储能、电动汽车、航空航天等应用场景中,实现了电能的存储和释放,为系统提供优质可靠的能量供给。本章主要介绍了锂离子电池的基本概念与工作原理,并将锂离子电池与常见的镍氢电池和镉镍电池进行主要性能指标的对比,明确其在实际应用中的优势。同时,通过实际案例,对锂离子电池在新能源储能、电动汽车、航空航天等领域的应用现状进行分析和综述,明确了在上述应用场景下锂离子电池的主要功能,为后续明确其状态监测与状态估计的需求奠定基础。

第 2 章

锂离子电池状态监测与状态估计的基本概念

本章将重点介绍锂离子电池状态监测与状态估计的基本概念，以及锂离子电池端电压、充放电电流和表面温度等状态参数监测的基本方法。通过对锂离子电池状态估计的现状综述，明确锂离子电池荷电状态、健康状态、功率状态、能量状态、剩余使用寿命等参数的定义和估计／预测方法，以及锂离子电池状态监测与状态估计的技术内涵。

2.1　锂离子电池状态监测

自 20 世纪 70 年代以来,锂离子电池的发展经历了多个阶段,从概念阶段到商业化阶段,再到广泛应用阶段,关键技术不断突破和创新,其性能得到了显著提升。锂离子电池因具备高效、轻量、长寿命等特性,已成为新能源储能、电动汽车、航天航空等领域的首选能源存储设备。但是,一方面,锂离子电池内部的电解液大多为有机溶剂,易出现着火、爆炸等危险事故,导致严重的生命财产损失;另一方面,在充放电的过程中,其内部会出现不可逆的电化学反应,导致锂离子被还原成金属锂,并进一步沉积形成锂枝晶,可能会引起锂离子电池内短路等现象,增加了电池组的运行风险。因此,在实际应用中,需要对锂离子电池的工作状态进行监测,防止过充、过放、热失控等危险事故发生,并以此为基础优化锂离子电池的控制策略,从而保证锂离子电池安全、稳定地运行。

在实际应用中,受限于可实际施加的测试激励及参数采集成本,对于锂离子电池,仅有端电压、充放电电流和表面温度参数能够进行监测。因此,本节重点介绍这三类参数状态监测的基本方法。

2.1.1　锂离子电池端电压的监测

锂离子电池端电压是反映锂离子电池当前运行状态的参数之一,利用端电压可以判断充放电过程、量化电池组中锂离子电池单体的一致性,估计电池组当前的荷电状态等。在实际应用中,锂离子电池端电压的监测主要用于串联锂离子电池组中,通过实时监测串联锂离子电池单体或模组的端电压,可限制锂离子电池过充和过放现象的发生。按照端电压测量电路的拓扑结构,可将锂离子电池端电压的监测方法分为共模法和差模法。

（1）共模法。

该方法的原理是选取某一固定参考点,再将所有监测点按照一定比例设置不同阻值的电阻并与各个电池并联,根据电阻阻值可获取各个监测点的电压,再根据各个监测点电压的差值以获取各个电池单体端电压,共模法电路图如图 2.1 所示。

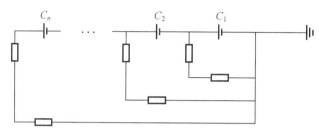

图 2.1　共模法电路图

该方法的主要优点是电路结构相对简单,利用作差的形式能够有效削减电压测量中的共模干扰。在测量锂离子电池单体端电压的同时,也同步完成了电池组端电压的测量,使测量结构相对更加简化。然而,当串联锂离子电池单体的数量增加时,测量设备需要具备较大的量程,因此,元器件的选择及信号调理电路的设计相对复杂。

(2)差模法。

差模法的原理是直接测量锂离子电池单体端电压,与共模法相比,差模法精度更高,差模法电路图如图 2.2 所示。

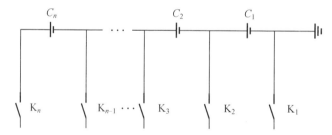

图 2.2　差模法电路图

如图 2.2 所示,差模法的优点在于各个锂离子电池单体间的测量量程相对固定,使其测量电路的组成结构相对稳定,但不足在于各个测量通道间的共模误差无法相互抵消,同时该电路并不具备测量整组电池端电压的能力。

2.1.2　锂离子电池充放电电流的监测

充放电电流是控制锂离子电池充电和放电过程的关键参数,尤其对锂离子电池进行荷电状态估计、快速充电控制、安全放电控制都起着至关重要的作用。

除此之外,电池充放电电流的大小也是影响电池寿命的一个关键要素。因此,对电池充放电电流进行监测是十分必要的。现有的锂离子电池充放电电流监测方法主要有两大类:电流传感器法与分流电阻法。相比较之下,电流传感器法更适合大电流应用场景,但是其抗干扰能力较差、成本较高;而分流电阻法的成本较低。以下对锂离子电池的两类充放电电流监测方法分别进行介绍。

(1)电流传感器法。

电流传感器法可用于锂离子电池充放电电流监测的传感器种类较多,如LEM公司生成的LA108－P电流传感器,Allegro公司生产的ASC75x系列电流传感器等。各类传感器大多是依托霍尔效应完成对锂离子电池充放电电流的监测。在此基础上,电流传感器可继续分成开环电流传感器和闭环电流传感器两种类型。开环电流传感器通过将电流信号转换为电压信号,从而实现电流监测。闭环电流传感器则是通过磁平衡原理,使霍尔器件始终处于零磁通状态,根据次级线圈电流与初级线圈电流的关系,得到要监测的电流值。

(2)分流电阻法。

分流电阻法与电流传感器法类似,分流电阻法也大致分成两类,即按照电阻所在位置进行分类,分成低端侧检测电流传感器与高端侧检测电流传感器,具体介绍如下。

在低端侧检测法中,电阻分别与负载和地相连,它要求不能有其他引入电流接地通路的存在,且流经电阻的电流不能再次被分流。该类方法具有信号易监测、共模电压低、易实现的优点。但同时也存在着系统中不同点接地的电压值不一致,导致负载地电位容易受到影响等缺点。低端侧检测法电路示意图如图2.3所示。

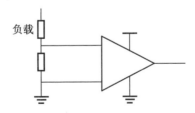

图2.3　低端侧检测法电路示意图

在高端侧检测法中,电阻分别与负载和电源相连,使系统具有负载接地的优点,简化了电路结构,提高了系统的稳定性和可靠性,同时减少了对复杂地线布局的需求。这种配置使负载电流通过电阻时形成差分电压,便于测量电流。然而,该方法常伴随着较高的共模电压,而分离共模电压与差分电压具有一定难度,可能导致电流测量不准确。因此,虽然该方法可以简化系统结构,但在解决共模电压问题上仍然存在挑战,在具体应用中仍需综合考虑其可行性,高端侧检测法电路示意图如图 2.4 所示。

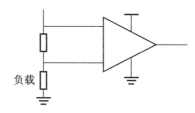

图 2.4　高端侧检测法电路示意图

无论是低端侧检测法还是高端侧检测法,想要提高电流监测精度都必须消除共模电压。相比较之下,低端侧检测法在接地上存在干扰,高端侧检测法则对电阻和运算放大器有效范围的要求较高。

2.1.3　锂离子电池表面温度的监测

锂离子电池的温度是影响其运行安全的关键参数,过高或过低的运行温度均会影响锂离子电池的安全、稳定运行。例如,在北方冬季,手机在室外的续航时间显著降低,是因为过低温度下锂离子电池单体内部的电解液失活,影响其正常的充放电过程;又如夏季气温相对较高,高温可能引发锂离子电池内部热失控,造成压力增加、电解液膨胀、材料结构破坏等现象,导致电动汽车、电动自行车等自燃事故的发生频率显著提高。由此可见温度不但影响电池的性能,更是直接影响电池本身的寿命。因此,无论是从锂离子电池自身性能的角度出发,还是综合考虑锂离子电池自身运行的安全性和可靠性,都需要对电池的表面温度进行实时监测,准确评估锂离子电池自身的运行状态。

温度作为非电量,必须使用传感器将其转换为电信号后才能进行测量。比较常见的传统温度传感器有热电偶温度传感器、热敏电阻温度传感器、模拟温度传感器和数字温度传感器等。其中,热电偶温度传感器和热敏电阻温度传感器更多用于测量高温,通常在工业领域使用的较多,这两类传感器在使用时需要搭配处理电路和采样电路。此外,这两类传感器的输出电压与温度通常呈非线性关系,在读取数据时需要通过查表法进行判读。

2.2　锂离子电池状态估计 / 预测

在实现锂离子电池端电压、充放电电流和表面温度监测的基础上，需要进一步引入相关模型，以上述状态监测参数作为输入，对锂离子电池充放电过程中的不可测状态进行估计 / 预测。在实际应用中，锂离子电池需要估计的状态参数主要包括荷电状态、健康状态、功率状态、能量状态等，同时需要对锂离子电池的剩余使用寿命进行预测。以下分别介绍锂离子电池各个状态参数的基本概念，以及现有主流的估计 / 预测方法。

2.2.1　锂离子电池的荷电状态估计

荷电状态(State of Charge，SOC)用于表示锂离子电池电量的剩余情况，通常用百分比表示，其数值常通过剩余电量 Q_r 与标称电量 Q_n 的百分比来表征。锂离子电池的荷电状态可以通过式(2.1)进行定义：

$$\mathrm{SOC}_t = \mathrm{SOC}_{t_0} + \int_{t_0}^{t} \frac{I_t \cdot c}{Q_n} \mathrm{d}t \tag{2.1}$$

式中，c 为库伦系数，表示锂离子电池完全放电时产生的能量和对其重新充满电时所需能量的比值，且库伦系数不恒为 1；电流 I 在充电时为正值，放电时为负值。荷电状态估计是锂离子电池管理系统中的必备功能，通过监测电池的电压、电流、温度等参数，估计当前电池中的剩余电量。SOC 的估计方法可大致分为三类：安时积分法、基于模型的估计方法、基于数据驱动的估计方法。

安时积分法的原理较为简单，即根据 SOC 的定义式，通过采集锂离子电池工作状态下充放电电流参数，迭代估计电池的 SOC。该方法的优点是原理简单且易于实现，缺点在于迭代估计过程中的估计误差容易累计，对锂离子电池充放电电流的测量精度有较高要求。同时，迭代估计开始时的荷电状态初值也对此类方法的估计精度产生直接影响。

基于模型的估计方法通过建立锂离子电池充放电过程的仿真模型，仿真电池的充放电过程中模型参数随 SOC 的变化过程，并通过建立状态空间方程，实现荷电状态的估计。状态空间方程包括状态观测方程和状态转移方程，在状态空间中，状态观测方程一般以监测的端电压作为观测值，反推模型的参数，实现了荷电状态的估计；而状态转移方程则以安时积分法为核心，在状态空间中通过模型迭代，实现了荷电状态的估计。常见的锂离子电池仿真模型包括电化学模型(Electrochemical Model,EM)和等效电路模型(Equivalent Circuit Model,ECM)。

电化学模型根据第一性原理,建立工作状态下锂离子电池内部的分子动力学方程,即模拟充放电过程中,锂离子在正负电极和电解液中固相、液相的转移过程,以及不同充放电电流下锂离子电池电压的响应情况。主流的电化学模型包括伪二维(Pseudo 2-Dimension,P2D)模型和单粒子(Single Particle,SP)模型。电化学模型根据电池内部的电化学机理进行设计,仿真精度较高。但是,电化学模型的参数过于复杂,大量参数需要在电池设计和研制阶段进行辨识,对于电池的使用者而言部分参数难以获取。而且,电化学模型中包含大量的偏微分方程求解过程,模型的计算量和计算复杂度较大,不利于实现实时在线的估计。

等效电路模型是通过搭建等效电路仿真电池的充放电过程,利用恒流源、电阻、电容等元器件建立等效电路模型的拓扑结构,并通过建立元器件参数随荷电状态变化的映射模型,实现充放电过程中充放电电压的模拟,在实时荷电状态估计问题上有较好的应用前景。常见的等效电路模型有 Rint 模型、Thevenin 模型等。将等效电路模型应用于锂离子荷电状态估计时,利用电池端电压的监测值,通过模型反推等效电路模型中的元器件参数,并通过元器件参数与荷电状态间的映射,实现荷电状态的估计。电化学模型和等效电路模型参数均会随着电池的退化发生变化,进而影响模型的估计精度。因此,在使用基于模型的估计方法估计SOC时,需要依据锂离子电池退化过程调整模型的参数,以保证模型的估计精度。

数据驱动的估计方法根据人工神经网络(Artificial Neural Network,ANN)、支持向量机(Support Vector Machine,SVM)等算法的原理建立荷电状态估计模型,并使用历史训练数据训练模型,实现对荷电状态的估计。现有方法中,较为常见的是使用充放电电流、电压、温度等时序数据作为模型的输入,SOC作为模型的输出,建立"多对一"的模型映射关系,如图 2.5 所示。

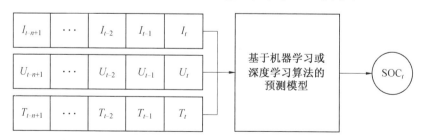

图 2.5　基于数据驱动的锂离子电池荷电状态估计方法模型图

数据驱动的估计方法非线性较强,易于实现,但其对于数据的依赖性较强,容易导致模型的失配。近年来,由于诸多因素的推动,如深度学习算法的发展,锂离子电池公开测试数据集越来越多,基于数据驱动的估计方法逐渐成为该领域的主流方法。

2.2.2　锂离子电池的健康状态估计

锂离子电池在充放电循环过程中会产生一系列复杂的物理化学变化,如可用锂损失(Loss of Lithium Inventory,LLI)、活性物质损失(Loss of Active Material,LAM)等。这些物理化学变化的发生会导致锂离子电池的性能退化,对外表现为内阻升高、最大可用功率损失和最大可用容量减小等。用于定量描述锂离子电池的性能退化程度的指标称为健康状态(State of Health,SOH)。锂离子电池的 SOH 常用放电容量或电阻的变化率量化表征,即

$$\mathrm{SOH} = \frac{\mathrm{Cap}_i}{\mathrm{Cap}_n} \times 100\% \tag{2.2}$$

$$\mathrm{SOH} = \frac{R_i - R_n}{R_n} \times 100\% \tag{2.3}$$

式中,Cap_i 和 Cap_n 分别表示第 i 个周期的放电容量和标称容量;R_i 和 R_n 分别表示第 i 个循环周期的等效阻抗和标称阻抗。锂离子电池的性能退化会导致电源系统无法完成既定任务,甚至会出现自燃、爆炸等现象,给用电系统带来巨大的安全威胁,因此准确地估计锂离子电池的健康状态对于电池和用电系统都有着重要的意义。然而,放电容量、等效阻抗等用于计算 SOH 的参数均无法使用传感器直接测得,因此 SOH 也需要通过估计算法得到。

锂离子电池健康状态的估计方法可大致分成三类:基于模型的方法(基于模型的锂离子电池健康状态估计方法)、基于电化学分析的方法(基于老化机理无损表征的锂离子电池健康状态估计方法)和基于数据驱动的方法(基于数据驱动的锂离子电池 SOH 估计方法)。

(1)基于模型的锂离子电池健康状态估计方法。

基于模型的锂离子电池健康状态估计方法通常使用电池充放电仿真模型或性能退化经验模型,刻画锂离子电池的性能退化过程。基于电池充放电仿真模型的健康状态估计方法,利用锂离子电池充放电过程中的状态监测参数,实现模型中具有退化趋势的参数辨识,从而估计锂离子电池的健康状态。与荷电状态估计模型类似,可用于描述锂离子电池充放电过程的仿真模型包括电化学模型和等效电路模型两类,这两类方法的优缺点已在前文中讨论,此处不再赘述。基

于电池性能退化经验模型的估计方法,利用锂离子电池的测试数据,分析锂离子电池性能退化的一般规律,并通过曲线拟合或函数拟合的方式,明确描述锂离子电池性能退化的方程形式,并在此基础上,利用状态空间方法辨识模型参数,从而实现健康状态估计。基于电池性能退化经验模型的健康状态估计方法结构简单,但是模型的泛化能力相对较差,当被测单体与历史数据间的充放电工况差别较大时,模型精度难以保证。

(2) 基于老化机理无损表征的锂离子电池健康状态估计方法。

锂离子电池内部物质的变化过程会向外反映到电池充放电电压的曲线变化中。因此,利用锂离子电池充放电过程中的电压监测参数,分析或表征其老化过程中内部物质的变化,进而估计锂离子电池的健康状态,是一种可行的方式。常用的老化机理无损表征方法包括容量增量分析法(Incremental Capacity Analysis,ICA)、差分电压分析法(Differential Voltage Analysis,DVA)等。ICA法基于容量增量曲线(IC Curve)分析锂离子电池的老化情况,其基本原理是对充电过程中的容量关于电压的导数进行分析,从而得出容量增量对应电压的变化曲线,可表示为

$$\frac{dQ}{dV} \sim V \tag{2.4}$$

IC 曲线上的尖峰对应着充电过程中的电压平台(Voltage Plateaus),反映了充电过程中正负极上相变的情况,如锂离子的嵌入与脱嵌。从 IC 曲线的尖峰参数(如宽度、中心等)的变化可以分析出 LLI、LAM 等造成锂离子电池老化的现象,进而估计出电池的 SOH。

DVA 是对电压关于容量的导数进行分析,从而获得差分电压曲线。差分电压(Differential Voltage,DV)曲线可描述成充电电压对充电容量的导数随电压的变化曲线,可表示为

$$\frac{dV}{dQ} \sim V \tag{2.5}$$

相比于 ICA,DVA 的主要优势在于误差较小。电化学分析方法是一种应用前景较为广泛的无损检测方法,能够较为快速地估计出锂离子电池当前的健康状态。但是,IC 曲线和 DV 曲线对测量过程的噪声参数十分敏感,对曲线的拟合仍存在较大挑战。

(3) 基于数据驱动的锂离子电池 SOH 估计方法。

基于数据驱动的锂离子电池 SOH 估计方法同基于机器学习或深度学习算法模型,使用历史退化数据训练模型,并预测其剩余退化趋势。此类模型中的输入数据大多为电池的历史退化数据,包括放电容量、放电截止电压或其他从历史

充放电电压、电流等数据中提取出的健康因子（Health Indicator，HI），输出数据为当前周期的 HI，通过计算比例估计当前循环周期的 SOH，该方法的一般流程如图 2.6 所示。

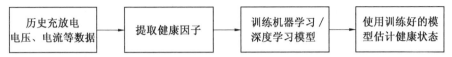

图 2.6   基于数据驱动的锂离子电池健康状态估计方法一般流程

其中，机器学习或深度学习模型的输入、输出映射可表示为

$$\begin{cases} \mathrm{HI}_t = f(\mathrm{HI}_{t-1}, \mathrm{HI}_{t-2}, \cdots, \mathrm{HI}_{t-n}) \\ \mathrm{SOH} = \dfrac{\mathrm{HI}_t}{\mathrm{HI}_n} \times 100\% \end{cases} \tag{2.6}$$

式中，HI_t 等表示 t 时刻的健康因子的值；HI_n 表示该健康因子的标称；$f(\cdot)$ 表示机器学习或深度学习模型的映射函数。基于数据驱动的锂离子电池 SOH 估计方法设计简单，预测能力强，但需要大量训练数据训练模型，且对训练数据依赖性高。

2.2.3   锂离子电池的功率状态估计

锂离子电池的功率状态（State of Power，SOP）是指电池在单位时间内能够吸收或放出的最大能量，其数值通常表示为在一系列约束条件下（如电压、电流、SOC、DOD 等），电流阈值和对应电压的乘积，其计算式可表示为

$$\begin{cases} \mathrm{SOP}^{\mathrm{charge}}(t) = \max[P_{\min}, V(t+\Delta t) \cdot I_{\min}^{\mathrm{charge}}] \\ \mathrm{SOP}^{\mathrm{discharge}}(t) = \max[P_{\max}, V(t+\Delta t) \cdot I_{\max}^{\mathrm{discharge}}] \end{cases} \tag{2.7}$$

式中，$\mathrm{SOP}^{\mathrm{charge}}(t)$ 和 $\mathrm{SOP}^{\mathrm{discharge}}(t)$ 分别表示锂离子电池在 t 时刻的充电功率状态和放电功率状态；$P_{\min}$ 和 $P_{\max}$ 分别为锂离子电池最小和最大功率阈值；$I_{\min}^{\mathrm{charge}}$ 和 $I_{\max}^{\mathrm{discharge}}$ 分别表示锂离子电池最小的充电电流和最大的放电电流值，且需要保证满足所有约束条件。在锂离子电池需要大功率充放电时，往往需要关注其功率状态。例如，在锂离子电池的快速充电应用中，准确地估计电池的功率状态有助于高效合理地规划快速充电的过程，在提高充电效率的同时延长了电池的使用寿命。

锂离子电池的功率状态估计的核心是对电池充放电行为的高精度模拟，因此，上述用于锂离子电池的荷电状态估计和健康状态估计的等效电路模型等方法，也适用于锂离子电池的功率状态估计。通过预测系统中负载的变化，实现锂离子电池充放电电流的预测及充放电电压的预测，估计在满足电压、荷电状态等约束条件下，锂离子电池能够输出的最大功率。

2.2.4　锂离子电池的能量状态估计

锂离子电池的能量状态(State of Energy,SOE)定义为电池的剩余能量与额定工况下标称能量的百分比。剩余能量是指在标准工况下,电池从当前状态放电至截止电压所放出的能量。与荷电状态相同,能量状态为1时表示电池为充满状态,能量状态为0时表示电池为满放状态。引入SOE的意义在于,SOC仅能够描述电流的变化而不能描述电压变化,而使用SOE描述电池能量的变化是综合考虑了电压和电流的因素。SOE的定义式如式(2.8)所示,根据定义式计算SOE的方法称为瓦时积分法。

$$\mathrm{SOE} = \mathrm{SOE}_0 - \frac{\int_0^t \eta \cdot I \cdot U \mathrm{d}t}{3\,600 \cdot E_\mathrm{n}} \tag{2.8}$$

式中,SOE_0表示电池能量状态的初值;η表示锂离子电池的充放电效率;I为电池负载电流;U为电池端电压;E_n为电池的额定能量。由于SOE和SOC的物理含义较为接近,其估计方法也大致相同,可分为定义法、基于模型的估计方法和基于数据驱动的估计方法。

2.2.5　锂离子电池的剩余使用寿命预测

锂离子电池的剩余使用寿命(Remaining Useful Life,RUL)是指在一定充放电条件下,电池性能或健康状态退化至无法满足设备继续工作或规定值(失效阈值)所经历的充放电循环次数,可通过式(2.9)表示:

$$\mathrm{RUL} = \mathrm{Cycle}_{\mathrm{EOL}} - \mathrm{Cycle}_i \tag{2.9}$$

式中,$\mathrm{Cycle}_{\mathrm{EOL}}$表示到达失效阈值时的循环周期数;$\mathrm{Cycle}_i$表示当前循环周期数。理论上,锂离子电池的剩余使用寿命变化曲线应为一个斜率为−1、截距为额定循环周期数的直线,即完成一次完整的充放电循环,锂离子电池的剩余使用寿命就减小一个周期。一般而言,通过预测锂离子电池的容量或内阻达到其定义失效阈值的时间,可预测锂离子电池的剩余使用寿命。但是锂离子电池的性能退化过程是非线性的,容量和内阻变化的曲线存在拐点,导致其退化过程难以被准确地预测。在实际应用场景中,对于RUL的预测大多等效于对退化轨迹的预测(与SOH估计类似)和对寿命终止周期(End of Life,EOL)的预测。与SOH估计类似,对于退化轨迹的预测可分为基于模型的方法和基于数据驱动的方法,预测的对象为放电容量。因此,EOL的预测对于预测RUL极为重要,因为只有准确地预测出寿命终止周期才能够进一步得到较为准确的当前周期RUL。然而,由于EOL处于RUL预测的后期,对其实现准确的预测往往要求预测算法具有较好的长时预测能力,因此,基于融合模型的方法在 RUL 预测领域有较为广泛的应用。基于模型融合的方法通过滤波算法将基于数据驱动的方法和基于模型的方法相融合,在多数场景中具有较高的长时预测准确性。该方法的一般框架是将数据驱动方的预测值作为状态空间的观测值,再将基于物理模型或经验模型拟合出的退化曲线作为状态转移方程,通过滤波算法实现最优估计,如图2.7 所示。

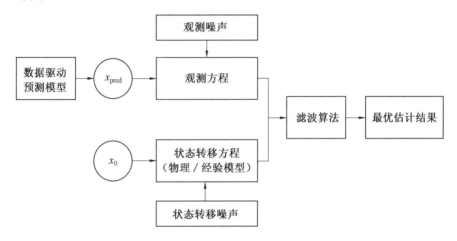

图 2.7　　基于融合模型的锂离子电池剩余使用寿命预测方法

对于预测结果不确定性的量化也是锂离子电池剩余使用寿命预测中的重要环节。使用基于粒子滤波算法的模型融合方法能够通过统计每一个时间点的粒子分布情况得到预测结果的置信区间。对于无法直接输出不确定度表征的方法,常使用蒙特卡罗模拟(Monte Carlo Simulation)方法获得估计结果的置信区间等不确定性指标。

2.3　本章小结

本章主要介绍了锂离子电池状态监测与状态估计的基本概念,从锂离子电池状态监测的角度出发,介绍了端电压、充放电电流和表面温度监测的基本方法,明确了不同方法各自的优点和不足。在此基础上,对锂离子电池的状态估计/预测进行介绍,重点介绍了锂离子电池荷电状态估计、健康状态估计、功率状态估计、能量状态估计以及剩余使用寿命预测的基本概念和基本方法,并明确了各类方法的优缺点。

第 3 章

锂离子电池状态监测

状 态监测是保证锂离子电池安全、稳定运行的关键。准确监测锂离
子电池运行过程中的电压、电流和温度,既能有效避免锂离子电
池过充和过放现象的发生,又能有效实现对锂离子电池充放电过程的管
理。本章将从实际应用角度出发,首先介绍锂离子电池管理系统的定义
和内涵,以及电池管理系统的主要功能。然后,分别介绍基于集成型管理
芯片和基于独立元器件的锂离子电池状态监测系统的设计实例,阐述锂
离子电池状态监测系统的设计方案。

3.1　锂离子电池管理系统

在实际应用中，锂离子电池状态监测往往依托电池管理系统（Battery Management System，BMS）得以实现。通过实时监测锂离子电池运行过程中的电压、电流和温度参数，并运用内嵌状态估计和预测模型，实现锂离子电池荷电状态、健康状态、功率状态、能量状态等关键运行状态参数的估计以及锂离子电池剩余使用寿命的预测，保证锂离子电池运行的安全性和稳定性。

3.1.1　电池管理系统的定义和内涵

电池管理系统是以某种方式对电池进行管理和控制的产品或技术，典型的锂离子电池管理系统的工作原理如图 3.1 所示。电池管理系统由各类传感器、执行器、固化有各种算法的控制器及信号线等组成。其主要任务是确保电池系统的安全可靠，提供控制和能量管理所需的状态信息，并且在出现异常情况下对电池系统采取适当的干预措施；通过采样电路实时采集锂离子电池的端电压、工作电流、温度等信息；运用内嵌状态估计和预测模型实现 SOC、SOH、SOP、RUL 等的估计和预测，并将这些参数输出到锂离子电池充放电过程控制器及系统控制器，提升了锂离子电池管理的智能水平。

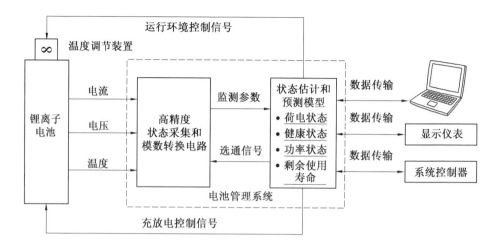

图 3.1　锂离子电池管理系统的工作原理

3.1.2　电池管理系统的主要功能

电池管理系统的主要功能包括数据采集、状态估计、安全保护、充电控制、均衡管理、热管理及信息管理等。

（1）数据采集。

锂离子电池在实际运行环境中,温度与湿度多变,负载动态变化相对显著,因此,锂离子电池管理系统需要具备对电压、电流和温度的传感及采集能力,从而准确获取锂离子电池的工作状态,以便更好地实施对锂离子电池的管理对策。

（2）状态估计。

锂离子电池是一个复杂的非线性时变系统,具有多个实时变化的状态量。准确而高效地监测电池的状态是电池单体及成组管理的关键,也是系统能量管理和控制的基础。因此,电池管理系统需要基于实时采集的电池监测数据,用于估计锂离子电池的荷电状态、健康状态、功率状态、能量状态等,为锂离子电池管理的动态策略制定和优化控制提供准确的数据支撑。

（3）安全保护。

在实际运行中,锂离子电池需要避免出现过充和过放问题,以减少对锂离子电池内部物质和结构的损伤。因此,需要电池管理系统实时监测和诊断锂离子的运行状态,当出现过充、过放或温度超限等现象时,及时发出警报并给出对应的初值和干预措施,从而保证锂离子电池的安全运行。

（4）充电控制。

锂离子电池的充电过程主要需要经历两个阶段，即恒流充电和恒压充电阶段，在充电过程中，需要对锂离子电池状态进行实时监测和控制，从而防止电池过充现象的发生。而对于当前应用的大功率快速充电技术，也需要实时监测锂离子电池的运行状态，保证快充系统的安全性。因此，锂离子电池管理系统通常具备充电管理模块，能够根据电池的实时状态，给出对应的控制决策，以实现对应的充电控制。

（5）均衡管理。

锂离子电池在实际应用中，常通过复杂的串、并联形式组成锂离子电池组，但由于电池单体间存在的不一致性，需要电池管理系统在准确监测电池单体状态的前提下，动态控制均衡拓扑结构，从而实现电池组内单体电压、荷电状态等的均衡处理，达到充分发挥电池组性能的目的。

（6）热管理。

锂离子电池自身的产热效应相对显著，尤其在高倍率充放电条件下，产热效应更加明显。当锂离子电池处于成组工作状态下，电池单体间排布紧密，使其产热效应更加突出。因此，电池管理系统在动态监测锂离子电池温度的基础上，还应具备热管理功能，决定主动加热／散热的强度，使电池尽可能在最适合的温度下工作，以便充分发挥电池的性能，延长电池的剩余使用寿命。

（7）信息管理。

电池管理系统需要集成多个功能模块，并合理协调各模块之间的通信运行。由于运行的数据量庞大，电池管理系统需要对电池的运行数据进行处理和筛选，储存关键数据，并保持与系统控制器等网络节点的通信。随着大数据时代的发展，电池管理系统还需要与云端平台进行实时交互，以便更好地处理锂离子电池的管理问题，提高管理品质。

3.2　基于集成型管理芯片的锂离子电池状态监测系统设计

针对上述电池管理系统的功能，部分厂家设计生产了集成上述功能的锂离子电池管理芯片，又称为电池监视芯片，具备电池电压、电流和温度的测量，以及电池单体均衡控制等能力。本节将对目前市面上比较常见的 LTC6803、AD7280A 及 BQ34Z653 三类芯片进行简要的介绍和对比，并给出基于 BQ34Z653 芯片的锂离子电池状态监测系统设计实例。

锂离子电池状态监测与状态估计

3.2.1 常见的集成型管理芯片

(1)LTC6803。

凌力尔特公司在2011年推出的LTC6803是一款第二代高压电池监视芯片，其功能图如图3.2所示。该元器件通常用于混合动力汽车、纯电动汽车以及各类使用高压、高性能电池的系统中。LTC6803是一款完整的电池测量IC，包含1个12位模数转换器(Analog to Ditital Converter,ADC)、1个精确的电压基准、1个高压输入多路复用器和1个串行接口。单个LTC6803最多可同时测量12个串联电池单体的电压。该元器件的专有设计使多个LTC6803能串联叠置，而无须配置光耦合器或隔离器，从而实现对长串串联连接电池组中的每一节电池进行精确的电压监视。

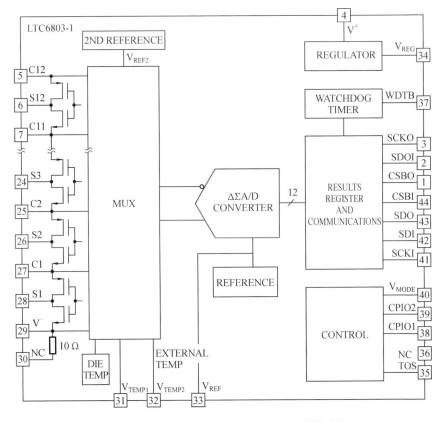

图3.2 LTC6803功能图(引自LTC6803器件手册)

034

（2）AD7280A。

AD7280A 是亚德诺半导体技术有限公司（ADI）生产的锂离子电池 BMS 系统芯片，其功能图如图 3.3 所示。AD7280A 内置对混合动力电动汽车、备用电池和电动工具所用叠层锂离子电池进行通用监控所需的全部功能。该元器件具有多路复用器和辅助 ADC 测量通道，可用于最多 6 个电池的电池管理，同时提供 $\pm 3 \times 10^{-6}$ ℃$^{-1}$ 内部基准电压，使电池电压采样精度可达 ± 1.6 mV。ADC 的分辨率为 12 位，转换 48 个单元只需 7 μs 时间。

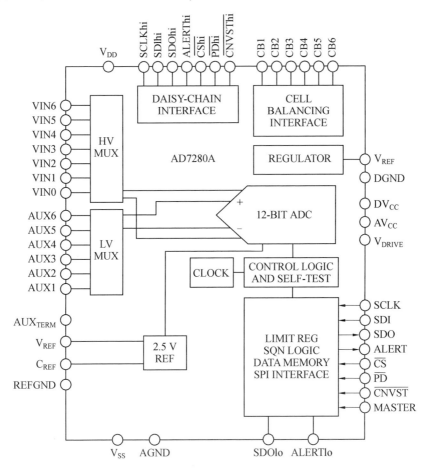

图 3.3　AD7280A 功能图（引自 AD7280A 器件手册）

AD7280A 采用 LQFP 封装，在 $-40 \sim 105$ ℃ 温度条件下工作，利用单电源供电，输入电压范围为 $8 \sim 30$ V，标称工作电流为 6.9 mA。此芯片共有 6 个差分模拟输入通道,转换速率为 1 MSPS(每秒百万次采样),各通道允许的输入电压信号范围为 1 ~ 5 V,可以按照用户定义的测量时序测量 6 个电池单体的电压。芯片内置动态报警功能,用于对电压的超限情况进行实时判读。此外,AD7280A还具有电池平衡接口,通过控制外接电路的 FET 晶体管使电池组内的单个电池单体放电,从而实现电池的均衡控制。利用菊花链的方式,最多可同时堆叠 8 片AD7280A,从而实现更大规模电池组的状态监测和均衡控制。

(3)BQ34Z653。

BQ34Z653 是德州仪器(Texas Instrument,TI)公司采用阻抗跟踪(Impedance Track)技术设计的电池管理芯片。BQ34Z653 兼具电量监测与安全保护功能,是面向锂离子电池组状态监测的集成化芯片。BQ34Z653 使用集成型高性能模拟外设,可测量锂离子或锂聚合物电池内的可用电量,并保存可用电量的准确记录。BQ34Z653 可监控容量变化、电池阻抗、开路电压以及其他电池组的关键参数,可通过一条串行通信总线向系统主机控制器报告信息。通过与集成型模拟前端(AFE)短路与过负载保护的功能结合,BQ34Z653 在极大提高了功能和安全性的同时,还可极大降低智能电池电路外部组件的数量、成本和尺寸。

采用的阻抗跟踪技术可持续地分析电池阻抗,从而实现极高精度的电量监测,通过每个周期的每个阶段的放电速率、温度及电池老化情况,可精确计算出剩余容量。

上述三类具有代表性的电池管理芯片的性能参数见表 3.1。

表 3.1　电池管理芯片的性能参数

公司及产品名称	凌力尔特公司 LTC6803	亚德诺半导体技术有限公司 AD7280A	德州仪器公司 BQ34Z653
电压采集通道数 / 个	12	6	16
温度采集通道数 / 个	5	6	8
输入电压范围 / V	− 0.3 ~ 75	8 ~ 30	16 ~ 79.2
AD 分辨率 / bits	16	12	14
温度范围 / ℃	− 40 ~ 125	− 40 ~ 105	− 40 ~ 105

3.2.2　基于 BQ34Z653 锂离子电池状态监测系统的设计实例

本节以 BQ34Z653 芯片为例,介绍基于集成型管理芯片设计锂离子电池状态监测系统的设计实例。

BQ34Z653 芯片具有电池保护、电池存在检测、电池内阻测量、电池开路电压测量及数据传输等功能。其中,电池保护用于保护电池正常工作,可最大化地延长电池寿命;电池存在检测用于检测电池是否连入,对芯片工作模式起决定性作用;利用电池内阻测量结果估计电池流出／流入的静电量,可实现电池老化程度及电池剩余容量的估计;电池开路电压是估计电池剩余容量的一个重要参量,它的测量精度决定着剩余容量的估计精度;数据传输利用 SMBus 可实现BQ34Z653 芯片与 FPGA 之间的数据通信。锂离子电池状态监测系统电路原理框图如图 3.4 所示。

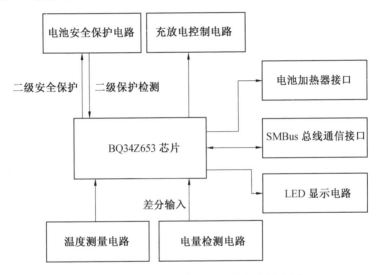

图 3.4　锂离子电池状态监测系统电路原理框图

基于 BQ34Z653 芯片的锂离子电池状态监测系统主要包含以下五个主要的功能单元。

(1)电池安全保护电路:保护电池在充放电过程中处在安全的充放电电压和电流条件下,可提高电池的安全性。

电池安全保护电路设计分为一级安全保护和二级安全保护两种。一级安全保护具有自恢复性,由 BQ34Z653 芯片控制,在芯片对应的寄存器中设定相关的阈值与超过阈值的时间,当充放电过程中电池的电压达到阈值并超过阈值的时间时,BQ34Z653 启动过欠电压保护,通过前端模拟硬件控制 FET 驱动器,对外部场效应管的通断进行控制,并控制着电池的充放电电流和电压,使电池在安全的条件下工作。在实际应用中,一级安全保护的电路图如图 3.5 所示。在放电状态下,Q_2 导通,漏极输出电压为芯片供电,并导通 Q_4,实现电池放电。当放电电压大于芯片设置的阈值时,Q_4 关断,切断放电回路,达到保护电池的作用。

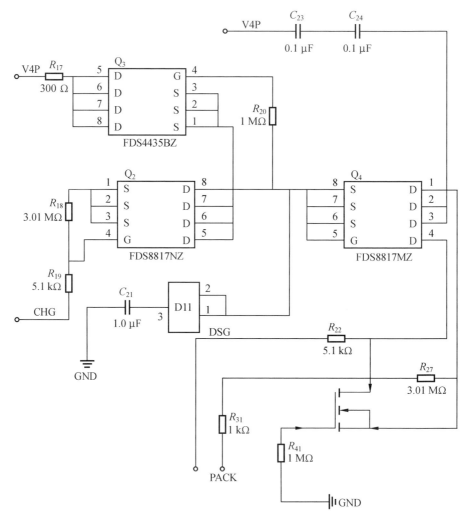

图 3.5　一级安全保护的电路图

当电池处在充电状态时,会对电池进行预充电,预充电状态下的充电电流相对较小,起到保护电池的作用。当电池电压大于或等于芯片设置的预充电电压阈值时,预充电状态结束,进入快速充电阶段。具体过程:先由外部电压驱动 Q_4 导通并为芯片提供工作电压,芯片导通 Q_3 对电池进行预充电,当电压大于或等于预充电电压阈值时,再关断 Q_3 并导通 Q_2 进行快速充电。在充电的过程中,当充电电流过大时,芯片将启动充电过电流保护,关断 Q_2,以达到保护电池的目的。

二级安全保护主要分为二级 IC 输入电压保护和过电流保护,主要功能是保护电池处于安全充放电电压状态。电池充电时间过长,或者在充电过程中受到温度与外界干扰等因素影响,会导致电池电压过高,严重时会导致电池爆炸,对电池的伤害较大,因此需要对电池进行过电压保护。其中,二级 IC 输入电压保护应用电路图如图 3.6 所示,对于外部 IC 输入,应用 BQ29412DCT 芯片,它检测着电池单体的电压情况,当保险丝感应开关 FUSE 处电压升高时,即熔断主回路上保险丝,起到保护电池单体的作用,保险丝不能自恢复,需要重新安装保险丝。

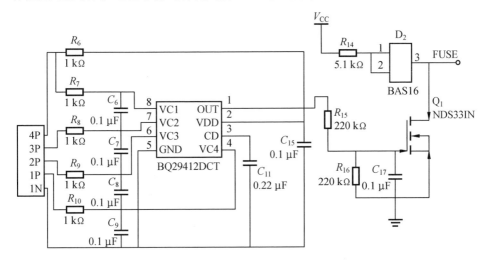

图 3.6   二级 IC 输入电压保护应用电路图

(2) 温度测量电路。

BQ34Z653 芯片的 TOUT 引脚为热敏电阻偏置电压输出,其值 $V_{(TOUT)} = V_{(REG25)} = 2.5\ V$,由热敏电阻感应电池充放电过程中的温度,将其以电压的形式通过 TS1 和 TS2 两个引脚输入到芯片,TS1、TS2 输入电压最大值为 2.5 V,在热敏电阻两端并联 RC,使用热敏电阻测温时,需要设定两个温度阈值,当某个传感器的检测温度超过了温度阈值,并且持续时间超过设定时间,系统将通过开关 DSG、CHG 和 ZVCHG 来控制电路。当充电时温度过高时,控制 DSG 和 ZVCHG 断开电路,停止对电池的充电;当温度下降至阈值以下时,则恢复开通电路;放电则通过控制 DSG,温度过高时即断开电路。电路中还有散热模块,主要针对充电过程中温度过高的电池进行散热。热敏电阻测温电路图如图 3.7 所示。

(3) 电量检测电路:在主回路中串联 10 mΩ 的高精度检测电阻,实时检测电阻两端的电压,将两端电压进行时基积分,再根据检测电阻阻值就可计算出主回路上流过的净电量,从而估计电池剩余电量。

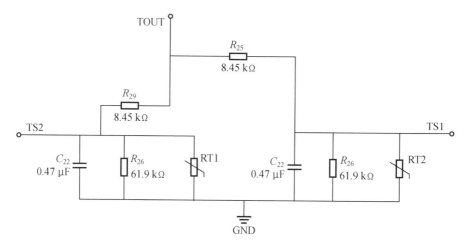

图 3.7 热敏电阻测温电路图

在 BQ34Z653 芯片的主回路中串联一个 10 mΩ 高精度电阻,作为库仑计差分电压输入,当 $V_{(GSRP)} - V_{(GSRN)}$ 为正时,系统在充电,当该值为负时,系统放电,其差分电压输入最大值为 ±0.5 V。BQ34Z653 芯片具有一个积分 ADC,可对输入差分电压进行时基积分,从而得到单位为 Vh(伏时)的状态量,再通过除以检测电阻阻值,得到主回路中流过的净电量 Q,具体表示如下:

$$Q = \int_0^t I(t)\,\mathrm{d}t = \int_0^t \frac{V_S(t)}{R_{11}}\mathrm{d}t = \frac{1}{R_{11}} \int_0^t V_S(t)\,\mathrm{d}t \tag{3.1}$$

式中,Q 表示流过主回路的净电量;$I(t)$ 表示电量计主回路的电流;$V_s(t)$ 表示检测电阻 R_{11} 两端电压。

BQ34Z653 芯片的库仑计外接设计电路图如图 3.8 所示,BQ34Z653 芯片内部的 Delta-sigma ADC 通过测量 GSRP 和 GSRN 引脚之间检测电阻上的电压降来测量电池的充电或放电流量。积分 ADC 测量 −0.25 ~ 0.25 V 的双极性信号,当 $V_{(GSR)} = V_{(GSRP)} - V_{(GSRN)}$ 为正时,BQ34Z653 进行充电活动的检测;当 $V_{(ASR)} = V_{(ASRP)} - V_{(ASRN)}$ 为负时,BQ34Z653 使用内部计数器不断整合信号,从而得到精确的净电量估计,再结合设定的电池满电量值,得到电池剩余电量。

(4)LED 显示电路:主要用于显示电池剩余电量,每个 LED 代表着 20% 的电池电量,如果剩余电量为 36% 时,第一、第二个 LED 会点亮,其他 LED 将关灭,但是它的显示精度并不高,只能给用户反馈大概值。

通过并联连接,BQ34Z653 的 LED 引脚输出 3.3 V 电平信号为 LED 供电。接入电容 C_{19},起到稳定电压作用,每个 LED 中的电流最大限制在 3 mA。

BQ34Z653 芯片的 $\overline{\text{DISP}}$ 引脚控制着 LED 灯的显示,当其产生下降沿时,LED

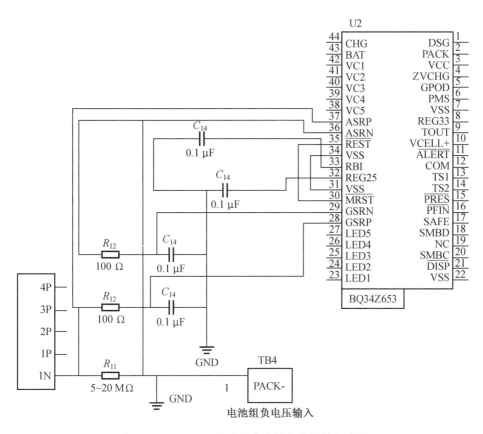

图 3.8　BQ34Z653 芯片的库仑计外接设计电路图

模块被激活,通过 LED 点亮情况,可判断电池剩余电量与满电量的百分比。当电量为满电量时,LED 灯全亮;当电池为无电量时,LED 全灭,每一个 LED 灯代表 20% 电量。反之,当 $\overline{DISP}$ 产生上升沿时,LED 显示模块关闭。LED 显示电路图如图3.9 所示。

(5) 充放电控制电路:根据电池的电量及电压等参数,判断电池是否需要进行预充电,以及控制充放电中主回路的充放电电流。

充放电模块电路控制如图 3.10 所示。在放电控制时,当接入电池后导通 Q_2,从芯片 VCC 端输入,为芯片供电,然后芯片根据电池状态驱动导通 Q_4,应用共源放大级电路进行电压放大,为负载提供高电压输入。当由 ASRP 和 ASRN 引脚输入的电流过大,则 BQ34Z653 芯片的模拟前端驱动模块 AFE 立即关掉 CHG 引脚,并驱动 SAFE 输出高电平,对电路进行永久性关断,从而起到保护电路的作用。充电包括预充电与快速充电,当电池组电压过低时,使用快速充电对

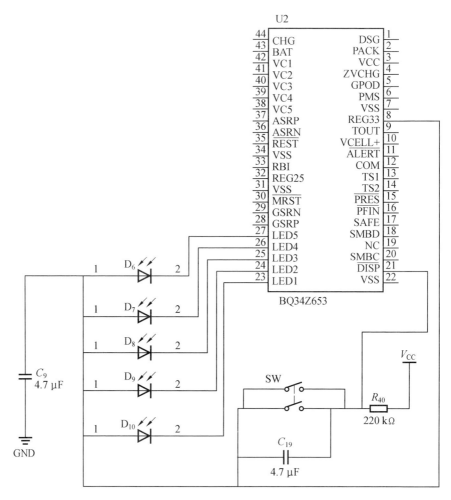

图 3.9　LED 显示电路图

电池的伤害比较大,会严重影响电池的剩余使用寿命,所以需要对电池进行预充电。在充电电流比较低的情况下进行对电池的充电,BQ34Z653 芯片可以通过控制 DSG 和 ZVCHG 两个引脚输出变化的矩形波对 Q_3 和 Q_4 控制回路电流,当电池电压达到快速充电值时,则关闭 ZVCHG 引脚输出,通过 CHG 导通 Q_2 进行快速充电。

（6）电池加热器接口:与热敏电阻测温电路相配合,由热敏电阻检测电池在充放电过程中的温度,当电池温度过高时,将驱动风扇对电池散热;当电池温度过低时,将导通电阻丝为电池加热,使电池温度接近 25 ℃。

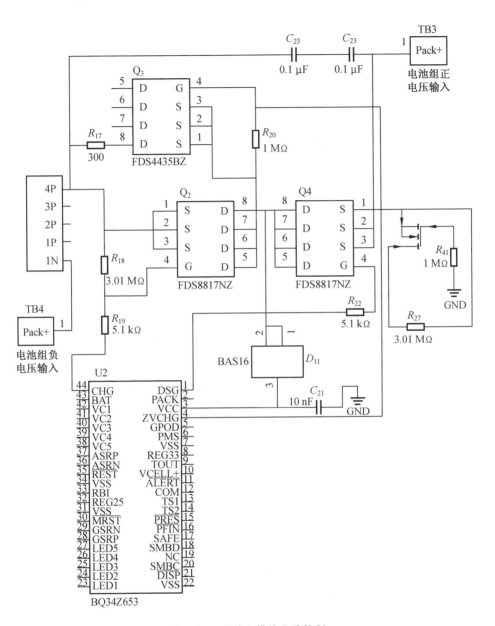

图 3.10　充放电模块电路控制

　　电池加热器接口由芯片引脚 REG33 和 GPOD 共同控制,通过 REG33 串联一个 100 kΩ 电阻和 GPOD 连接 FDS8817NZ 的栅极控制着加热器的开关。电池加热器主要功能在于为电池加热,在低温情况下使用时,对电池的伤害非常大。

加热器将电池组温度控制在 25 ℃ 左右,加上测温电路的共同作用,使电池实现自动平衡温度功能。电池加热器模块连接电路如图 3.11 所示。

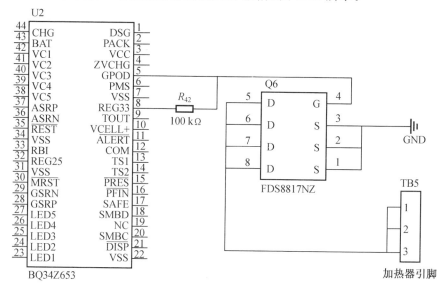

图 3.11　电池加热器模块连接电路

(7)SMBus 总线通信接口。

BQ34Z653 芯片的数据传输协议为 SMBus 总线协议,通过 SMBC 和 SMBD 两个引脚实现数据的双向传输,SMBD 为数据传输接口,SMBC 为时钟接口。数据通信电路如图 3.12 所示。G_1 和 G_2 为气体放电管,主要隔离外界强电压的干扰。两个电阻 R_{36} 和 R_{37} 将将 SMBD 和 SMBC 两个管脚下拉至 GND,抑制通信过程中的回波干扰,并进行阻抗匹配,实现通信过程中抗回波干扰。

本案例中以 FPGA 作为主控器,采用实际型号为 Altera 公司(后被英特尔公司收购)生产的 Cyclone IV 系列 FPGA。在实际设计中,应用 Verilog 语言编写状态机进行芯片的读写和控制操作,通过 SMBus 总线读取 BQ34Z653 芯片采集的数据,利用 FPGA 产生 50 kHz 的时钟信号,作为同步时钟,应用数据线和时钟线连接 FPGA 和 BQ34Z653 进行数据通信。根据 SMBus 协议进行状态机设计,具体流程图如图 3.13 所示。

由此,即可利用 FPGA 实现对 BQ34Z653 芯片的读写控制,从而实现对锂离子电池组状态监测参数的高精度采集、热管理和均衡控制。此芯片通过外接控制器实现芯片功能的控制和锂离子电池状态监测参数的获取,同时可利用芯片自身实现对锂离子电池组运行环境温度和充放电过程的控制。但是,此芯片能

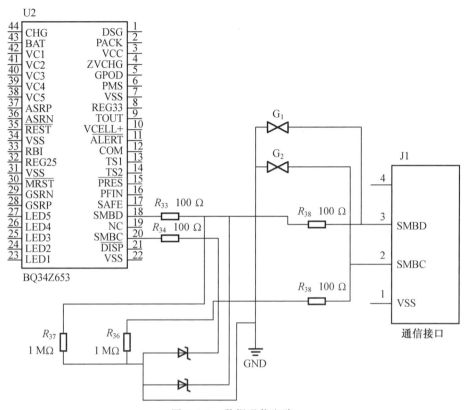

图 3.12　数据通信电路

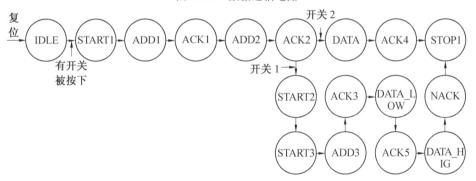

图 3.13　状态机设计流程图

够监测的电池单体数量等相对受限,仅应用于具有固定拓扑结构且成组结构与芯片功能相匹配的锂离子电池组内单体状态监测和管理应用场景中。同时,数据采集精度、采样率等基础指标相对受限。

3.3 基于独立元器件的锂离子电池状态监测系统设计

为使状态监测系统具有更好的灵活性,同时兼具高速、高精度采样能力,可采用独立的温度、电流传感器和模数转换器等搭建锂离子电池的状态监测系统,实现锂离子电池状态监测。同时,独立的状态监测系统能够进一步简化状态监测参数的传输与处理过程,更易于从数据生成侧完成数据的分析和处理,从而支撑边缘端的锂离子电池智能状态感知和云端复杂状态的预测与决策。本节将主要介绍利用独立的传感器、信号调理和模/数转换实现锂离子电池状态监测系统的设计,从总体方案和软硬件设计等方面给出设计实例。

3.3.1 总体方案

本实例的目标是设计一个可同时采集 8 只串联锂离子电池状态信息的模块,要求该模块具备电池组电压、电流的采集功能,并能够同步监测电池组内电池单体的电压,防止单体间的不一致性造成电池单体的过充或过放问题。锂离子电池组高精度状态采集模块结构图如图 3.14 所示,主要包括主控制器、电压采集电路、电流采集电路、温度测量电路 4 个部分。

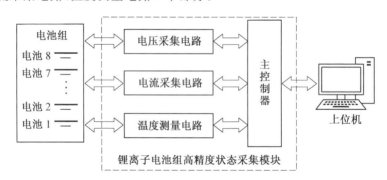

图 3.14 锂离子电池组高精度状态采集模块结构图

主控制器控制电压采集电路、电流采集电路及温度测量电路,可实现对锂离子电池组状态监测数据(电压、电流、温度)的采集、存储和传输,以及复杂状态估计和预测模型的在线解算。

为满足相应算法运行的基本硬件需求,该模块采用 Xilinx ZYNQ 系列(具体为 ZYNQ 7020 系列)异构 SOC 作为主控制器,其既能满足系统对锂离子电池状态监测数据采集、存储和传输的控制需求,也能同步为复杂的多尺度状态评估和预测算法提供高性能、低功耗、可定制的计算平台。在设计中,还采用差模法实现串联锂离子电池组内单体电压的测量,霍尔传感器实现锂离子电池组内各个支路和电池组干路电流的测量,以及数字化温度传感器实现锂离子电池组内单体温度的采集。此外,该采集模块还应包括供电模块和通信接口电路,如图 3.15 所示。

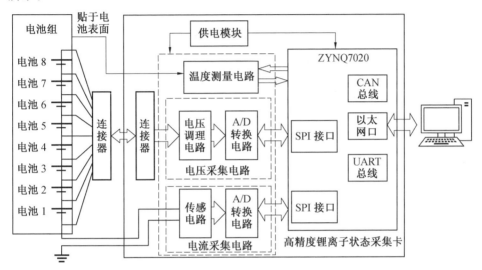

图 3.15　锂离子电池组高精度状态采集模块硬件设计图

3.3.2　电压采集电路的设计

如图 3.16 所示,差分电路直接与锂离子电池组相连,消除了各电池单体两端的共模电压,从而测得各电池单体两端的差模电压,即单体电压。单体电压经模数转换电路(A/D 转换电路)转换为数字信号,并传递至控制器。为满足模数转换电路的输入范围,要求减少电压信号的衰减,差分电路与模数转换电路之间需要设置电压调理电路。

本设计实例拟对 8 只串联的锂离子电池单体电压进行监测,每个单体电压最高为 4.2 V,故电池组端电压最高为 33.6 V,超出了运算放大器的线性范围。因此在设计中,采用 AD8479 芯片作为差分放大器来实现锂离子电池组内电池单体电压的采集,AD8479 外部引脚如图 3.17 所示。

AD8479 在连接外围电路时,电源引脚 V+、V- 分别接 +15 V、-15 V 供电电源,同时需要设置旁路电容抑制供电电压中的噪声。两电源引脚均通过靠近

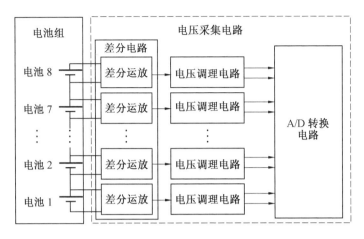

图 3.16　电压采集电路结构框图

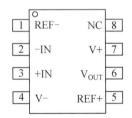

图 3.17　AD8479 外部引脚图

引脚的 $0.1\ \mu F$ 电容去耦,并采用 $10\ \mu F$ 电解电容抑制电源低频噪声,AD8479 差分电路图如图 3.18 所示。输入、输出电压对应的关系如下:

$$V_{OUT} = V_{+IN} - V_{-IN} \qquad (3.2)$$

8 通道并行的 A/D 转换器可实现对各锂离子电池单体电压的 A/D 转换,此处采用 ADS1278 作为 A/D 转换器。由于 ADS1278 无内部寄存器,因此通过控制器的引脚电平选择,实现 ADS1278 的接口类型、接口协议、工作模式、数据时钟等配置,并完成数据的传输与存储。ADS1278 工作电路设计图如图 3.19 所示。

为提高测量精度,应对模拟电路和数字电路进行隔离,以便降低数字信号对模拟信号的干扰。AVDD 引脚接入模拟电源提供 5 V 电压,DVDD 和 IOVDD 引脚接入的数字电源分别提供 1.8 V 和 3.3 V 电压。同时,在 AVDD、DVDD、IOVDD 等电源引脚上需添加去耦电容,其中,模拟电源 AVDD 采用 $10\ \mu F$ 陶瓷电解电容,而数字电源 DVDD、IOVDD 采用 $10\ \mu F$ 陶瓷电容。在电路板布局时,将电容靠近对应芯片的电源输入引脚,以便实现更优的滤波效果。同时,为防止模拟信号与数字信号的相互干扰,在电路设计时,应先将"模拟地"与"数字地"分

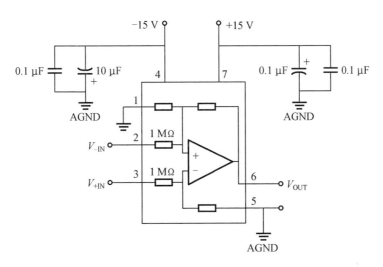

图 3.18　AD8479 差分电路图

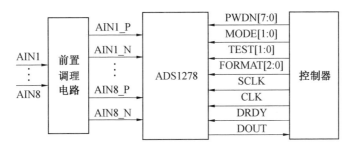

图 3.19　ADS1278 工作电路设计图

开,最后通过"磁珠"单点相接。

除"电源引脚""地引脚",ADS1278 的差分模拟输入与差分驱动电路相连,并需在模拟差分对 AINP 与 AINN 之间添加 2.2 nF 的陶瓷电容去耦。而数据 I/O 引脚、各时钟信号及各使能信号引脚与 ZYNQ 的 PL 部分的 I/O 口连接。ADS1278 工作电路图如图 3.20 所示。

根据 ADS1278 使用手册,ADS1278 的模拟输入端必须前置差分驱动电路以便达到指定的性能。差分驱动电路不仅能将差分电路输出的单端信号转换为差分信号作为 ADS1278 的模拟输入,还能将电压信号调节至 ADS1278 要求的电压范围内。由于锂离子电池组中电池单体电压约为 4 V,而 ADS1278 的参考电压为 2.5 V,所以本方案中前置差分驱动电路应具有 0.5 倍的增益。单端转差分电路图如图 3.21 所示,其中输入、输出电压对应的关系如下:

$$V_{\text{ODIFF}} = 0.5 \times V_{\text{IN}} \tag{3.3}$$

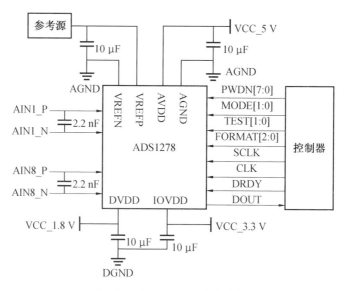

图 3.20 ADS1278 工作电路图

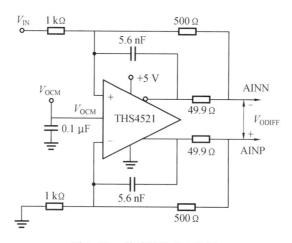

图 3.21 单端转差分电路图

ADS1278 的电压输出公式为

$$D = (V_{IN}/V_{REF}) \times 0X7FFFFF \tag{3.4}$$

根据式(3.4),参考电压 V_{REF} 的精度和稳定性对 ADS1278 的精度和稳定性有极大的影响。本设计采用 REF5025 芯片作为参考电压源,为 ADS1278 提供低噪声、极低漂移的 2.5 V 参考电压基准。ADS1278 参考电压输入端 V_{REFP} 与电压基准源电路输出端相连,V_{REFN} 与电路板的模拟地连接。为进一步抑制参考电压中可能包含的噪声和纹波,保证最佳的转换精度,在 V_{REFP} 与 V_{REFN} 之间直接使用 0.1 μF 陶瓷电容和 10 μF 钽电容作为旁路电容,抑制噪声的干扰。ADS1278 电压基准电路图如图 3.22 所示。

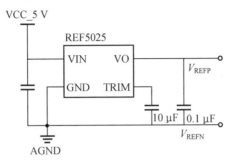

图 3.22　ADS1278 电压基准电路电路图

3.3.3　电流采集电路的设计

本方案中,采用霍尔电流传感器测量锂离子电池组干路电流,霍尔电流传感器将干路电流信号转换为电压信号,通过测量输出电压即可得出干路电流。使用霍尔电流传感器测量干路电流,既可同时测量充电电流与放电电流,又能实现锂离子电池组干路与采集模块之间的电气隔离。本模块采用 Allegro 公司的 ACS724LLCTR－05AB－T 作为霍尔电流传感器,ACS724LLCTR－05AB－T 具有高灵敏度、低输出误差、宽电流测量范围的特点。在实际使用中,电源电压输出端需添加旁路电容,FILTER 引脚通过降低带宽优化噪声性能,ACS724LLCTR－05AB－T 霍尔电流传感器电路设计图如图 3.23 所示。本方案采用 5 V 模拟电压单电源供电,则零电流输出电压如式(3.5)所示:

$$V_{IOUT(Q)} = 0.5 \times VCC = 2.5 \ (V) \tag{3.5}$$

霍尔电流传感器输出的是与干路电流相关的电压信号,与电压采集的方法相同,为实现电压信号的传输与存储,需要对输出电压信号进行 A/D 转换。本模块采用 MAX11163 芯片作为电流采集电路的 A/D 转换器。

霍尔电流传感器的测量范围是 －5 ～＋5 A,则输出电压与输入电流对应关系如式(3.6)、式(3.7)所示:

$$V_{MIN} = V_{IOUT(Q)} - k \times 5 \tag{3.6}$$

$$V_{MAX} = V_{IOUT(Q)} + k \times 5 \tag{3.7}$$

式中,V_{MIN}、V_{MAX} 分别为输出的最小电压、最大电压;k 为 ACS724LLCTR－05AB－T 的灵敏度(400 mV/A)。

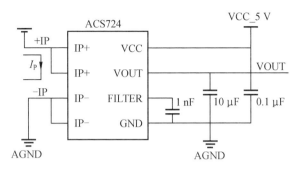

图 3.23 ACS724LLCTR－05AB－T 霍尔电流传感器电路设计图

根据式(3.5),霍尔电流传感器的零电流输出电压 $V_{\mathrm{IOUT(Q)}} = 2.5$ V,则其对应的电压范围为

$$0.5 \text{ V} \leqslant V_{\mathrm{OUT}} \leqslant 4.5 \text{ V} \tag{3.8}$$

根据式(3.8),由于霍尔电流传感器输出电压范围为 $0.5 \sim 4.5$ V,因此电流采集电路采用 5 V 作为 MAX11163 参考电压。此电路采用德州仪器公司的 REF5050 作为 MAX11163 的基准电压源。与 ADS1278 所采用的电压基准芯片 REF5025 类似,REF5050 同样是一款低噪声、极低漂移的精密电压基准,可产生 5 V 电压基准,作为 MAX11163 的参考电压。为减少干扰,在电源引脚、TRIM 引脚、电压输出引脚与"模拟地"之间采用 1 μF 旁路电容去耦。MAX11163 参考源电路图如图 3.24 所示。

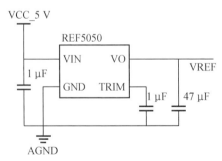

图 3.24 MAX11163 参考源电路图

MAX11163 属于模拟器件,所以采用 5 V 模拟电源供电,该元件的"地"与"模拟地"相连。

由于 SPI 接口(SDI、SCLK、SDO、CNV 四引脚)直接与 ZYNQ 的 PS 部分的 MIO 相连,逻辑电平为 3.3 V,因此其中 OVDD 采用 3.3 V 数字电源供电,采用 1 μF 电容去耦。参考电压由参考源电路提供,AIN＋作为电压信号输入,采用

4.7 μF 电容去耦,而 AIN－直接接"模拟地"即可。MAX11163 工作电路图如图 3.25 所示。

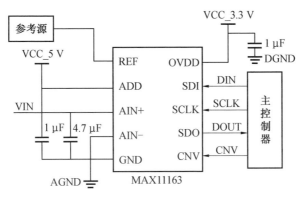

图 3.25 MAX11163 工作电路图

为增加电路驱动能力并减少电压信号传输过程中的衰减,霍尔电流传感器与 MAX11163 之间需添加射随电路,本方案中采用美信公司(Maxim Integrated Products) 生产的 MAX9632 作为射随电路的运算放大器。MAX9632 采用 ±15 V 模拟双电源供电,基于 MAX9632 的射随电路图如图 3.26 所示。

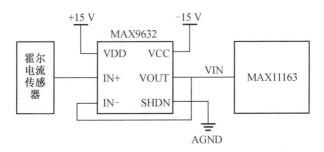

图 3.26 基于 MAX9632 的射随电路图

3.3.4 温度测量电路的设计

本方案中,温度测量电路的温度传感器选用数字温度传感器。为节约 I/O 资源,降低成本并方便控制,选择 DS18B20 芯片作为温度传感器,测量电池单体表面温度,DS18B20 外部结构图如图 3.27 所示。

本方案中,VDD 接 3.3 V 数字电源,GND 与"数字地"相连,DQ 直接与 ZYNQ 的 PL 部分 IO 口连接。本方案采用 8 个 DS18B20 温度传感器,测量电池组 8 个电池单体表面温度,DS18B20 测温电路图如图 3.28 所示。

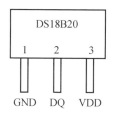

图 3.27　DS18B20 外部结构图

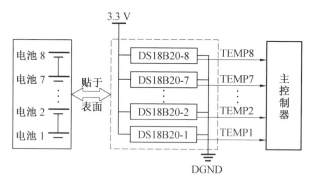

图 3.28　DS18B20 测温电路图

3.3.5　供电模块电路的设计

为减少模拟信号和数字信号之间的相互干扰,本方案采集卡中的模拟电路采用模拟电源供电,数字电路采用数字电源供电,并区分"数字地"与"模拟地",最后"数字地"与"模拟地"通过"0 Ω 电阻"单点相接。由于外部电源(来自电网)中具有较多纹波,并不能直接为模拟器件供电,所以采用隔离型 DC/DC 稳压器为模拟元件提供电源电压,并将"模拟地"与"数字地"隔离。然而由于数字电路抗干扰能力更强,所以外部电源可直接通过线性稳压器产生所需的数字电源。采集模块供电电路结构图如图 3.29 所示。

采集模块模拟电源包括:±15 V、5 V,各芯片电源电流见表 3.2。

根据表 3.2,通过计算各个芯片的最大功率,并对其求和,以此得到使用电源电压 ±15 V 供电的芯片消耗的最大功率为

$$P_{\pm15\text{ V}} = 157.5\text{ mW} \tag{3.9}$$

使用电源电压为 5 V 供电的芯片消耗的最大功率为

$$P_{5\text{ V}} = 837.5\text{ mW} \tag{3.10}$$

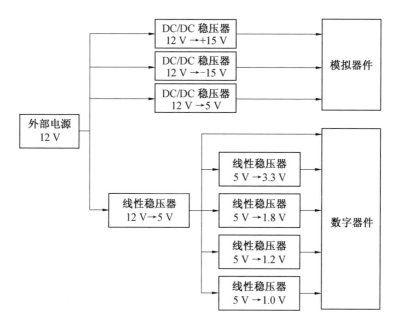

图 3.29　采集模块供电电路结构图

表 3.2　各芯片电源电流

电源电压	芯片名称	芯片个数 / 个	电源电流(最大值)
± 15 V	AD8479	8	550 μA
	MAX9632	1	850 μA
	THS4522	4	2.28 mA
	ADS1278	1	145 mA
	MAX11163	1	3.5 mA
5 V	ACS724	1	14 mA
	REF5025	1	800 μA
	REF5050	1	800 μA
	OPA350	1	8.5 mA

　　根据式(3.9)和(3.10),为保证各芯片正常工作,本模块采用了隔离性 DC/DC 稳压器 TDR2 — 1223SM 和 TDR3 — 1211SM,两种稳压器分别产生 ± 15 V、5 V 的模拟电压,其主要性能参数见表 3.3。由表 3.3 可知,TDR2 — 1223SM 和 TDR3 — 1211SM 的功率足以驱动各芯片正常工作。

表 3.3 TDR2－1223SM 与 TDR3－1211SM 主要性能参数

	TDR2－1223SM	TDR3－1211SM
额定功率/W	2	3
转换效率/%	81	81
输入电压范围/V	9～18	9～18
标称输出电压/V	±15	5
标称输出电流	67 mA	0.6 A
输出电压纹波/%	0.8	1

根据芯片使用手册中的推荐电路，±15 V、5 V 模拟电源供电电路分别如图 3.30 和图 3.31 所示。

本方案中的数字电源包括：5 V、3.3 V、1.8 V、1.2 V、1.0 V。需要注意的是，如图 3.32 所示，ZYNQ 芯片在其内部 SOM 完成上电之后，外部电源才能开始上电，设计中需要注意各个电源的供电时序。

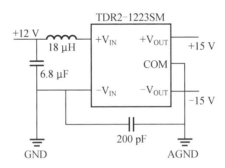

图 3.30 ±15 V 模拟电源供电电路图

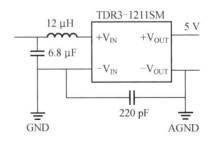

图 3.31 5 V 模拟电源供电电路图

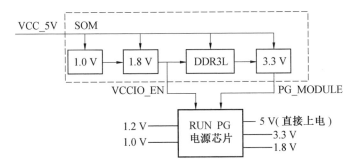

图 3.32　ZYNQ 上电顺序图

与 ZYNQ 相同,电压采集电路的 A/D 转换器 ADS1278 也要按照相应顺序上电。根据 ADS1278 使用手册,为保证 ADS1278 正常工作,应按照 DVDD、IOVDD、AVDD 的顺序为其供电,ADS1278 供电顺序图如图 3.33 所示。

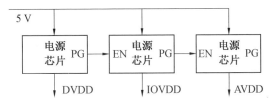

图 3.33　ADS1278 供电顺序图

根据上述需求,本方案数字电源部分可使用 TI 公司的线性稳压芯片 TPS7A89 和 TPS62136 提供所需的电源电压。TPS62136 与 TPS7A89 性能参数见表 3.4。

表 3.4　TPS62136 与 TPS7A89 性能参数

性能参数	TPS62136	TPS7A89
通道数量 / 个	2	2
输入电压范围 /V	3 ～ 17	1.4 ～ 6.5
输出电压范围 /V	0.8 ～ 12	0.8 ～ 5.2
额定输出电流 /A	4	2
输出电压误差 /%	±1.0	±1.0

本方案采用 12 V 外部电源作为输入,通过 TPS62136 提供 5 V 数字电源,再通过 TPS7A89 提供 3.3 V、1.8 V、1.2 V、1.0 V 数字电源,数字供电电路结构图如图 3.34 所示。

根据图 3.32,在 ZYNQ 完成内部供电且电源有效时,PG_MODULE 将被释放,

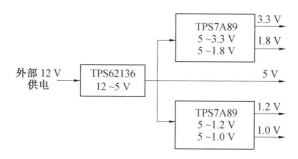

图 3.34　数字供电电路结构图

同时提供一个外部电源启动信号 VCCIO_EN。采集卡与 Picozed 开发板相配时,电源芯片应连接 PG_MODULE 网络,同时为了保证外部电源启动在 ZYNQ 内部 SOM 完成上电之后发生,启用信号 VCCIO_EN 应连接电源芯片的 RUN 引脚。

根据图 3.34,TPS62136 采用直流 12 V 电压作为输入,产生 5 V 数字电源,相应的数字电源电路图如图 3.35 所示。而 TPS7A89 采用直流 5 V 电压作为输入时,输出 3.3 V、1.8 V、1.2 V 和 1.0 V 四种数字电源,相应的数字电源电路图如图 3.36、图 3.37 所示。

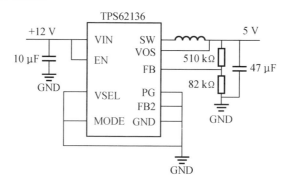

图 3.35　12 V 转 5 V 数字电源电路图

根据前文,本方案应按照 DVDD、IOVDD、AVDD 的顺序给 ADS1278 供电,ADS1278 的供电电压 DVDD、IOVDD、AVDD 分别为 1.8 V、3.3 V 和 5 V。所以本电路采用 TPS7A89 为 DVDD、IOVDD 供电,采用 TPS62136 为 AVDD 供电。为保证上电顺序,DVDD 通道的 PG 引脚与 IOVDD 通道的 EN 引脚相连,而 IOVDD 通道的 PG 引脚与 AVDD 通道的 EN 引脚相连。同时,由于 AVDD 属于 "模拟电压",所以 TPS62136 的 "GND" 与 "数字地" 相连,根据 TPS62136 和 TPS7A89 使用手册,ADS1278 供电电路图如图 3.38 所示。其余数字元件电压无供电顺序要求,直接与此部分电路输出电压相连即可。

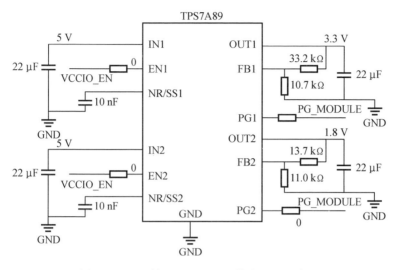

图 3.36　5 V 转 3.3 V、1.8 V 数字电源电路图

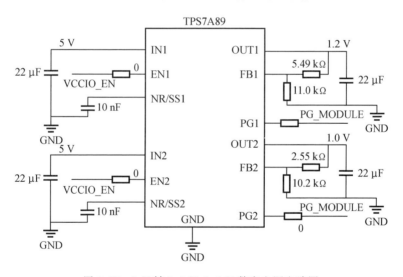

图 3.37　5 V 转 1.2 V、1.0 V 数字电源电路图

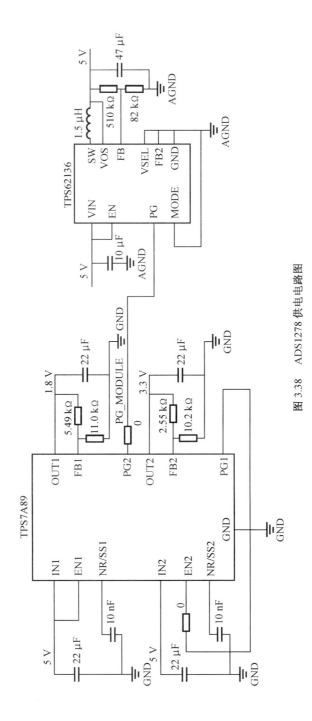

图 3.38　ADS1278 供电电路图

3.4　本章小结

　　锂离子电池状态监测是实现其状态评估和运行控制的关键,也是锂离子电池管理系统中不可或缺的功能。本章在详细介绍锂离子电池管理系统的基础上,分别介绍了基于集成型管理芯片的锂离子电池状态监测系统和基于独立元器件的锂离子电池状态监测系统两种主流的设计方式,并分别给出两类状态监测系统的设计实例。相比而言,基于集成型管理芯片的锂离子电池状态监测系统集成化水平更高,且兼具状态监测、温度控制和安全管理等功能,更加适用于具有明确需求的锂离子电池应用场景中。而基于独立元器件的锂离子电池管理系统则具有更好的可扩展性和灵活性,可根据后续状态估计和预测对数据的需求自定义采样精度和采样率,更加适用于实验室层面的验证和评估。

第 4 章

锂离子电池测试和实验

锂离子电池测试和实验是利用状态监测参数建立状态估计模型的重要支撑。锂离子电池作为一个典型的电化学系统,其运行状态(如荷电状态、健康状态等)无法直接测量,需要通过施加外部激励对其进行测试和实验,采集不同状态下的电压、温度等参数,构建监测参数与实际运行状态间的映射模型,以实现锂离子电池状态估计。本章主要介绍锂离子电池典型参数的测试方法,并在此基础上,从集成化测试仪器和嵌入式测试系统角度出发,给出锂离子电池测试和实验平台的搭建实例。

4.1 锂离子电池典型参数的测试方法

锂离子电池参数种类繁多,测试方法也有较大差异,在实际应用过程中无法实时监测所有参数。因此,在实际应用中,只能通过监测锂离子电池的某些关键参数来估计电池的当前状态,并对电池的后续退化过程及寿命进行预测。工程实践中常使用最大可用容量、内阻、电化学阻抗谱(Electrochemical Impedance Spectroscopy,EIS)及容量增量(Incremental Capacity,IC)等参数表征锂离子电池退化状态,本节将分别介绍这几种典型参数的测试方法。

4.1.1 最大可用容量的测试方法

锂离子电池的最大可用容量是反映电池退化状态的直接参数,在电池退化过程中,其容量将随之产生相同趋势的衰减。当前研究多采用安时积分法实现电池容量的测试,并根据容量测试结果对电池的退化状态进行评估。该方法通过对采集的电流数据进行时间积分得到电池的容量,计算公式为

$$Q = \int_{t_0}^{t_1} I \, dt \tag{4.1}$$

式中,t_0 和 t_1 分别为起始时间和终止时间。

为测试电池的最大可用容量,在进行容量测试时需对电池进行完全充放电(满充或满放)的操作。这里采用 18650 型三元锂离子电池为例,分析锂离子电池最大可用容量的测试工步,该型号锂离子电池充电截止电压和放电截止电压分别为 4.2 V 和 2.7 V,标称容量为 2 200 mAh。设置实验工步对其进行充放电实验的步骤见表 4.1(表中 1C 对应 2 200 mA 电流)。在实验过程中,电池容量随循环的增加持续衰减,经过 178 个周期后,容量低于最大容量的 80%。锂离子电池容量的衰减曲线如图 4.1 所示。

表 4.1　被测锂离子电池容量测试工步

序号	工步名称	工步参数	截止条件
1	恒流放电	$I = 1C$	$U \leqslant 2.7 \ V$
2	搁置	—	$t \geqslant 30 \ min$
3	恒流充电	$I = 1C$	$U \geqslant 4.2 \ V$
4	搁置	—	$t \geqslant 30 \ min$
5	恒压充电	$U = 4.2 \ V$	$I \leqslant 0.05C$
6	搁置	—	$t \geqslant 30 \ min$
7	循环至工步 1	循环 300 周期	—

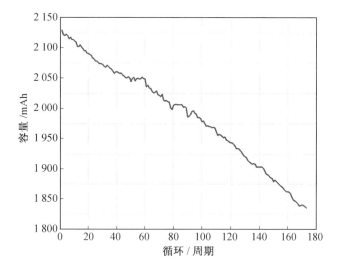

图 4.1　锂离子电池容量的衰减曲线

4.1.2　内阻的测试方法

当电流在电池两极之间流动时(充电或放电),会出现电极偏离平衡电位的极化现象,电池的实际开路电压(Open Circuit Voltage,OCV)与端电压之间存在电压降,即极化电压。随着电池性能的退化,极化现象逐渐加重。研究表明,电池内阻是造成极化现象的主要原因,因此电池内阻可反映电池的退化状态。现有的研究结果表明:在同一 SOC 的情况下,电池的直流内阻与 SOH 存在线性关系,随着 SOH 的降低呈现增大的趋势,故可通过直流内阻测试实现电池的退化状态评估。

直流内阻的定义为单位电流通过电池时产生的电压降,电池直流内阻通常采用电流脉冲法测试,如图 4.2 所示。测试的基本原理:给电池提供一个充电(或放电)直流电流脉冲 I,电池的端电压会出现一个电压降 U,则电池的直流内阻可通过式(4.2)计算得到。

$$R = \frac{U}{I} \tag{4.2}$$

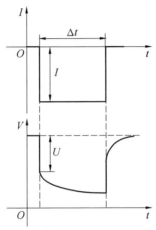

图 4.2   电流脉冲法测试电池直流内阻的原理图

除了使用简单的电流脉冲法测试直流内阻外,还可使用混合功率脉冲特性(Hybrid Pulse Power Characteristic,HPPC)测试电池的直流内阻。HPPC 测试的目的是测试电池在电流脉冲工况中的动态功率能力。在每个测试循环中,分别有 1 个充电脉冲 I_{charge} 和 1 个放电脉冲 $I_{discharge}$,持续时间均为 1 s,幅值比为1∶0.75。每次完成脉冲测试后,将电池的放电至 SOC 减少了 10%,每个工步之间设置 1 h 的静置,依次循环,直到电池的 SOC 达到 0。利用该方法可以获得充放电脉冲及静置的响应电压,通过建立响应电压与电流的关系,可以获取不同SOC 下充放电内阻。HPPC 测试单个测试循环内的电压、电流响应示意图如图4.3 所示。

根据 HPPC 测试的结果,可计算出放电总内阻 R_d 和充电总内阻 R_c,其计算公式分别如式(4.3)和式(4.4)所示:

$$R_d = \frac{U_1 - U_3}{I_{discharge}} \tag{4.3}$$

$$R_c = \frac{U_6 - U_4}{I_{charge}} \tag{4.4}$$

根据 HPPC 测试的流程,其能够实现在 $0 \sim 100\%$ SOC 范围内多个荷电状态下电池的充放电内阻,进而表征电池的退化状态。

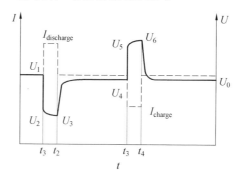

图 4.3　HPPC 测试单个测试循环内的电压、电流响应示意图

4.1.3　电化学阻抗的测试方法

电化学阻抗谱是一种非破坏性的电化学分析技术,广泛应用于化学电源的分析。对于锂离子电池,EIS 可准确地刻画锂离子电池内部发生的电化学过程,锂离子电池电化学阻抗谱如图 4.4 所示。

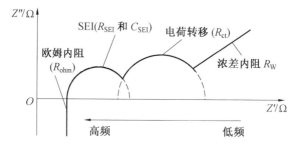

图 4.4　锂离子电池电化学阻抗谱

电化学阻抗谱的不同阶段分别反映了电池的内阻、固态电解质界面膜(Solid Electrolyte Interphase,SEI)以及内部活性物质引起的浓差内阻的变化情况。通过电化学阻抗谱可分析出电池内部相应物理结构的变化,实现电池退化状态估计。EIS 的测量原理是以小幅正弦波电位(或电流)信号作为扰动系统的激励信号输入,再输出测试电流(或电压)响应信号,通过分析两信号之间幅值、相位与频率成分的关系,最终确定系统的频率响应函数。设系统的激励信号为 X,响应信号为 Y,则二者之间的关系表示为

$$Y = A(s) \cdot X \tag{4.5}$$

式中，$A(s)$ 为描述激励与响应之间关系的函数。如果输入锂离子电池的激励信号为角频率 ω 的小幅度正弦波电流信号，则锂离子电池会输出角频率为 ω 的正弦波响应信号，此响应信号为电压信号。由此可计算出角频率为 ω 时电池的频率响应函数，即可求得该频率下的电化学阻抗。所测试的频率范围内不同频点的频率响应函数就构成了系统的电化学阻抗谱。

目前，锂离子电池 EIS 的测试方法主要分为频域法和时域法。频域法通过直接测试不同频率下的锂离子电池响应函数而获得电化学阻抗谱；时域方法则通过对系统施加包含多个频率分量的激励信号，并输出系统的时域响应信号，然后对激励信号和响应信号进行数学变换（傅里叶变换、拉普拉斯变换），从而获得锂离子电池的频率响应函数，即可求得锂离子电池的电化学阻抗谱。相对于频域法，时域法具有测试时间短、设备易于集成、测试条件要求不高等优点。常用的时域法是基于快速傅里叶变换（Fast Fourier Transform，FFT）实现锂离子电池EIS 的快速测试，其原理图如图 4.5 所示。

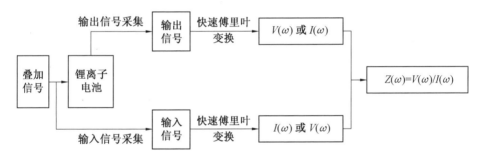

图 4.5   基于快速傅里叶变换的电化学阻抗谱测试方法的原理图

4.1.4　容量增量的测试方法

独立分析技术（Independent Component Analysis，ICA）技术是利用容量增量曲线的计算来表征充放电过程中电池内部的电化学变化，并将 OCV 曲线的平台期转换为清晰可辨的峰值。IC 曲线的计算如下：

$$IC = \frac{dQ}{dOCV} \tag{4.6}$$

式中，Q 为电池的充放电容量；OCV 为电池的开路电压；IC 为容量 Q 对开路电压OCV 的微分。相关研究表明，随着电池性能的退化，其 IC 曲线"峰"的位置与强度会发生相应变化，电池处于不同健康状态情况下的 IC 曲线如图 4.6 所示。同时，电池 IC 曲线的变化，对应着电池内部的变化机理，二者对应关系见表 4.2。

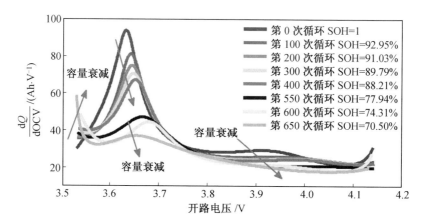

图 4.6　电池处于不同健康状态情况下的 IC 曲线（彩图见附录）

表 4.2　IC 曲线变化对应的电池变化机理

IC 曲线变化	对应电池变化机理
IC 曲线峰值的衰减	活性物质的减少
IC 曲线峰的移动	极化电压的增加（内阻的增加）
IC 曲线峰的消失或新峰的产生	化学物质的改变

　　在电池的实际充放电过程中,通常监测的是电池的端电压,其开路电压无法直接获得,而电池端电压与开路电压之间的关系如下:

$$OCV = V + IR \tag{4.7}$$

式中,V 为电池端电压;I 和 R 分别为电池的充放电电流和直流内阻。当电池充放电倍率较低时,电池端电压和开路电压可近似相等,则有:

$$\frac{\mathrm{d}Q}{\mathrm{d}V} = \frac{\mathrm{d}Q}{\mathrm{d}(OCV + IR)} \approx \frac{\mathrm{d}Q}{\mathrm{d}OCV} = IC \tag{4.8}$$

对于同一充放电循环,可认为电池内阻保持不变,则有:

$$\mathrm{d}(IR) = R\mathrm{d}I \tag{4.9}$$

对于恒流充放电过程,可将电池端电压的增量视为电池开路电压的增量,则有:

$$\mathrm{d}V = \mathrm{d}OCV \Rightarrow IC = \frac{\mathrm{d}Q}{\mathrm{d}V} \tag{4.10}$$

　　因此,在恒流充放电过程中,用电池端电压来代替 OCV 计算 IC 曲线的变化趋势的做法是准确的,但 IC 曲线会整体偏右。

　　锂离子电池的 IC 曲线测量通常在小电流充放电条件下进行,图 4.7 展示了采用 C/25、C/5 和 C/2 充电倍率对电池进行 ICA 实验,得到的实验结果。从图 4.7 中可以看出,C/5 实验与 C/25 实验结果差别不大,当充电倍率达到 C/2 时,IC 曲线与另两组曲线差别较大。

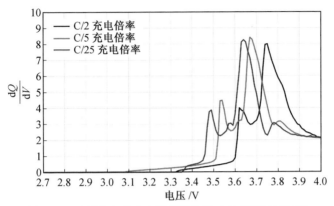

图 4.7　不同充电倍率容量增量曲线对比(彩图见附录)

4.2　锂离子电池测试平台

电池系统测试平台的主要功能是对锂离子电池施加特定的充放电激励,通过环境温度控制电池测试环境(主要是温度和湿度),并实时高精度采集锂离子电池在充放电过程中的电压、电流和温度等参数。锂离子电池测试平台主要包括电池充放电性能测试设备、电化学阻抗谱测试设备、环境模拟控制设备等。第一台由计算机控制的电池测试平台由美国 Arbin 公司设计和生产。除此以外,国外知名的电池测试平台生产商还有美国 Maccor 公司、日本日置株式会社、德国迪卡龙公司等。我国电池测试平台的主要生产企业包括深圳新威尔电子有限公司、武汉蓝电电子有限公司等。对比而言,进口设备的研制和生产起步较早,关键技术指标(如电流控制精度、电流测量量程等)和关键功能(如动态工况载入、标准测试工况内置等)相对领先,但设备价格相对昂贵。我国电池测试设备的生产技术发展较快,测试精度和测试稳定性不断提升,测试功能和环境控制功能不断融合,可测参数不断丰富,性价比较高。

4.2.1　充放电性能测试设备

充放电性能测试设备通过设置并加载特定的测试工况和测试流程,激励被测锂离子电池并实时监测电池的状态以及控制电池组的测试状态,从而获取电池组的容量、内阻、功率等关键参数。

　　本书相关研究主要使用了新威尔电子有限公司的锂离子电池单体和系统测试设备，包括一台 Neware－BT－S9 型锂离子电池单体测试设备和一台 Neware－CT－4 型大功率锂离子电池系统测试设备，其实物图分别如图 4.8 和图 4.9 所示，其中 Neware—BT—S9 型设备的工作界面图如图 4.10 所示。电池单体测试设备的特征和参数见表 4.3，电池系统测试设备的特征和参数见表 4.4。

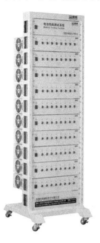

图 4.8　Neware－BT－S9 型锂离子电池单体测试设备实物图

图 4.9　Neware－CT－4 型大功率锂离子电池系统测试设备实物图

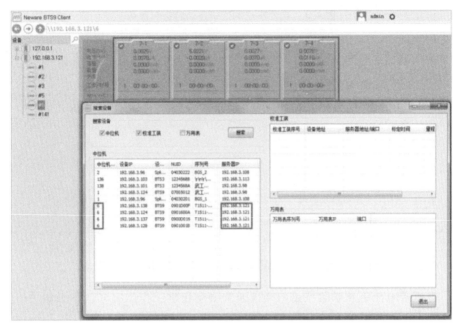

图 4.10　Neware－BT－S9 型设备的工作界面图

表 4.3　电池单体测试设备的特征和参数

设备规格	特征	参数
	通道相互独立	80 个通道
	最大充放电电流 /A	5
	每通道电流量程	4 个电流测试量程(150 μA、5 mA、150 mA、5 A)
	最大充放电电压 /V	5
5 V@5 A	采样精度 /%	0.02
	稳定度 /%	0.005
	电流响应时间 /μs	小于 100
	最大数据存储频率 /Hz	1 000

表 4.4　电池系统测试设备的特征和参数

设备规格	特征	参数
20 V@50 A	并联模式	最多可支持 4 个通道并联
	最大充放电电流 /A	50
	直流阻抗测试	支持自定义取点进行 DCR 计算
	最大充放电电压 /V	20
	采样精度 /％	0.1
	稳定度 /％	0.1
	电流响应时间 /ms	最大电流上升时间:20
	最大数据存储频率 /Hz	10

4.2.2　电化学阻抗谱测试设备

锂离子电池电化学阻抗谱的测试通常由电化学工作站完成。本书相关研究使用的 CS 单通道电化学工作站实物图如图 4.11 所示,其具体参数和特征见表 4.5。CS 单通道电化学工作站由武汉科思特仪器公司设计生产,能够测试 $10\ \mu Hz \sim 1\ MHz$ 频率范围内电池的交流阻抗,并具有高输入阻抗、大电流激励的特点,最大激励电流可扩展至 20 A。主控计算机安装 CS Studio 测试软件,用于操控 CS 单通道电化学工作站开展电池的相关测试,具有设计测试程序、加载测试工况、储存测试数据等功能。电化学阻抗谱测试界面如图 4.12 所示。

图 4.11　CS 单通道电化学工作站实物图

表 4.5　CS 单通道电化学工作站的参数和特征

序号	参数和特征	数值
1	交流阻抗谱范围	$10\ \mu Hz \sim 1\ MHz$
2	电位分辨率 $/\mu V$	10
3	电流分辨率	1 pA(可延伸至 100 fA)
4	具有双通道相关分析器和双通道高速 16 bit/ 高精度 24 bit 的 A/D 转换器	—
5	具有高功率恒电位仪 / 恒电流仪 / 零电阻电流计, 高带宽、高输入阻抗的放大器	—

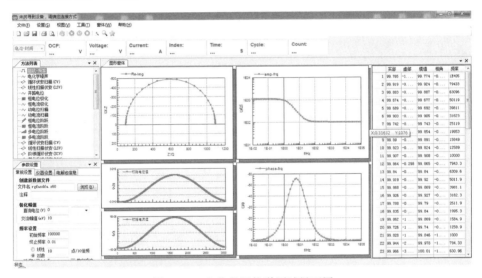

图 4.12　电化学阻抗谱测试界面图

4.2.3　环境模拟控制设备

环境温、湿度等条件对电池内阻、容量和充放电特性均有显著影响。为了模拟电池不同的应用环境,以研究温、湿度对电池特性的影响,需要采用温湿度实验箱控制环境参数。本书使用的是东莞市贝尔实验设备有限公司生产的型号为 BTH－1000C 可程控式温湿度实验箱,其具有温度控制、湿度控制和防爆功能,实物图如图 4.13 所示,具体参数和特征见表 4.6。

图 4.13　BTH－1000C 可程控式温湿度实验箱实物图

表 4.6　BTH－1000C 可程控式温湿度实验箱的参数和特征

序号	参数和特征
1	温度范围：－40～150 ℃
2	湿度范围：20％～98％ RH
3	波动度：±0.5 ℃(温度)，±2％ RH(湿度)
4	调温速率：平均非线性 3 ℃/min(升温)，非线性 1 ℃/min(降温)
5	总功率：12.5 kW(380 V 三相四线＋接地保护)
6	具有高低温恒定、渐变和湿热恒定等功能
7	保温层采用耐火级高强度 PU 聚氨酯发泡保温绝缘材料
8	具有样品过温保护、过电流保护和三色灯光报警等功能

4.2.4　锂离子电池测试平台

为了完成锂离子电池的综合测试，基于上述实验设备，搭建了以图 4.14 为原理的锂离子电池测试平台。

在锂离子电池测试平台中，主体采用主从式两级控制结构，由上位机和下位机组成。上位机采用相关软件控制下位机完成各种测试，其中下位机包括电池充放电测试设备和电化学工作站，两者均通过夹具连接电池并轮流运行，分别测试电池的直流特性和交流特性；同时，为保证外部环境的稳定性和多变性，电池通常需要放置在温湿度实验箱里进行实验，以保持恒定的温、湿度；采集模块则负责采集电池电压、电流、温度、阻抗等信号，并传输给上位机完成数据采集。该平台的搭建为锂离子电池的测试设计提供了硬件基础。

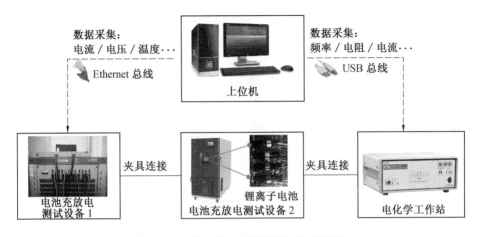

图 4.14　锂离子电池测试平台的原理图

4.3　嵌入式锂离子电池性能退化测试系统

上一节介绍的是集成化程度较高的台架式锂离子电池测试设备,适用于实验室、电池分选等具有较大实验空间的离线测试场景。测试设备具有更好的稳定性,但不同型号、不同种类的测试设备难以协同应用,需要反复更换测试设备与锂离子电池之间的连接,不利于多类参数的大规模、全自动化测试。

相比而言,利用嵌入式控制器、模数转换器、数模转换器等元器件,设计嵌入式的锂离子电池测试设备,能够将各类参数的测试功能进行整合,从而实现集成化、一体化的锂离子电池多参数联合测试。本节将给出一种锂离子电池性能退化测试系统搭建实例,并详细介绍其硬件设计、固件设计和测试系统上位机软件设计,以实现对锂离子电池重要参数的测试。

4.3.1　硬件设计

锂离子电池组性能退化测试系统硬件设计如图 4.15 所示。本实例采用 ZedBoard 控制硬件部分执行相关操作,ZedBoard 以 ZYNQ7020 为核心控制器,包括 UART 接口、网口以及丰富的外设 IO 资源,在实现硬件控制的同时可兼顾与测试系统软件的数据交互。测试系统硬件部分包括电流激励单元和状态参数采集单元。

电流激励单元由 D/A 转换模块和压控电流源组成,D/A 转换模块将工步参数转换为模拟电压信号,作为压控电流源的输入信号,输出对应的模拟电流信号,作为电池组测试激励。

状态参数采集单元则用于采集电池组状态参数,状态参数包括电压参数和电流参数,电流参数通过霍尔电流传感器转换电压信号实现采集,本实例可实现4路电压参数和12路电流参数的采集。测试系统硬件采用220 V交流电作为供电电源,通过AC−DC模块将220 V交流电转换为±30 V、12 V及5 V,分别为电流激励单元中的压控电流源、ZedBoard及状态参数采集单元供电,采用ZedBoard中的3.3 V输出电压为D/A转换模块供电。

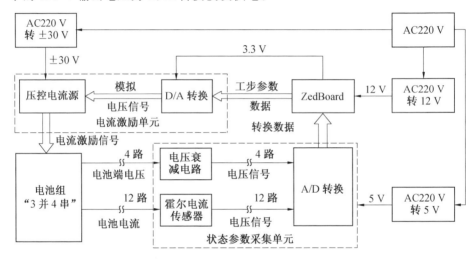

图4.15　锂离子电池组性能退化测试系统硬件设计

执行测试时,ZedBoard控制电流激励单元和状态参数采集单元协同完成电池组测试工步的执行及其测试数据的采集。下面根据硬件电路功能需求及测试系统技术指标,对电流激励单元与状态参数采集单元设计进行详细说明。

(1)电流激励单元设计。

电流激励单元主要实现以下两项功能:① 为电池组充放电循环提供激励电流;② 为EIS、直流内阻的测试提供相应的激励。为实现电池组充放电循环,电流激励单元应输出双向电流。当电池组执行充电操作时,输出电流为正,本单元作为电池组充电电流源;当电池组执行放电操作时,输出电流为负,本单元作为电池组放电电子负载。与此同时,EIS测试需要0.1～1 000 Hz频率分量的电流激励,所以电流激励单元的有效频率范围应大于上述频率范围。综合上述需求,电流激励单元设计如图4.16所示。

电流激励设计单元采用DAC8563模块将测试工步参数数字信号转换为模

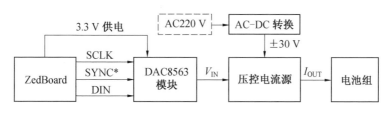

图 4.16　电流激励单元设计

拟电压信号，其技术指标见表 4.7。DAC8563 模块是美国 TI(Texas Instrument) 公司的一款高精度 16 bit 数模转换芯片，具有低温漂、低功耗等特点，可输出正负双向电压。该模块通过 SPI 总线与 ZedBoard 通信，其供电电压范围为 $2.7 \sim 5.5$ V DC，由 ZedBoard 为其提供 3.3 V 供电电压。该模块电压输出范围为 $-12 \sim +12$ V，且输出信号频率为 $DC-200$ kHz，远大于 EIS 监测所需的频率范围($0.1 \sim 1\,000$ Hz)，输出电压范围和输出信号频率均符合测试需求。

表 4.7　DAC8563 模块的技术指标

性能参数	指标
模拟供电电源	$2.7 \sim 5.5$ V DC
输出模拟电压 /V	$-12 \sim +12$
输出信号频率	$DC-200$ kHz
分辨率 /bit	16
电压输出误差 /mV	<5
电压输出稳定度 /mV	<1
通信协议	串行外设接口协议

　　DAC8563 产生的模拟电压作为压控电流源的输入，压控电流源输出电流与输入电压之间保持着严格的线性关系，二者之间的关系如下：

$$I_{OUT} = V_{IN}/R \tag{4.11}$$

式中，I_{OUT} 为压控电流源输出电流；V_{IN} 为压控电流源输入电压；R 为输入与输出信号之间的转换电阻(本模块中 R 为 1 Ω)。

　　压控电流源的性能参数见表 4.8。模块的供电电压为 ± 30 V，最大功率大于 100 W。对于"3 并 4 串"的锂离子电池组，其单体电压范围为 $2.7 \sim 4.2$ V，当充放电电流达到 5 A 时，其对应功率为

$$P = 4.2\ \text{V} \times 4 \times 5\ \text{A} = 84\ \text{W} \tag{4.12}$$

因此，压控电流源功率满足测试要求，同时其工作频率为 $DC-15$ kHz，满足

EIS测试所需的频率条件。压控电流源的供电由大功率AC—DC转换模块提供，转换模块以220 V交流电为输入，输出±30 V直流电压为压控电流源供电，输出功率高达300 W，符合压控电流源的功率需求。

表4.8　压控电流源的性能参数

性能参数	数值
供电电压 /V	±30
输出负载电压 /V	≤25
输出电流 /A	−5～5
最大功率 /W	≥100
输出精度 /%	0.5
工作频率 /kHz	DC—15 kHz

根据上述模块的性能参数及相关分析，采用DAC8563模块和压控电流源可为电池组提供电流激励。在实际使用过程中，上位机软件将工步参数发送至ZedBoard，随后通过DAC8563模块按相应转换关系将工步参数转换为模拟电压信号，并通过压控电流源转换为电池组电流激励，实现测试系统的电池组充放电控制。

（2）状态参数采集单元设计。

状态参数采集单元用于实现测试过程中电池组状态参数的采集，对于"3并4串"的锂离子电池组，状态参数包括电池组总电压、4路电池单体端电压和12路电池单体电流。与此同时，在进行EIS测试时，需对电池两端产生的响应信号进行采集，故状态参数采集要满足采样率不低于5 kS/s的要求。为满足上述状态参数的测试需求，状态参数采集单元设计如图4.17所示。

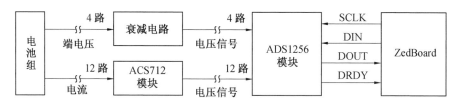

图4.17　状态参数采集单元设计

①A/D转换模块设计。

状态参数采集单元需实现16路参数（4路电压和12路电流）的采集，本实例采用ADS1256模块实现上述参数的A/D转换，ADS1256模块是美国TI公司的一款24 bit 高精度 A/D 转换芯片，其具有 8 路输入通道，因此可采用两个 ADS1256 模块实现上述 16 路状态参数的采集。ADS1256 模块的性能参数见表4.9。

表 4.9　ADS1256 模块的性能参数

性能参数	数值
输入通道数 / 个	8
信号输入范围 /V	$0 \sim 5$
供电电压	5 V DC
最高采样率 /$(\text{kS} \cdot \text{s}^{-1})$	30
分辨率 / bit	24
输入阻抗 /MΩ	80
采集精度	2 mV(校准后)
通信接口	SPI 接口

本模块通过 SPI 接口与 ZedBoard 进行通信，该接口以 SCLK 信号作为通信时钟，ZedBoard 通过 DIN 引脚向模块写入相关命令以配置采样率及采集通道等寄存器；同时，ADS1256 模块通过 DOUT 引脚将转换后的数字信号传输至 ZedBoard。二者之间通过应答信号 SYNC 决定数据传输的开始和结束。

② 衰减电路。

本实例电池单体端电压由其两端对"地"电压作差得到，如式(4.13)所示：

$$U_{\text{cell}} = U_{\text{p}} - U_{\text{n}} \tag{4.13}$$

式中，U_{cell} 为单体端电压；U_{p} 和 U_{n} 分别为对应电池单体两端的对"地"电压。电池组中第4节电池的 U_{p} 为电池组总电压。电池组中电池充电截止电压为4.2 V，故 U_{p} 最大值为 16.8 V，电压幅值已远超出 ADS1256 模块的采集范围。因此，需将电池组电压经衰减电路调整至 ADS1256 模块允许的电压输入范围，以实现电池组总电压以及各电池单体端电压的采集。

本实例通过"电阻分压"的方式实现高电压衰减。以电池组总电压为例，衰减电路设计如图 4.18 所示，其中 R_1 和 R_2 采用精密电阻并满足式(4.14)：

$$R_1 = 3 \times R_2 \tag{4.14}$$

衰减后电压与总电压之间的关系如下：

$$U_{\text{衰减}} = U_{\text{总电压}}/4 \tag{4.15}$$

通过式(4.15)可知，电池组总电压经衰减电路后得到的衰减电压处于 $2.7 \sim 4.2$ V 之间，满足 ADS1256 模块的 $0 \sim 5$ V 输入范围要求。第 2 节电池单

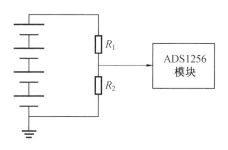

图 4.18　衰减电路设计

体与第 3 节电池单体、第 3 节电池单体与第 4 节电池单体之间的端电压衰减,调整电阻 R_1 和 R_2 之间的比例即可实现。由于第 1 节电池单体正极端电压处于 $2.7 \sim 4.2$ V 之间,故无须衰减。

③ 电流采集。

目前电流采集主要通过采样电阻或霍尔电流传感器实现。当电流通过采样电阻时,其两端会产生与电流成比例的电压降,通过对其电压降的测量即可实现对电流采集;霍尔电流传感器则根据霍尔效应将电流信号直接转换为电压信号,通过对该电压信号的测量实现对电流的采集,两种电流测试方法比较见表 4.10。

表 4.10　两种电流测试方法比较

方法	优势	不足	适用范围
采样电阻	精度高; 响应速度快; 成本低	测量电路与被测电路没有电气隔离; 测试大电流时发热严重,影响精度	低频小电流
霍尔电流传感器	精度较高; 电流可测范围大; 与被测电路之间有电气隔离	响应速度较慢; 测试小电流时,精度较低	直流电流与频率不超过 100 kHz 的交流电流

本实例需测试的最大电流为 5 A,若使用采样电阻,则会引起其严重发热并影响精度,因此采用霍尔电流传感器实现充放电电流的采集。根据性能参数需求,电流采集电路需采集双向电流,并且霍尔电流传感器输出对应的电压信号范围应满足 ADS1256 模块的输入要求。因此,本实例采用 ACS712 霍尔电流传感器采集充放电电流,其性能参数见表 4.11。

表 4.11　ACS712 霍尔电流传感器性能参数

性能参数	数值
电流采集范围 /A	$-5 \sim +5$
工作频率 /kHz	$0 \sim 80$
灵敏度(典型值)/($mV \cdot A^{-1}$)	185
零电流输出电压 /V	2.5
总输出误差 /%	± 0.5

由表 4.11 可知,当电流采集范围为 $-5 \sim +5$ A 时,由传感器灵敏度和零电流输出电压可计算得出输出电压的最大值和最小值,分别为

$$\begin{cases} U_{MAX} = 5 \text{ A} \times 0.185 \text{ V/A} + 2.500 \text{ V} = 3.425 \text{ V} \\ U_{MIN} = (-5 \text{ A}) \times 0.185 \text{ V/A} + 2.500 \text{ V} = 1.575 \text{ V} \end{cases} \quad (4.16)$$

所以,ACS712 的输出电压信号范围满足 ADS1256 模块的输入要求。由表 4.11 可知,其工作频率范围可达 $0 \sim 80$ kHz,符合 EIS 测试的电流采集需求。同时,ACS712 校准后总输出误差为 $\pm 0.5\%$,符合性能参数中电流采集的精度要求。

电流采集模块设计如图 4.19 所示。ACS712 模块采用 5 V 直流供电,串联于所测电流支路中,I_{IN+} 和 I_{IN-} 分别为电流的流入端和流出端,输出电压信号直接与 ADS1256 模块相连,从而实现电流采集。本实例所研制测试系统需采集 12 路电流参数,故需 12 个电流采集模块。

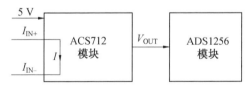

图 4.19　电流采集模块设计

4.3.2　固件设计

测试系统固件设计总体图如图 4.20 所示。固件设计包括可编程逻辑(Programmable Logic,PL)和处理系统(Processing System,PS)两部分,二者通过 AXI－Lite 总线实现数据交互。PL 部分用于控制 DAC8563 和 ADS1256,两功能模块执行相应操作。PS 部分则用于实现测试系统与测试系统软件通信、工步数据解析和采集数据处理,可根据对应的数据格式解析软件传输至控制器的

工步数据和 ADS1256 模块转换公式,将状态采集数据转换为对应的模拟电压信号。本实例基于 Xilinx 公司的 Vivado 2017.4 开发环境完成测试系统固件设计。

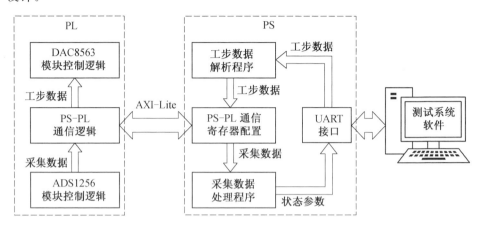

图 4.20　测试系统固件设计总体图

（1）功能模块控制逻辑设计。

功能模块控制逻辑主要用于控制电流激励单元输出相应激励电流,控制参数采集单元采集状态参数。

① 模拟输出控制 IP 核设计。

本实例通过控制 DAC8563 模块输出相应的模拟电压信号实现电流激励信号的产生。DAC8563 控制逻辑时序图如图 4.21 所示。 控制器通过 SCLK、SYNC、DIN 3 路信号实现对 DAC8563 的控制。SCLK 为逻辑时序的通信时钟,频率最高可达 50 MHz。当 SYNC 信号处于低电平时,DAC8563 允许写入数据,此时控制器将24位二进制数据通过 DIN 引脚写入寄存器中以完成相关配置。由此设计 DAC8563 控制逻辑状态转换图如图 4.22 所示。

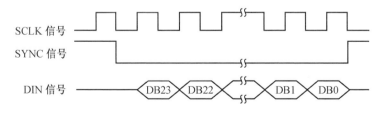

图 4.21　DAC8563 控制逻辑时序图

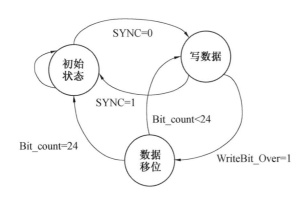

图 4.22　DAC8563 控制逻辑状态转换图

② 状态参数采集 IP 核设计。

本实例主要通过 ADS1256 模块实现电池组测试过程中的状态参数采集,采集电池组电压及 ACS712 模块的输出电压信号。ADS1256 控制逻辑时序图如图 4.23 所示。IP 核通过 DRDY*、SCLK、DIN、DOUT 4 路信号实现对 ADS1256 模块的控制。其中,SCLK 和 DIN 分别为 IP 核输出通信时钟和写数据信号;DRDY* 和 DOUT 分别为 IP 核输入 ADS1256 产生的应答信号和 A/D 转换结果。当 ADS1256 允许写入数据时,DRDY* 置于低电平,并作为应答信号反馈至 IP 核。IP 核接收应答信号后,通过 DIN 输出接口向 ADS1256 寄存器中存入数据以完成采样率、通道选择、输入模式等基本配置。寄存器配置完成后,ADS1256 模块通过 DOUT 接口将转换结果发送至 IP 核。随后 IP 核将转换数据发送到 PS端,PS 端将采集数据发送至软件部分,从而实现了数据采集。 由此得到 ADS1256 控制逻辑状态转换图如图 4.24 所示。

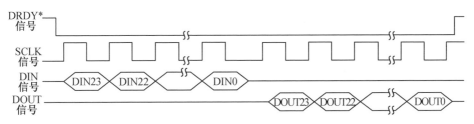

图 4.23　ADS1256 控制逻辑时序图

（2）通信接口程序设计。

PS 部分程序流程图如图 4.25 所示。程序开始后,首先进行初始化,配置 PL 端相关信息。本实例中 UART 接口采用"中断模式"进行数据传输,故初始化完成后需开启中断。

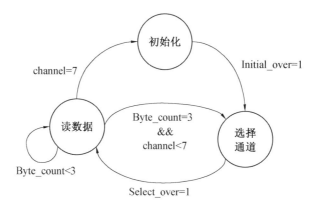

图 4.24　ADS1256 控制逻辑状态转换图

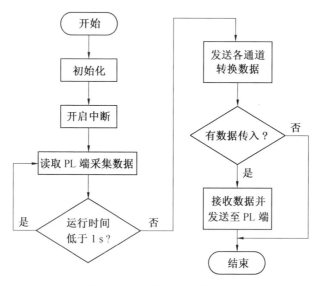

图 4.25　PS 部分程序流程图

测试系统中设定每秒读取 1 次电池组状态参数数据,当程序运行时间短于 1 s 时,则读取 PL 端采集数据;当运行时间达到 1 s 时,则将采集数据发送至软件部分。与此同时,若有数据传入,则接收中断触发,接收软件部分传来的数据(工步参数),并发送至 PL 端控制相关模块输出参数激励。

UART 接口发送数据主要为采集测试过程中电池组的状态参数数据,接收来自 PL 部分的采集数据后,通过式(4.17)将其转换为 float 型数据,并将其转换为 4 个字节(1 字节 = 8 bit)以实现数据发送。软件部分接收相应数据后,再转换回 float 型数据。为提高数据传输的准确性,本实例采用如图 4.26 所示格式发送数据。数据以"0xaa"作为开始字节,以"0x55"作为结束字节,软件部分接收数据后,当开始字节和结束字节匹配时,数据才有效。

$$V_{\text{float}} = \frac{\alpha}{0\text{xFFFFFF}} \times 5.0 \qquad (4.17)$$

0xaa	Send_data[0]	Send_data[1]	...	Send_data[n]	0x55
开始字节	采集数据				结束字节

图 4.26　UART 接口发送数据格式

UART 接口接收数据主要为软件部分发送工步参数,同样,为保证接收数据传输的准确性,UART 接口接收数据格式如图 4.27 所示。

0xaa	工步序号	参数值	0x55
开始字节	工步参数		结束字节

图 4.27　UART 接口接收数据格式

"0xaa"和"0x55"分别为接收数据的开始字节和结束字节。工步参数由工步序号和参数值构成,工步序号为 int 型(32 bit)数据,参数值为 float 型(32 bit)数据,工步参数说明见表 4.12。

表 4.12　工步参数说明

工步序号	工步操作	参数值
0x00	恒流充放电	充放电电流
0x01	恒压充电	恒压充电电压
0x02	内阻测量	电流脉冲幅度
0x03	电化学阻抗谱测试	—
0x04	搁置	—
0x05	结束测试	—

（3）工步解析程序设计。

工步解析程序用于将上位机设置的工步参数转换为实际的电流激励,本实例所研制测试系统需解析的工步包括恒流充放电、恒压充电、内阻测量和 EIS 测试。

恒流充放电工步,即控制 DAC8563 输出相应的模拟电压,进而通过压控电流源转换为相应电流激励,电流值数据类型为 float 型,正电流代表充电,负电流代表放电。恒压充电流程图如图 4.28 所示,设恒压充电电压为 $U_{\text{恒压}}$,电池组单

体端电压为 $U_{单体}$。

当电池组单体端电压高于恒压充电电压时,减小输出电流,此时恒压充电电压会呈现回落,并继续为电池充电。如此循环,直至输出电流低于 100 mA 时,恒压充电工步结束。

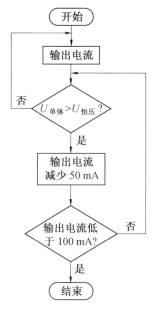

图 4.28　恒压充电流程图

内阻测量通过电流脉冲法实现,其程序设计流程图如图 4.29 所示。首先,输出 2 A 电流,延时 5 s 后,测量此时的电池电压及电流。电压、电流分别采集 10 次并取平均值,以 $V_{前}$ 和 $I_{前}$ 作为测量结果,采集时间间隔为 10 ms。随后,输出 1 A 电流,延时 1 s 后,测量此时电池电压及电流,同样分别采集 10 次并取平均值,以 $V_{后}$ 和 $I_{后}$ 作为测量结果,采集时间间隔也为 10 ms。最后,将利用上述测量结果计算内阻,内阻测量结果将通过 UART 接口发送至软件部分。

EIS 测试的固件设计流程图如图 4.30 所示。首先,采用 MATLAB 2018a 数据建模软件生成正弦波叠加数据,以此作为 EIS 测试的电流激励信号,其频率范围为 0.1 Hz～1 kHz,且频点呈对数线性分布。电流激励信号数据存储为二进制文件(.bin),数据类型为 float 型。当测试系统开始进行 EIS 测试时,硬件部分控制器读取该文件,并将数据缓存为数组。完成文件读取后,控制器根据各时刻的电流值控制电流激励单元输出,同时控制 A/D 模块采集该时刻的电压响应信号。

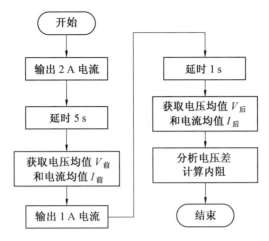

图 4.29 内阻测量程序设计流程图

由于电流激励信号中的最高频率分量为 1 kHz,根据奈奎斯特采样定理,信号采样率应满足以下条件:

$$f_s \geqslant 2 \text{ kHz} \tag{4.18}$$

因此,为提高 EIS 频谱的分辨率,本实例将电压响应信号采样率设为 5 kHz,对应的采集时间间隔为

$$T_s = 1/f_s = 0.2 \text{ ms} \tag{4.19}$$

然而,UART 接口传输速率很难满足该条件,因此该实例首先将各时刻电压信号缓存,延时 0.2 ms 后,输出下一时刻电流激励信号。当电流激励信号所有数据均输出后,通过 UART 接口将所有时刻电压响应信号统一发送至软件部分,对电压响应信号进行频谱分析以此获得 EIS。

4.3.3 软件设计

锂离子电池性能退化测试系统软件作为系统的控制平台,用于系统的管理维护、结果呈现和用户交互,需具备以下功能。

(1) 测试系统实验管理:该软件作为用户与测试系统交互的"接口",用户可在软件界面操作设置锂离子电池组实验流程和测试工步。该软件则根据用户设置,控制测试系统执行用户设定操作,从而实现对整个实验过程的管理。

(2) 电池状态参数分析:电池状态参数可直接或间接地反映电池组及其内部电池单体退化状态,因此电池状态参数分析是电池组退化测试的必要条件。本实例测试系统测试的电池状态参数有容量、内阻、EIS 及 ICA 曲线。用户可根据自身需求选择要分析的电池状态参数。

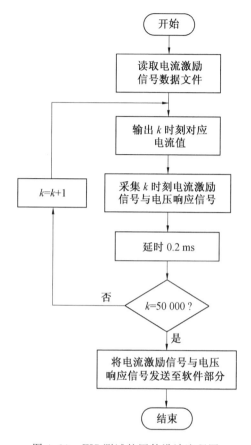

图 4.30　EIS 测试的固件设计流程图

（3）锂离子电池组状态评估：根据测试过程中的状态参数、历史数据和信息，通过加载状态评估算法实现锂离子电池组的荷电状态、健康状态等关键状态的评估。

（4）锂离子电池组实验数据管理与分析：读取并存储实验过程中的锂离子电池组的状态数据，并分析数据趋势与数据类别。同时，根据实际需求为锂离子电池组状态评估提供特定的数据接口，以实现测试数据的导出。

（5）结果呈现：将锂离子电池组实验运行状况、状态参数的变化趋势及电池组状态评估结果直观、准确地呈现给用户。

锂离子电池性能退化测试系统软件用例图如图 4.31 所示，测试系统软件共包括 5 个用例：控制电池组测试、特征参数分析、状态评估、数据管理和状态显示。

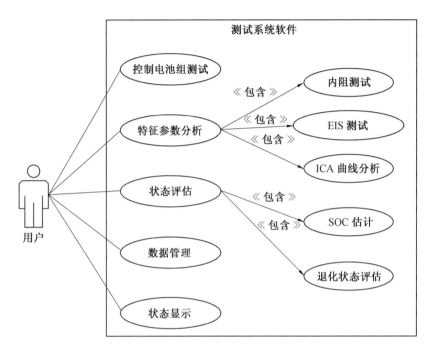

图 4.31　锂离子电池性能退化测试系统软件用例图

（1）控制电池组测试：锂离子电池组测试是测试系统的基本功能，即通过设置测试工步执行相应的操作。当用户需对某电池组进行退化性能测试时，可根据自身需求设置工步，如充放电电流、截止条件、循环周期等。在测试过程中，测试系统软件需根据硬件采集的实时状态参数判断截止条件，当达到截止条件后，切换至下一工步。

（2）特征参数分析：除执行锂离子电池组基本测试外，测试系统还需实现容量测试、内阻测试、EIS 测试和 ICA 曲线分析等功能。特征参数分析用例包括内阻测试、EIS 测试、ICA 曲线分析 3 个子用例，而容量参数则根据实测电流数据进行安时积分获得。通过对上述特征参数的分析，可为电池组退化状态评估提供数据参考，用户可根据自身需要选择特定参数用于分析。

（3）状态评估：包括 SOC 估计和退化状态评估 2 个子用例，分别用于实现测试过程中各锂离子电池单体 SOC 及电池组退化状态的评估。

（4）数据管理：用于管理测试过程中电池组的状态数据，将实时数据存入数据库进行管理，同时可导出测试数据，方便用户使用测试数据执行其他研究或操作。

（5）状态显示：用于显示锂离子电池组测试过程中的实时状态，方便用户直观实时地查看电池组的运行状态,包括各电池单体的电压、电流、SOC、退化状态等参数。

根据对软件需求的分析,可设计出测试系统软件类图,如图 4.32 所示,描述了测试系统软件的静态结构。测试系统软件包括主窗口类、通信接口类、工步设置类、曲线绘制类、算法加载类、数据库管理类、数据导出类 7 个关键类。

下面对上述 7 个类的功能进行详细说明。

(1)主窗口类:是测试系统软件的核心类。该类负责在软件运行期间各功能类之间的功能协调与数据传输,并对软件中其他功能类进行集中控制与管理。该类作为用户交互界面,实现用户的测试需求(如启用工步设置、接收测试数据、退化特征参数分析等操作),并通过调用数据库管理类和算法加载类实现数据的管理和电池组状态的评估。与此同时,作为测试系统软件主窗口,该类还用于实现电池组测试状态的展示,以及相关状态参数的变化趋势的直观呈现。

(2)通信接口类:负责测试系统软件与硬件之间的通信接口设置。测试系统总体方案中采用 UART 接口实现软件与硬件之间的通信,因此通信接口类为用户提供接口设置界面,配置 UART 接口名称、波特率、校验位、停止位等基本信息以匹配硬件系统相应设置。同时,该类用于执行通信接口(UART 接口)的打开与关闭等操作。

(3)工步设置类:用于锂离子电池组测试工步的设置。执行"添加工步""删除工步""启动工步运行"与"停止工步运行"等操作为用户提供交互界面,用户可根据实验需求选择不同的工步类型并设定相应的工步参数(截止电压、充放电电流等参数)。

(4)曲线绘制类:用于锂离子电池组运行过程中的状态参数变化曲线的绘制。主窗口类通过调用该类,将实时状态数据绘制成可直观展示的电池组测试状态趋势线,该类具有实现新增曲线、移除曲线、关联图例与曲线等功能。

(5)算法加载类:负责加载状态评估算法,以实现锂离子电池组状态评估,状态评估算法以动态链接库(. dll)的形式加载到软件。数据库管理类通过算法所需的参数设定动态链接库参数接口,作为实时状态数据与评估算法的数据通道。算法输出作为状态评估结果,为锂离子电池组管理提供依据并为电池组退化状态评估提供实时数据支持。

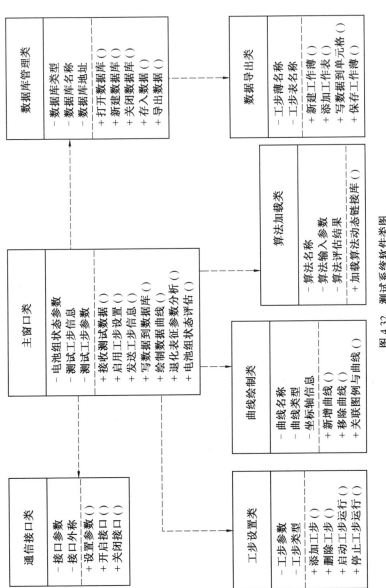

图 4.32　测试系统软件类图

（6）数据库管理类：在锂离子电池组测试过程或电池组实际运行过程中，会产生大量的运行状态数据和性能状态评估结果，测试系统软件需通过数据库管理类对上述数据进行管理，本软件数据库采用 MySQL 数据库。该类根据数据类型将数据存入不同的数据库，软件运行过程中可通过数据库名称与地址访问相应数据。该类用于实现数据库与软件数据的关联，控制数据库的打开、关闭和新建。同时该类具有数据存入和导出功能，电池组测试数据即可通过该类存入数据库。

（7）数据导出类：负责测试数据的导出，将数据以 Excel 文件（.xlsx 格式）导出，为数据分析和相关研究提供数据支持。该类可根据不同的需求将数据导入不同的工作簿中，用于实现工作簿（Excel 文件）的新建、工作表（Work Sheet）的添加及数据的写入，并可将工作簿保存到指定路径。

软件的动态模型以序列图的方式进行说明。序列图用于描述对象按照时间顺序组织的消息交互过程，强调按照时间顺序来组织对象的交互。

锂离子电池组测试过程用例序列图如图 4.33 所示，此用例主要参与类包括主窗口类、通信接口类和工步设置类等 3 个类。

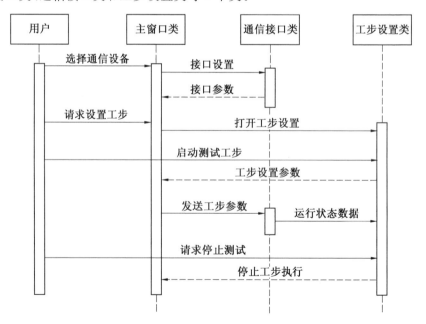

图 4.33　锂离子电池组测试过程用例序列图

锂离子电池组测试过程主要包括以下步骤。

（1）通信接口配置：主要包括主窗口类和通信接口类之间的信息交互。在进行测试过程前，用户通过软件选择将要连接的通信设备，在通信接口设置界面中设置接口名称、波特率等参数，设置完成后，通信接口类返回"接口参数"消息给主窗口，为后续工步的发送与数据读取等操作提供数据通路。

（2）工步设置：完成通信接口配置后，用户开始请求设置工步。通过主窗口用户交互界面调用工步设置类，用户在工步设置界面选择工步类型、截止条件、工步参数等工步信息并设定工步执行顺序。完成设置后，用户启动工步运行，工步设置类将工步信息返回至主窗口类，随后通过 UART 接口将工步信息发送至测试系统硬件部分，执行相应工步操作。

（3）工步执行：工步执行流程图如图 4.34 所示。启动测试后，首先获取本次测试所包含的工步总数，随后将工步参数发送至硬件平台执行相应操作。测试系统硬件部分通过 UART 接口将锂离子电池组运行状态数据发送至测试系统软件，并将数据发送到工步设置类以判断当前状态是否达到当前工步截止条件。

若满足截止条件要求，则切换到下一工步；若不满足截止条件要求，则继续执行当前工步。工步切换过程中，若达到最后工步，则结束测试。

（4）电池组测试停止执行：在测试过程中，若用户请求停止测试，则可直接停止操作。工步设置类将"停止工步执行"消息返回至主窗口类，则停止向硬件发送工步参数，从而停止测试过程。

特征参数分析序列图如图 4.35 所示。

本测试系统可分析的特征参数包括容量、内阻、EIS 和 ICA 曲线。其中，容量测试可通过对锂离子电池组充放电测试过程中的电流数据进行安时积分而实现，而其他三种参数则需用户先选择待分析参数，然后系统根据用户选择产生相应激励并完成分析。当用户发出相关特征参数的请求时，测试系统软件根据用户选择进行相应测试。

对于内阻测试，软件将内阻测试命令发送至硬件部分，其测试命令格式如图 4.36 所示。其中，0x02 为内阻测试编号，硬件部分可根据此编号和电流脉冲幅度执行内阻测试相关操作，并返回内阻测试值。完成测试后，将内阻数据存入数据库，以便后续分析及使用。

对于 EIS 测试，其测试命令格式如图 4.37 所示。参数部分全部填补为"0"，以保持与其他测试命令格式的一致。在硬件接收测试命令后，读取 EIS 激励信号数据，并将响应电压信号回传至软件系统，软件进行后续的频谱分析和 EIS 绘制。

EIS 绘制操作流程图如图 4.38 所示。电压响应信号数据回传至软件后，先

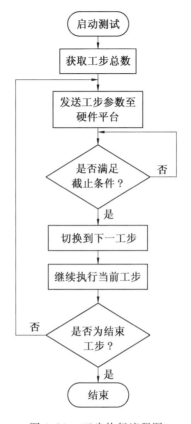

图 4.34　工步执行流程图

对响应信号做快速傅里叶变换并对获得的频谱数据进行处理,筛选出与激励信号所包含频率分量一致的频点数据以去除其他无用频率频谱数据。然后根据响应信号频谱数据和激励信号频谱数据计算出各频点的交流阻抗,并将阻抗数据存入数据库并绘制 EIS。

　　ICA 测试即以小电流充放电数据为基础,绘制容量关于电压的微分曲线(dQ/dV)。ICA 测试操作流程图如图 4.39 所示。当用户请求进行 ICA 测试时,测试系统软件向硬件部分发送命令,执行小电流恒流充电操作(本书使用电池的电流为 200 mA,即低于 C/10)。恒流充电操作结束后,从数据库中读取测试过程中硬件部分采集的电池状态数据,通过安时积分计算各数据点对应的容量。然后对容量和电压数据进行曲线拟合,并计算 dQ/dV 对应于各数据点的值(电压步进值为 1 mV),从而将 ICA 数据存入数据库并完成 ICA 曲线绘制操作。

　　锂离子电池状态评估包括荷电状态评估和退化状态评估,其测试系统状态

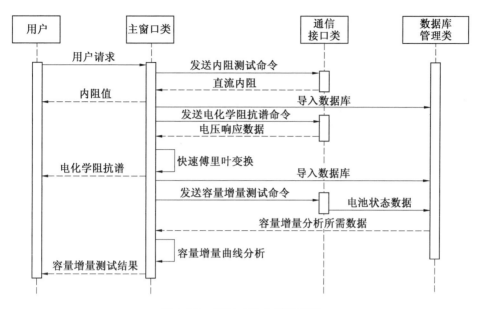

图 4.35　特征参数分析序列图

0xaa	0x02	电流脉冲幅度	0x55
开始字节	测试参数		结束字节

图 4.36　内阻测试命令格式

0xaa	0x03	0	0x55
开始字节	测试编号		结束字节

图 4.37　EIS 测试命令格式

评估用例序列图如图 4.40 所示。该用例主要包括主窗口类、通信接口类、算法加载类和数据管理类。启动测试后,主窗口类调用通信接口类,读取电池组实测数据,并将实时电压、电流数据传入算法加载类。SOC 估计算法将根据实时电压、电流值估计该时段各电池 SOC,并将估计结果存入数据库再返回至主窗口类。当用户请求评估电池退化状态时,主窗口类从数据库提取可用数据构建可表征电池退化状态的 HI,并输入至算法加载类,算法输出结果即可表示此时电池的退化状态。完成当前评估后,退化评估结果存入数据库并将结果反馈给用户。

为提高测试系统的灵活性,本实例采用动态链接库(.dll)加载的方式将算法文件嵌入测试系统软件,软件设有数据接口,该接口可根据不同算法的数据需求进行调整,从而实现不同算法在测试系统的加载与运行。数据管理用例序列图

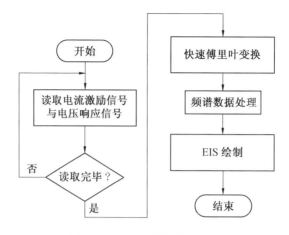

图 4.38　EIS 绘制操作流程图

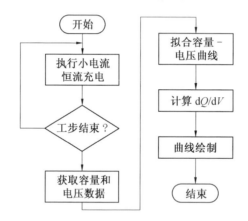

图 4.39　ICA 测试操作流程图

如图 4.41 所示。此用例主要包括主窗口类、通信接口类、数据库管理类和数据导出类之间的消息交互。启动测试后,主窗口类首先调用数据库管理类,连接到 MySQL 数据库,连接成功后,数据库管理类向主窗口类返回连接成功的消息。数据库连接完成后,软件通过通信接口类读取测试过程中的状态数据,并将接收的状态数据返回给主窗口类,同时将该接收数据存入数据库。

　　为实现数据的存入、管理和导出,需为电池组测试数据创建数据库,电池管理数据库的基本信息见表 4.13。创建完成后,测试系统软件则可通过表中信息准确调用该数据库,通过 SQL 语句实现数据的存入、删除等操作,从而实现电池组测试数据的管理。

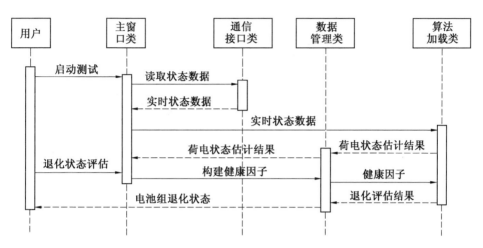

图 4.40　测试系统状态评估用例序列图

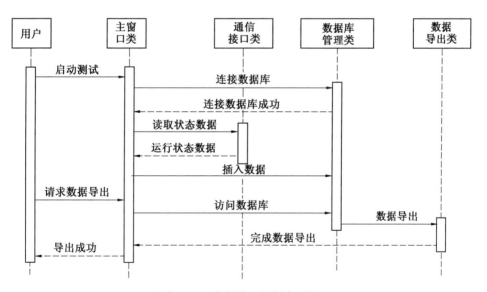

图 4.41　数据管理用例序列图

表 4.13　电池管理数据库的基本信息

类别	参数
IP 地址	127.0.0.1
数据库名称	BatteryData
端口号	3306
用户名	root

数据导出流程图如图 4.42 所示。软件通过调用数据导出类中的创建 Excel 文件、向单元格写入数据、保存 Excel 文件等函数,将数据库中数据以 Excel 文件形式导出。当用户请求数据导出时,根据用户数据导出需求访问 MySQL 数据库中待导出数据表。然后,将数据表中的数据写入已创建的 Excel 文件中,写入数据操作通过遍历待导出数据表,将相关数据写入对应的 Excel 单元格中。当所有数据均写入 Excel 文件后,保存文件至用户指定路径,同时释放该 Excel 文件以便该文件的后续操作和其他数据的导出操作。

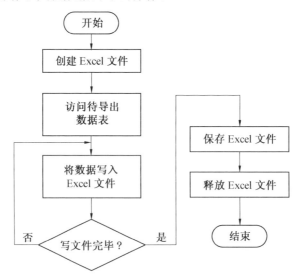

图 4.42　数据导出流程图

状态显示用例序列图如图 4.43 所示。锂离子电池组可显示状态包括其实时状态数据和算法评估结果,该用例的实现主要涉及主窗口类、通信接口类、算法加载类和曲线绘制类。当用户启动测试后,软件通过调用通信接口类读取状态数据并绘制状态数据曲线。

测试系统软件状态显示包括实时状态显示和曲线绘制两部分。实时状态包

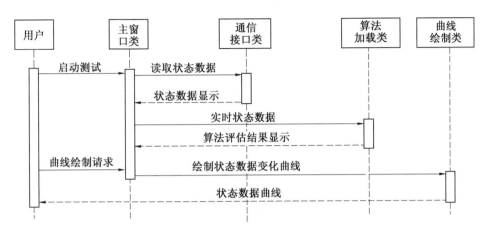

图 4.43　状态显示用例序列图

括电池组各单体电压、电流及 SOC,其中 SOC 的实时估计通过软件加载 SOC 估计算法得以实现。曲线绘制则是将实时采集数据绘制为动态曲线,直观地反映电池组状态变化,为用户分析电池组各状态参数的变化趋势提供直观的交互界面。

实时状态显示操作流程图如图 4.44 所示。首先,读取电压、电流等实时状态数据,将该数据作为状态评估算法的输入来估计各电池单体 SOC。然后,将电压、电流及 SOC 等实时数据发送到主窗口类,通过状态显示控件将电压、电流、SOC 等状态值显示于主窗口,为用户直观、实时、全面地显示电池状态。

曲线绘制操作流程图如图 4.45 所示。当用户请求绘制曲线后,首先选择将查看的电池编号。完成编号设置后,新建曲线图,设置曲线图的标题、坐标轴范围、坐标轴刻度、图例等参数。本软件中,曲线图以时间为"X 轴",采用"双 Y 轴"模式同时显示电流和电压曲线。完成曲线图创建及基本设置后,将待查看电池单体的实时电压、电流数据和当前时刻发送至曲线图数据接口,实现曲线绘制。实时数据的变化曲线采用单独窗口显示,用户请求停止绘制时,直接关闭曲线窗口即可。

软件界面是用户与测试系统之间的交互平台,用户可通过软件界面对系统进行设置、维护等操作,同时软件界面为用户提供直观的观测界面,用户可通过软件界面直观地查看锂离子电池组的运行状态、各参数的变化趋势、电池组的健康状态。测试系统软件主界面如图 4.46 所示。测试系统软件主界面包括管理控制区、状态显示区和状态栏。

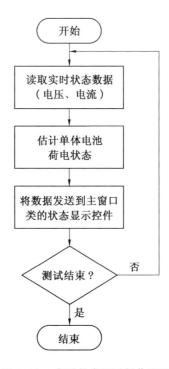

图 4.44　实时状态显示操作流程图

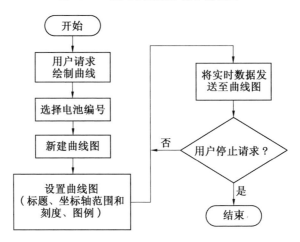

图 4.45　曲线绘制操作流程图

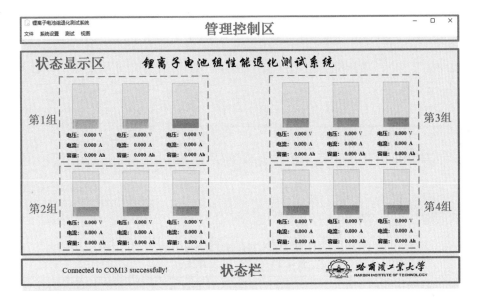

图 4.46 测试系统软件主界面

管理控制区包括软件菜单栏,有"文件""系统设置""测试""视图"4个菜单选项。"文件"菜单项包括数据文件导出、数据文件加载、软件退出等操作;"系统设置"菜单项用于实现通信接口设置、设备连接、数据存储路径设置等操作;"测试"菜单项包括实验工步设置、EIS测试、直流内阻测试和ICA测试等操作;"视图"菜单项则用于控制电池组状态曲线的显示、电池SOC和SOH评估结果的显示。

状态显示区用于显示锂离子电池运行状态,包括各电池单体在运行过程中的电压、电流、容量及电池SOC等。

状态栏则用于显示测试系统软件与硬件的连接状态,若连接成功,则显示已连接的硬件设备接口名称;若无硬件设备连接或连接不成功,则显示无硬件设备连接至系统。

工步设置界面如图4.47所示,用于设置电池组充放电的测试工步,软件可设置工步见表4.14。同时,可根据测试需求设置对应的截止条件。

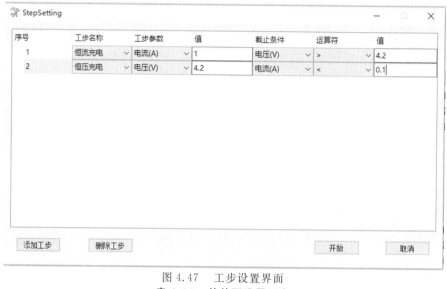

图 4.47　工步设置界面

表 4.14　软件可设置工步

序号	工步名称
1	恒流充电
2	恒压充电
3	恒流放电
4	搁置

4.4　本章小结

　　本章从锂离子电池测试和实验的角度出发,对锂离子电池关键参数的测试方法、测试工况等进行了详细说明。在此基础上,首先介绍了基于台架式电池测试设备的锂离子电池测试平台,详细阐述了锂离子电池单体充放电测试设备、锂离子电池组充放电测试设备、频域－阻抗测试电化学阻抗谱设备以及环境模拟控制设备之间的连接和耦合关系。然后,面向实际应用场景中对锂离子电池关键参数的在线测试和多参数的集成化、自动化测试需求,设计了嵌入式锂离子电池多参数测试平台,实现锂离子电池参数的在线高精度测量。上述测试和实验平台能够实现锂离子电池测试和实验过程中状态参数的采集,为锂离子电池状态估计和预测方法的设计及验证提供了充分的测试数据和实验平台支撑。

第5章

锂离子电池荷电状态估计

荷 电状态是表征锂离子电池内部可用电量的关键参数,精确的荷电状态估计能够有效保证电池系统安全、可靠地工作,同时支撑锂离子电池任务执行能力的评估。目前,基于模型的锂离子电池荷电状态估计方法以及基于数据驱动的锂离子电池荷电状态估计方法是两种典型的荷电状态估计方法,也是目前相关工业领域和国内外学术界共同研究的热点问题。本章将从上述两种锂离子电池荷电状态估计方法出发,系统阐述各自的内涵和计算原理,并从基于统计滤波的锂离子电池荷电状态估计和基于深度置信网络的锂离子电池荷电状态估计方法两个层面,给出对应的方法框架和研究实例。

5.1 基于统计滤波的锂离子电池荷电状态估计

5.1.1 等效电路模型的原理及离散化

等效电路模型利用等效电路元件,如电压源、电阻、电容等构成一定的电路拓扑,对电池的端电压、电流等外部特性进行仿真。由于等效电路模型不需要利用特定的仪器进行测试,因此在电动汽车、航空飞行器中应用较为广泛。

不同的等效电路模型对电池的建模精度和准确度有较大影响。其中,常见的等效电路模型有 Rint 模型、Thevenin 模型、PNGV 模型、GNL 模型和二阶 RC 模型,其原理见表 5.1,其电路结构如图 5.1 所示。

表 5.1 常见等效电路模型的原理

名称	原理
Rint 模型	用理想电压源和内阻串联来表征电池的端电压
Thevenin 模型	在 Rint 模型的基础上,增加一个并联阻容电路,为一阶 RC 电路
PNGV 模型	在 Thevenin 模型的基础上,考虑了负载电流时间积分对开路电压的影响
GNL 模型	在 PNGV 模型的基础上,分开考虑浓差极化和电化学极化, 同时考虑自放电的影响
二阶 RC 模型	在 Thevenin 模型的基础上,增加一个并联阻容电路

如图 5.2 所示为典型的由 n 个 RC 网络结构组成的电池等效电路模型,该模型由以下三部分组成。

(1)电压源:使用 U_{oc} 表示电池的开路电压。

(2)欧姆内阻:使用内阻元件 R_0 表示电池内部电极材料、电解液、隔膜电阻及各部分零件的接触电阻。

(3)RC 网络:使用内阻元件 R_i 与电容元件 C_i 描述电池的极化特性和扩散效

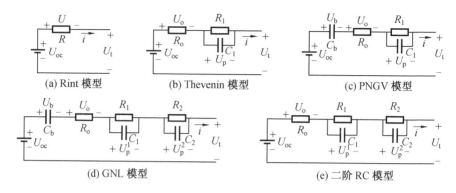

(a) Rint 模型　　　(b) Thevenin 模型　　　(c) PNGV 模型

(d) GNL 模型　　　　　　(e) 二阶 RC 模型

图 5.1　常见等效电路模型的电路结构

应,其中 $i=0,1,2,\cdots,n-1,n$。

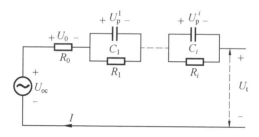

图 5.2　n 阶 RC 模型的电路结构

在图 5.2 中,I 为电池电流,U_t 为电池端电压,U_0 为电池内阻电压,U_p^i 为第 i 个 RC 网络的电压。根据基尔霍夫电压定律与基尔霍夫电流定律,以及电容、电压变化与其电流的关系,等效电路模型的状态空间方程可表示为

$$\begin{cases} \dot{U}_p^1 = -\dfrac{U_p^1}{R_1 C_1} + \dfrac{I}{C_1} \\ \qquad\vdots \\ \dot{U}_p^n = -\dfrac{U_p^n}{R_n C_n} + \dfrac{I}{C_n} \\ U_t = U_{oc} - \displaystyle\sum_{i=1}^{n} U_p^n - IR_0 \end{cases} \tag{5.1}$$

当式(5.1)中的 n 取不同值时,代表不同的等效电路模型。当 $n=0$ 时,电池等效电路模型为 Rint 模型;当 $n=1$ 时,电池等效电路模型为 Thevenin 模型。一般情况下,采用一阶等效电路模型作为基础模型描述锂离子电池的充放电行为。

将模型采用 z 变换进行离散化处理。将锂离子电池的充放电电流作为系统

输入,电池端电压 $U(s)$ 作为系统输出,令系统传递函数为 $G(s)$,可表示为

$$G(s) = \frac{U(s)}{I(s)} \tag{5.2}$$

将式(5.2)应用至式(5.1)中,得到传递函数的表达式如下:

$$G(s) = \frac{U_t(s) - U_{oc}(s)}{I(s)} \tag{5.3}$$

$$G(s) = -\left(R_0 + \frac{R_1}{1 + R_1 C_1 s} + \frac{R_2}{1 + R_2 C_2 s} + \cdots + \frac{R_n}{1 + R_n C_n s}\right) \tag{5.4}$$

令 $U_d(s) = U_{oc}(s) - U_t(s)$,则有

$$U_d(s) = -i(s)\left(R_0 + \frac{R_1}{1 + R_1 C_1 s} + \frac{R_2}{1 + R_2 C_2 s} + \cdots + \frac{R_n}{1 + R_n C_n s}\right) \tag{5.5}$$

双线性变换法通常用来进行系统从 s 平面到 z 平面的映射,采用式(5.6)所示的双线性变换法,将基于 s 平面的方程映射到 z 平面。

$$s = \frac{2}{T_s} \times \frac{1 - z^{-1}}{1 + z^{-1}} \tag{5.6}$$

式中,T_s 为系统的采样间隔时间。基于 z 平面的方程为

$$G(z^{-1}) = \frac{C_{n+1} + \cdots + C_{2n+1} z^{-n}}{1 - C_1 z^{-1} - \cdots - C_n z^{-n}} \tag{5.7}$$

式中,$C_i (i = 1, 2, \cdots, 2n+1)$ 为模型参数相关的系数。式(5.7)可以转化到离散时域中,结果为

$$U_d(k) = C_1 U_d(k-1) + \cdots + C_n U_d(k-n) + C_{n+1} I(k) + C_{2n+1} I(k-n) \tag{5.8}$$

由式(5.8)可知,由电池内阻参数与 RC 网络参数构成的传递函数 $G(s)$ 为线性系统,辨识线性系统参数通常需要对系统进行阶跃响应测试,因此为获取不同 SOC 范围下电池等效电路模型参数,需要对锂离子电池进行混合动力脉冲能力特性(Hybrid Pulse Power Characteristic, HPPC)测试,如图 5.3 所示。以电池充满电(SOC = 100%)或电池放完电(SOC = 0%)作为起始点,每次对电池进行 10% 的 SOC 阶段性放电或者充电后搁置 30 min,直到电池达到放电或者充电的截止条件时停止测试。

对于辨识得到的模型参数,通常需要再次结合等效模型进行模型评估。模型评估是指在辨识的模型参数基础上,给模型重新施加一定的电流激励信号,并比较模型的响应电压与真实电压(实际测量所得电压)间的差异。若模型响应电压与真实电压差异小,则认为该模型能够精确表征电池特性。

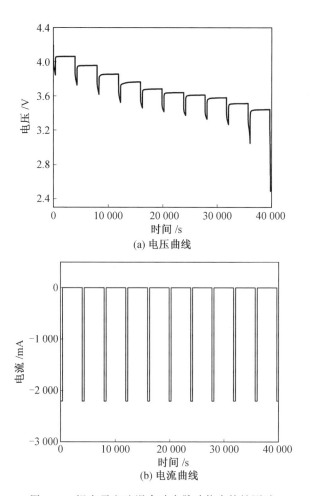

(a) 电压曲线

(b) 电流曲线

图 5.3　锂离子电池混合动力脉冲能力特性测试

5.1.2　无迹粒子滤波的基本原理

状态空间方程是一种描述动态系统特性的时域模型,包括状态转移方程和量测方程,可表示为

$$x_k = f(x_{k-1}, v_{k-1}) \tag{5.9}$$

$$y_k = h(x_k, \mu_k) \tag{5.10}$$

式中,$f(\cdot)$ 为状态转移方程;$h(\cdot)$ 为量测方程;x_k 和 y_k 分别为系统的状态量和观测值;v_{k-1} 为系统过程噪声,μ_k 为观测噪声,两者相互独立且独立于系统状态。

粒子滤波(Particle Filter,PF)是采用蒙特卡罗思想来解决贝叶斯估计的一种统计滤波算法,其利用粒子集来表示系统的状态量分布,适用于任何形式的状态空间模型。该算法的关键在于近似估计状态量后验分布的粒子集 $\{x_k^i\}_{i=1}^N$ 及相应的权值 $\{w_k^i\}_{i=1}^N$,其后验概率密度表示为

$$p(x_k \mid \boldsymbol{y}_{0:k}) \approx \sum_{i=0}^{N} \boldsymbol{w}_k^i \delta(x_k - \boldsymbol{x}_k^i) \tag{5.11}$$

在实际应用中,很难直接从真实的后验分布 $p(x_k \mid \boldsymbol{y}_{0:k})$ 中采样获取理想的粒子分布。因此,在 PF 算法中常常选择一个比较容易采样的已知后验概率密度分布 $q(x_k \mid \boldsymbol{y}_{0:k})$,称其为粒子建议分布,来近似估计粒子的后验分布,基本计算过程如下所示。

(1) 初始化。

令 $k=0$,从初始分布 $p(x_0)$ 中采样生成粒子集 $\boldsymbol{x}_0^i \sim p(x_0)$,$i=1$,2,3,$\cdots$,$N$。

(2) 重要性采样。

在粒子建议分布中,进行重要性采样 $\boldsymbol{x}_k^i \sim q(\boldsymbol{x}_k^i \mid \boldsymbol{x}_{0:k-1}^i, \boldsymbol{y}_{0:k})$,在 PF 算法中,通常假定:$q(\boldsymbol{x}_k^i \mid \boldsymbol{y}_{0:k}) = p(\boldsymbol{x}_k^i \mid \boldsymbol{y}_{0:k})$。

(3) 权值计算与归一化。

$$\boldsymbol{w}_k^i \propto \frac{p(y_k \mid \boldsymbol{x}_k^i) p(\boldsymbol{x}_k^i \mid \boldsymbol{x}_{k-1}^i)}{q(\boldsymbol{x}_k^i \mid \boldsymbol{x}_{k-1}^i, \boldsymbol{y}_{1:k})} \tag{5.12}$$

$$\boldsymbol{w}_k^i = \frac{\boldsymbol{w}_k^i}{\displaystyle\sum_{j=1}^{N} \boldsymbol{w}_k^j} \tag{5.13}$$

(4) 重采样。

计算粒子的有效样本数:

$$N_{\text{eff}} \approx 1 / \sum_{i=1}^{N} (\boldsymbol{w}_k^i)^2 \tag{5.14}$$

若有效样本数小于设定的阈值,则进行粒子的重采样操作:

$$\boldsymbol{x}_k^i = \boldsymbol{x}_k^j, \sum_{j=1}^{N} \boldsymbol{w}_k^j \geqslant r_k^i \tag{5.15}$$

$$\overline{w}_k^i = \frac{1}{N} \tag{5.16}$$

(5) 状态估计。

$$\overline{x}_k = \sum_{i=1}^{N} \overline{w}_k^i \boldsymbol{x}_k^i \tag{5.17}$$

当 $k \leqslant T$(T 为已知的量测周期数)时,令 $k=k+1$,重复执行(2)~(5)。

通常情况下,粒子样本的多样性和有效性决定着算法的滤波精度和不确定度表达能力。但是,PF 算法中绝大多数粒子权值在多次循环迭代后趋近于 0,出现粒子匮乏问题。为了解决该问题,可以采用粒子重采样技术或者选取合理的粒子建议分布。重采样技术实质是将权值低的粒子舍弃,并复制权值大的粒子,在解决粒子匮乏问题的同时,也在一定程度上损失了粒子的多样性。相比较而言,选取合理的粒子建议分布是一种更有前景的方式,能更好地解决粒子匮乏问题。

选取合理的粒子建议分布,是解决 PF 算法中粒子退化问题(即粒子匮乏问题)的有效途径,典型的改进 PF 算法有扩展粒子滤波(Extended Particle filter,EPF)算法和无迹粒子滤波(Unscented Partice Filter,UPF)算法。EPF 算法利用扩展卡尔曼滤波(Extended kalman Filter,FKF)算法结合最新的量测信息指导粒子采样,给出粒子建议分布。而 UPF 则是利用无迹卡尔曼滤波(Unscented Kalman Filter,UKF)结合最新的观测值来指导粒子采样,给出粒子建议分布。由于 UKF 较 EKF 具有更高阶的非线性表征能力,且不需要计算复杂雅可比矩阵的导数,因此,UPF 作为一种改进的 PF 算法,在解决 PF 算法粒子退化问题和非线性系统滤波问题中得到了更为广泛的应用。

UPF 算法主要包含两大步骤:① 由 UKF 给出粒子建议分布;② 应用 PF 算法进行状态估计,并更新协方差矩阵,详细的计算过程如下所示。

(1)初始化。

基于初始时刻(零时刻)的分布 $p(x_0)$,随机产生 N 个粒子 $\{\boldsymbol{x}_0^{(i)+}\}$ 及对应的协方差矩阵 $\{\boldsymbol{P}_0^{(i)+}\}$,$i=1,2,3,\cdots,N$,则有

$$\overline{\boldsymbol{x}}_0^{(i)} = E[\boldsymbol{x}_0^{(i)+}] \tag{5.18}$$

$$\boldsymbol{P}_0^{(i)+} = E[(\boldsymbol{x}_0^{(i)+} - \overline{\boldsymbol{x}}_0^{(i)})(\boldsymbol{x}_0^{(i)+} - \overline{\boldsymbol{x}}_0^{(i)})^{\mathrm{T}}] \tag{5.19}$$

(2)sigma 点分布。

$$\boldsymbol{x}_{k-1}^{(i)a+} = [(\boldsymbol{x}_{k-1}^{(i)+})^{\mathrm{T}} \quad \boldsymbol{v}_{k-1}^{\mathrm{T}} \quad \boldsymbol{\mu}_{k-1}^{\mathrm{T}}]^{\mathrm{T}} \tag{5.20}$$

$$\boldsymbol{P}_{k-1}^{(i)a+} = \mathrm{diag}\{\boldsymbol{P}_{k-1}^{(i)+}, Q, R\} \tag{5.21}$$

$$\boldsymbol{\chi}_{k-1}^{(i)a+} = [\boldsymbol{\chi}_{k-1}^{(i)a+} \quad \boldsymbol{\chi}_{k-1}^{(i)a+} + \gamma\sqrt{\boldsymbol{P}_{k-1}^{(i)a+}} \quad \boldsymbol{\chi}_{k-1}^{(i)a+} - \gamma\sqrt{\boldsymbol{P}_{k-1}^{(i)a+}}] \tag{5.22}$$

式中,$\boldsymbol{x}_{k-1}^{(i)a+}$ 为生成的 sigma 点矩阵;$\boldsymbol{P}_{k-1}^{(i)a+}$ 为状态量和噪声的增广协方差矩阵;$\boldsymbol{\chi}_{k-1}^{(i)a+}$ 为状态量和噪声的增广矩阵;$\gamma=\sqrt{L+\lambda}$,L 为状态量的维数;λ 为常量;$\boldsymbol{v}$ 和 Q 分别为状态噪声矩阵和方差;$\boldsymbol{\mu}$ 和 R 分别为量测噪声矩阵和方差。

(3)时间更新。

$$\boldsymbol{\chi}_k^{(i)x-} = f[\boldsymbol{\chi}_{k-1}^{(i)x+}, \boldsymbol{\chi}_{k-1}^{(i)v+}] \tag{5.23}$$

$$\boldsymbol{x}_k^{(i)-} = \sum_{j=0}^{2L} \boldsymbol{W}_j^{(m)} \boldsymbol{\chi}_{j,k}^{(i)x-} \tag{5.24}$$

$$\boldsymbol{P}_k^{(i)-} = \sum_{j=0}^{2L} \boldsymbol{W}_j^{(c)} \big[\boldsymbol{\chi}_k^{(i)x-} - \boldsymbol{x}_k^{(i)-} \big] \big[\boldsymbol{\chi}_k^{(i)x-} - \boldsymbol{x}_k^{(i)-} \big]^{\mathrm{T}} \tag{5.25}$$

$$\boldsymbol{\psi}_k^{(i)-} = h \big[\boldsymbol{\chi}_k^{(i)x-}, \boldsymbol{\chi}_{k-1}^{(i)\mu+} \big] \tag{5.26}$$

$$\boldsymbol{y}_k^{(i)-} = \sum_{j=0}^{2L} \boldsymbol{W}_j^{(m)} \boldsymbol{\psi}_{j,k}^{(i)-} \tag{5.27}$$

式中，$\boldsymbol{\chi}_k^{(i)x-}$ 为状态量的一步更新值；$\boldsymbol{\chi}_{k-1}^{(i)x+}$ 为 $k-1$ 时刻状态量估计值；$\boldsymbol{\chi}_{k-1}^{(i)v+}$ 为 $k-1$ 时刻状态量系统过程噪声；$\boldsymbol{x}_k^{(i)-}$ 为状态量的一步预测值；$\boldsymbol{W}_j^{(m)}$ 为权值常量；$\boldsymbol{P}_k^{(i)-}$ 为协方差的一步预测值；$\boldsymbol{W}_j^{(c)}$ 为权值常量；$\boldsymbol{\psi}_k^{(i)-}$ 为观测值的一步更新值；$\boldsymbol{\chi}_{k-1}^{(i)\mu+}$ 为 $k-1$ 时刻观测噪声；$\boldsymbol{y}_k^{(i)-}$ 为量测值的一步预测值。

（4）量测更新。

$$\boldsymbol{P}_{y_k,y_k} = \sum_{j=0}^{2L} \boldsymbol{W}_j^{(c)} \big[\boldsymbol{\psi}_{j,k}^{(i)-} - \boldsymbol{y}_k^{(i)-} \big] \big[\boldsymbol{\psi}_{j,k}^{(i)-} - \boldsymbol{y}_k^{(i)-} \big]^{\mathrm{T}} \tag{5.28}$$

$$\boldsymbol{P}_{x_k,y_k} = \sum_{j=0}^{2L} \boldsymbol{W}_j^{(c)} \big[\boldsymbol{\chi}_{j,k}^{(i)x-} - \boldsymbol{x}_k^{(i)-} \big] \big[\boldsymbol{\psi}_{j,k}^{(i)-} - \boldsymbol{y}_k^{(i)-} \big]^{\mathrm{T}} \tag{5.29}$$

$$\boldsymbol{K}_k = \boldsymbol{P}_{x_k,y_k} \boldsymbol{P}_{y_k,y_k}^{-1} \tag{5.30}$$

$$\boldsymbol{x}_k^{(i)+} = \boldsymbol{x}_k^{(i)-} + \boldsymbol{K}_k \big[\boldsymbol{y}_k - \boldsymbol{y}_k^{(i)-} \big] \tag{5.31}$$

$$\boldsymbol{P}_k^{(i)+} = \boldsymbol{P}_k^{(i)-} - \boldsymbol{K}_k \boldsymbol{P}_{y_k,y_k} \boldsymbol{K}_k^{\mathrm{T}} \tag{5.32}$$

式中，$\boldsymbol{P}_{y_k,y_k}$ 为量测方差矩阵；$\boldsymbol{P}_{x_k,y_k}$ 为状态量与量测间的协方差矩阵；$\boldsymbol{K}_k$ 为卡尔曼滤波增益；$\boldsymbol{x}_k^{(i)+}$ 为 k 时刻的状态估计值；$\boldsymbol{y}_k$ 为 k 时刻的观测值；$\boldsymbol{P}_k^{(i)+}$ 为更新的协方差矩阵。

（5）权值计算与归一化。

$$w_k^i \propto \frac{p\big[\boldsymbol{y}_k \mid \boldsymbol{x}_k^{(i)+}\big] p\big[\boldsymbol{x}_k^{(i)+} \mid \boldsymbol{x}_{k-1}^{(i)+}\big]}{q\big[\boldsymbol{x}_k^{(i)+} \mid \boldsymbol{x}_{k-1}^{(i)+}, \boldsymbol{y}_{1:k}\big]} \tag{5.33}$$

$$w_k^i = \frac{w_k^i}{\sum\limits_{j=1}^{N} w_k^j} \tag{5.34}$$

（6）重采样。

同样地，当粒子的有效样本数小于设定的阈值，进行粒子重采样操作：

$$\boldsymbol{x}_k^{(i)+} = \boldsymbol{x}_k^{(j)+}, \boldsymbol{P}_k^{(i)+} = \boldsymbol{P}_k^{(j)+}, \sum_{j=1}^{N} w_k^j \geqslant r_k^i \tag{5.35}$$

$$\overline{w}_k^i = \frac{1}{N} \tag{5.36}$$

式中，$\boldsymbol{x}_k^{(i)+}$ 和 $\boldsymbol{P}_k^{(i)+}$ 为原有的粒子状态量及其协方差矩阵；$\boldsymbol{x}_k^{(j)+}$ 和 $\boldsymbol{P}_k^{(j)+}$ 重采样生成的粒子状态量及其协方差矩阵，r_k^i 为 $0 \sim 1$ 间的随机数。

（7）状态估计。

$$\overline{x}_k = \sum_{i=1}^N \boldsymbol{x}_k^{(i)} + \overline{w}_k^i \tag{5.37}$$

当 $k \leqslant L(L$ 为量测周期总数$)$ 时，令 $k = k+1$，重复执行上述（2）、（3）。

5.1.3 方法框架

针对等效电路模型和数据驱动方法的各自优势，并发挥 UPF 算法对非线性、非高斯电池系统的良好适应性，本书提出了基于 UPF 统计滤波算法的锂离子电池 SOC 在线估计方法（简称基于 UPF 算法的 SOC 估计方法），该方法的思路图如图 5.4 所示。

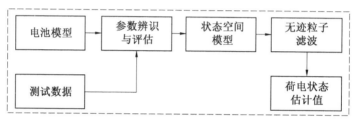

图 5.4　基于 UPF 算法的 SOC 估计方法思路图

该方法主要包括如下环节：① 基于 UPF 算法的 SOC 估计方法，实现了 SOC 的迭代滤波估计。②UPF 所采用的状态空间方程是基于电池等效电路模型而建立的，该电池模型利用离线的电压、电流数据进行参数辨识，充分考虑了电池的物理特性。③ 所辨识的模型参数考虑了 SOC 的影响，并根据当前的 SOC 估计值进行模型参数的实时更新。

综合 UPF 算法的计算过程，所提出的基于 UPF 算法的 SOC 估计方法流程图如图 5.5 所示，其在 UPF 算法基础上，考虑了模型参数与 SOC 之间的函数关系，并根据每次滤波循环的 SOC 估计值更新等效电路模型的参数。

由图 5.5 可知，基于 UPF 算法的 SOC 估计方法流程主要包含粒子初始化、产生粒子、计算 sigma 点、时间更新、量测更新、权值计算与归一化、重采样、模型参数更新和状态估计。其中，在滤波循环中涉及多个粒子同时进行的滤波计算过程包含计算 sigma 点、时间更新、量测更新、权值计算与归一化、重采样、模型参数更新和状态估计，且计算 sigma 点与时间更新给出了粒子建议分布。需要说明的是，该计算过程可进一步优化计算结构，以提升算法的计算性能，这对于后续在线状态估计中算法在嵌入式计算平台上的运行性能提升具有十分重要的意义。

综合图 5.5 所示的流程图及前文阐述的 UPF 算法原理,可以推导出基于 UPF 算法的 SOC 估计方法的详细计算过程如下所示。

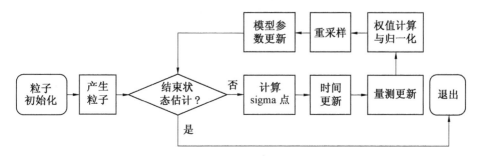

图 5.5　基于 UPF 算法的 SOC 估计方法流程图

(1)粒子初始化:设定 UPF 算法粒子数目(N)、状态量初值、噪声方差、粒子分布及其协方差矩阵等,并根据初始 SOC 值给出模型参数 R_0、R_p、C_p 和 E_m 的初值。

(2)sigma 点分布。

$$x_{k-1}^{(i)a+} = \left[(x_{k-1}^{(i)+})^T \quad w_{k-1}^T \quad v_{k-1}^T \right]^T \tag{5.38}$$

$$P_{k-1}^{(i)a+} = \text{diag}\{P_{k-1}^{(i)+}, Q, R\} \tag{5.39}$$

$$\chi_{k-1}^{(i)a+} = \left[x_{k-1}^{(i)a+} \quad x_{k-1}^{(i)a+} + \gamma \sqrt{P_{k-1}^{(i)a+}} \quad x_{k-1}^{(i)a+} - \gamma \sqrt{P_{k-1}^{(i)a+}} \right] \tag{5.40}$$

(3)时间更新。

$$\chi_k^{(i)x-} = A_{k-1} \chi_{k-1}^{(i)x+} + B_{k-1} U_{k-1} + \chi_{k-1}^{(i)w+} \tag{5.41}$$

$$x_k^{(i)-} = \sum_{j=0}^{2L} W_j^{(m)} \chi_{j,k}^{(i)x-} \tag{5.42}$$

$$P_k^{(i)-} = \sum_{j=0}^{2L} W_j^{(c)} \left[\chi_k^{(i)x-} - x_k^{(i)-} \right] \left[\chi_k^{(i)x-} - x_k^{(i)-} \right]^T \tag{5.43}$$

$$\psi_k^{(i)-} = C_k \chi_k^{(i)x-} - D_k U_k + f(\text{SOC}_k) \tag{5.44}$$

$$y_k^{(i)-} = \sum_{j=0}^{2L} W_j^{(m)} \psi_{j,k}^{(i)-} \tag{5.45}$$

(4)量测更新。

$$P_{y_k,y_k} = \sum_{j=0}^{2L} W_j^{(c)} \left[\psi_{j,k}^{(i)-} - y_k^{(i)-} \right] \left[\psi_{j,k}^{(i)-} - y_k^{(i)-} \right]^T \tag{5.46}$$

$$P_{x_k,y_k} = \sum_{j=0}^{2L} W_j^{(c)} \left[\chi_{j,k}^{(i)x-} - x_k^{(i)-} \right] \left[\psi_{j,k}^{(i)-} - y_k^{(i)-} \right]^T \tag{5.47}$$

$$\boldsymbol{K}_k = \boldsymbol{P}_{x_k,y_k} \boldsymbol{P}_{y_k,y_k}^{-1} \tag{5.48}$$

$$\boldsymbol{x}_k^{(i)+} = \boldsymbol{x}_k^{(i)-} + \boldsymbol{K}_k [y_k - \boldsymbol{y}_k^{(i)-}] \tag{5.49}$$

$$\boldsymbol{P}_k^{(i)+} = \boldsymbol{P}_k^{(i)-} - \boldsymbol{K}_k \boldsymbol{P}_{y_k,y_k} \boldsymbol{K}_k^{\mathrm{T}} \tag{5.50}$$

（5）权值计算与归一化。

$$q_i = p[y_k \mid \boldsymbol{x}_k^{(i)+}] = \frac{1}{\sqrt{2\pi R}} \exp\left\{ \frac{-[y_k - (C_k \boldsymbol{x}_k^{(i)+} - D_k U_k + f(\mathrm{SOC}_k))]^2}{2R} \right\}$$

$$\tag{5.51}$$

$$\overline{q}_i = \frac{q_i}{\sum\limits_{j=1}^{N} q_j} \tag{5.52}$$

（6）重采样。

$$\boldsymbol{x}_k^{(i)+} = \boldsymbol{x}_k^{(j)+}, \boldsymbol{P}_k^{(i)+} = \boldsymbol{P}_k^{(j)+}, \sum\limits_{j=1}^{N} \overline{q}_j \geqslant r_k^i \tag{5.53}$$

（7）SOC 估计。

$$\mathrm{SOC}_k = E(\mathrm{SOC}_k^i) = \sum\limits_{i=1}^{N} \boldsymbol{x}_{k,2}^{(i)+} \overline{q}_i \tag{5.54}$$

式中，$\boldsymbol{x}_{k,2}^{(i)+}$ 为状态量的第二个维度值。

（8）模型参数更新：根据 k 时刻的估计值 SOC_k，更新模型参数 R_0、R_p、C_p 和 E_m。

重复执行上述步骤，即可实现锂离子电池荷电状态的循环迭代估计。

5.1.4　研究实例

混合动力脉冲能力特性（Hybrid Pulse Power Characteristic，HPPC）测试可以很好地体现电池稳态响应和瞬态响应的特性，在锂离子电池参数辨识中得到了广泛的应用。实验中，根据 HPPC 测试数据进行等效电路模型参数的辨识，同时，基于所辨识的参数评估等效锂离子电池荷电状态估计实验模型的性能，并在此基础上设计锂离子电池荷电状态估计实验。

首先，设计了三种基本工况下的锂离子电池 SOC 估计实验，以验证方法和所辨识的模型参数的正确性。其中，三种基本工况分别为恒流放电（Constant Current Discharge，CCD）工况、HPPC 工况和动态应力测试（Dynamic Stress Test，DST）工况。

为了进一步验证所提出的 SOC 估计方法性能，在上述三种基本工况条件下又考虑电池在实际应用中的多种不确定条件。实验中所考虑的在 SOC 估计中的不确定条件：SOC 初值不确定和电流测量噪声不确定。

在上述实验的基础上，为了体现所提出的SOC估计方法的性能优势，设计了与SOC估计领域中广泛应用的扩展卡尔曼滤波算法间的对比分析实验。在上述实验中，用于 SOC 性能估计的评估指标：最大误差、平均误差和均方根误差。

在实验中，选用的电池样本数据分别为 NASA PCoE 研究中心公开的 B9 电池测试数据集和本案例课题组获取的 B1 电池测试数据集。B9 电池的额定容量为 2.097 7 Ah，实验中选用该样本数据集中的 CCD 工况和 HPPC 工况数据；B1 电池的额定容量为 2.200 Ah，实验中选取该样本数据集中的 DST 工况数据。其中，CCD 工况放电电流为 1.0 A，放电截止电压为 3.2 V；HPPC 工况放电电流为 1.0 A，每次放电持续时间为 10 min，然后空载 20 min，放电截止电压为 3.2 V；DST 工况循环测试次数为 100 次，放电截止电压为 3.2 V。上述三种实验工况的电池电流、电压和 SOC 变化曲线如图 5.6 ～ 5.8 所示。

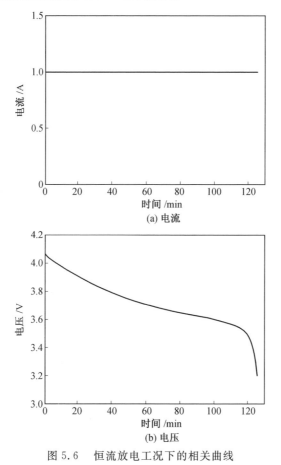

图 5.6　恒流放电工况下的相关曲线

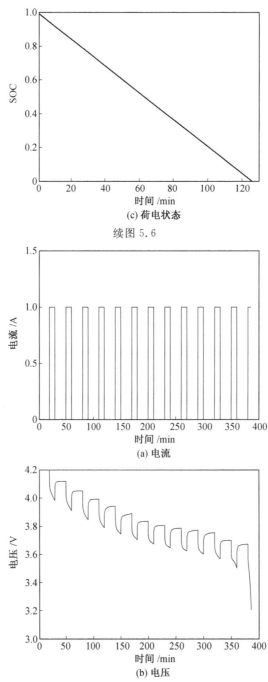

(c) 荷电状态

续图 5.6

(a) 电流

(b) 电压

图 5.7　复合脉冲特性测试工况下的相关曲线

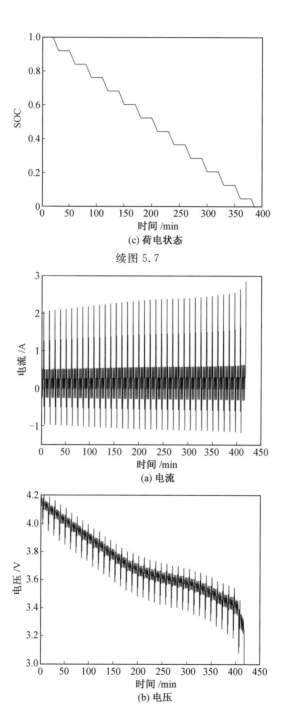

(c) 荷电状态

续图 5.7

(a) 电流

(b) 电压

图 5.8　动态应力测试工况下的相关曲线

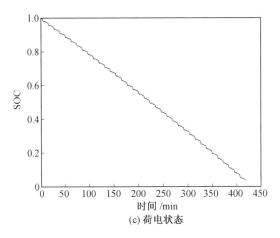

(c) 荷电状态

续图 5.8

选取电池 HPPC 工况测试数据集进行模型参数的辨识,参数的辨识过程示意参见图 5.4。在计算过程中,采用非线性最小二乘法算法实现等效电路模型中的参数辨识。考虑 SOC 与模型参数间的函数关系,设定的 SOC 辨识间隔为0.1,即需要辨识出 SOC 分别为0,0.1,…,1.0条件下的模型参数。同时,通过插值计算的方法,可以将特定 SOC 点下的参数辨识结果扩展到整个 SOC 分布的区间上,从而建立起模型参数插值表。以 B9 电池为例,选取其测试数据集中的 HPPC 工况测试数据用于模型参数的辨识,B9 电池模型参数辨识结果如图 5.9 所示。

基于上述辨识的模型参数插值表,给模型施加相同的 HPPC 工况电流作为模型的激励信号,比较模型的响应电压与真实电压间的误差。可以得出,模型的响应电压最大误差为 47.7 mV。因此,所建立的电池等效电路模型及其参数辨识结果对电池具有很好的表征能力,可以应用于后续 SOC 估计方法中。基于上述结论,分别进行三种基本工况下(CCD、HPPC 和 DST)的 SOC 估计实验。三种工况下的 SOC 估计结果如图 5.10 ～ 5.12 所示,详细的性能指标见表 5.2。

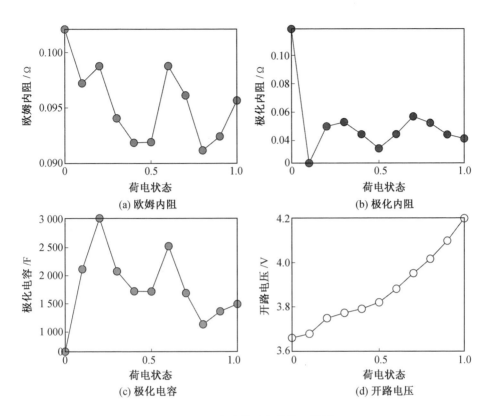

图 5.9　B9 电池模型参数辨识结果

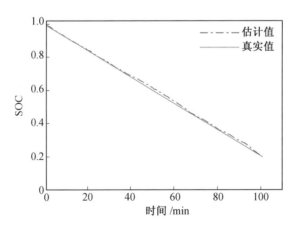

图 5.10　恒流放电工况下的电池荷电状态估计结果

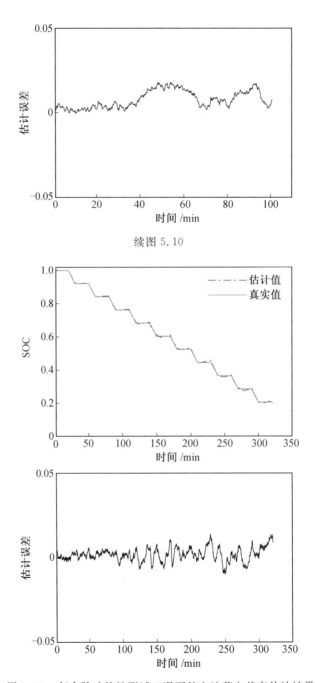

续图 5.10

图 5.11　复合脉冲特性测试工况下的电池荷电状态估计结果

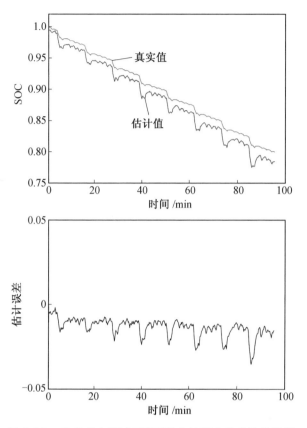

图 5.12　动态应力测试工况下的电池荷电状态估计结果

表 5.2　三种基本工况下电池荷电状态估计性能指标

工况	最大误差	平均误差	均方根误差
恒流放电	0.019 4	0.007 6	0.009 4
复合脉冲特性测试	0.012 9	0.002 8	0.003 7
动态应力测试	0.033 1	0.013 6	0.014 6

　　由实验结果可以得出,三种基本工况下的最大误差均在 5% 以内,平均误差均在 2% 以内,表明所建立的等效电路模型和所辨识的模型参数具有良好的表征能力。以下分别从 SOC 初值和测量噪声对荷电状态估计的影响,对实验结果进行进一步讨论。

1. SOC 初值的影响分析

　　在实际应用中,SOC 初值是无法准确获取的,这就要求用于 SOC 的估计方法能够在不确定的初始条件下仍具有较强的收敛能力,并在收敛后具有良好的估计精度。

在上述三种基本工况中,真实的 SOC 初值为 1.0,而实验中均假定为未知,并设置三个不同的 SOC 初值(0.85、0.90 和 0.95)进行 SOC 估计,各基本工况下的 SOC 估计结果如图 5.13 所示。其中,SOC 初值为 0.85 的估计性能见表 5.3。

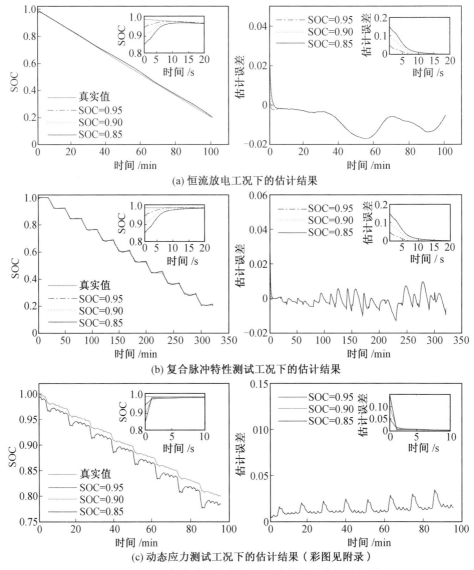

(a) 恒流放电工况下的估计结果

(b) 复合脉冲特性测试工况下的估计结果

(c) 动态应力测试工况下的估计结果(彩图见附录)

图 5.13　SOC 初值未知条件下的电池荷电状态估计结果

表 5.3　SOC 初值为 0.85 的估计性能指标

工况	收敛时间 /s	最大误差	平均误差	均方根误差
恒流放电	110	0.016 9	0.008 0	0.014 0
复合脉冲特性测试	120	0.013 1	0.003 0	0.007 0
动态应力测试	20	0.034 4	0.013 8	0.016 2

实验得出，三种基本工况下的最大误差均在 5% 以内，平均误差均小于 2%，且收敛（误差小于 1%）时间不超过 120 s。因此，所提出的 SOC 估计方法在初值不确定的条件下具有良好的收敛性，且在收敛后具有良好的估计性能。

2. 测量噪声的影响分析

在电池的实际应用中，用于 SOC 估计的可测参数，如电压、电流和温度等参数信息是由前端的传感器采集获取的，在此过程中会产生测量干扰噪声。在 BMS 中，可以保证电压的测量具有较高的精度，相比较而言，电流的测量精度略低。因此，本书主要考虑在电流测量存在干扰噪声情况下的 SOC 估计性能评估。

鉴于目前主流的电流传感器误差在 1% 以内，本书实验通过给测量电流施加正负 1% 的白噪声（零均值）来评估 SOC 估计性能。图 5.14 所示为含有测量噪声的三种基本工况下的电流曲线，其对应的 SOC 估计结果如图 5.15 所示，详细的估计性能指标见表 5.4。

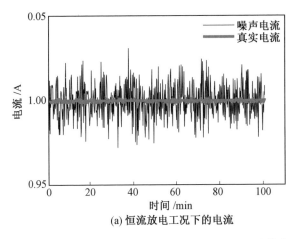

(a) 恒流放电工况下的电流

图 5.14　含有测量噪声的三种基本工况下的电流曲线

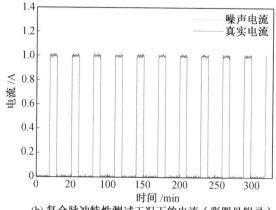

(b) 复合脉冲特性测试工况下的电流（彩图见附录）

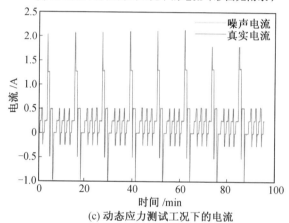

(c) 动态应力测试工况下的电流

续图 5.14

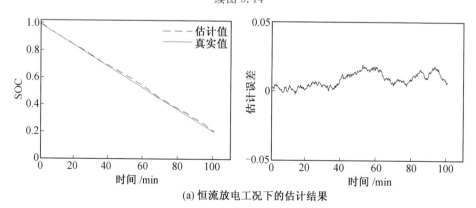

(a) 恒流放电工况下的估计结果

图 5.15　含电流测量噪声的电池荷电状态估计结果

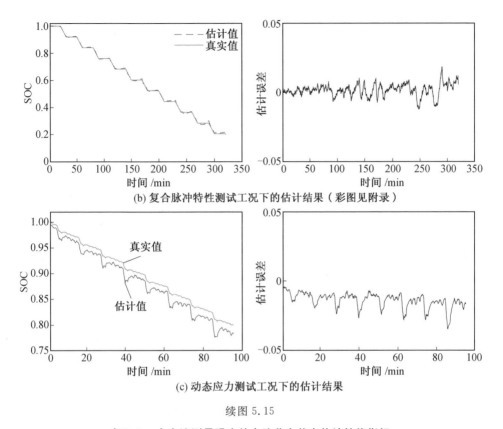

(b) 复合脉冲特性测试工况下的估计结果（彩图见附录）

(c) 动态应力测试工况下的估计结果

续图 5.15

表 5.4　含电流测量噪声的电池荷电状态估计性能指标

工况	最大误差	平均误差	均方根误差
恒流放电	0.021 1	0.008 1	0.009 8
复合脉冲特性测试	0.013 1	0.003 3	0.004 3
动态应力测试	0.033 4	0.013 8	0.014 9

　　可以得出，当电流检测存在一定噪声干扰的情况下，三种基本工况的最大误差均不超过 5%，平均误差均在 2% 以内，表明所提出的 SOC 估计方法具有良好的估计性能和抗干扰能力。

5.2　基于深度置信网络的锂离子电池荷电状态估计

　　锂离子电池在充放电过程中，其端电压与荷电状态的变化呈现一定的关联性,即当电池荷电状态逐渐上升／下降时,电池端电压也呈现一定的升高／降低趋势。利用此关联关系,通过建立锂离子电池端电压与荷电状态间的映射模型,即可实现锂离子电池荷电状态估计。随着深度学习理论的不断发展,利用深度学习模型建立荷电状态估计方法成为当前相关领域的研究热点。本章将以深度置信网络为核心,建立基于深度学习的锂离子电池 SOC 估计模型,并给出相应的计算实例。

5.2.1　深度置信网络

深度置信网络(Deep Belief Network,DBN)是一种深度学习算法,其广泛应用于非线性系统的建模、预测、异常检测和分类等领域。DBN 的基本结构由受限玻尔兹曼机(Restricted Boltzmann Machine,RBM) 和一个逻辑回归层组成。其中,RBM 用于提取输入数据的特征,并将这些特征作为下一个 RBM 层的输入,在提取出相应的特征后,则用逻辑回归层实现预测。图 5.16 所示为 DBN 模型的基本结构。

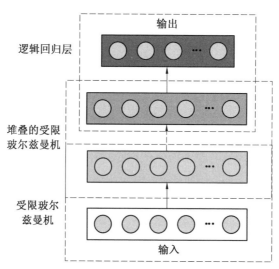

图 5.16　DBN 模型的基本结构

RBM 是 DBN 中的基本结构单元,作为一种生成随机网络,RBM 是一种描述随机变量之间相关结构的有效方法。每个 RBM 层包含一个显层(可见层)和一个隐层(隐含层),两层之间是全连接的,但各层内的单元是没有连接的,RBM 的结构如图5.17 所示。

如图 5.17 所示,$\boldsymbol{V} = [v_1, v_2, \cdots, v_m]^\mathrm{T}$ 是层(可见层)的向量,$\boldsymbol{H} =$

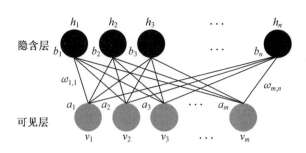

图 5.17　RBM 的结构

$[h_1,h_2,\cdots,h_n]^{\mathrm{T}}$ 是隐层（隐含层）的向量，$\boldsymbol{W}=(\omega_{i,j})\in\boldsymbol{R}^{m\times n}$ 是 RBM 网络的权重矩阵，$\omega_{i,j}$ 表示显层单元 i 和隐层单元 j 之间的权重值。向量 $\boldsymbol{a}=[a_1,a_2,\cdots,a_m]^{\mathrm{T}}$ 和 $\boldsymbol{b}=[b_1,b_2,\cdots,b_n]^{\mathrm{T}}$ 分别是显层和隐层的偏置向量。常规的 RBM 是一种二值网络，即 $\boldsymbol{V}=[v_1,v_2,\cdots,v_m]^{\mathrm{T}}\in\{0,1\}$，$\boldsymbol{H}=[h_1,h_2,\cdots,h_n]^{\mathrm{T}}\in\{0,1\}$。RBM 的能量方程为

$$E_\theta(\boldsymbol{V},\boldsymbol{H}\mid\theta)=-\sum_{i=1}^{m}a_iv_i-\sum_{j=1}^{n}b_jh_j-\sum_{i=1}^{m}\sum_{j=1}^{n}h_j\omega_{i,j}v_i \tag{5.55}$$

式中，$\theta=\{\omega_{i,j},a_i,b_j\}$ 是 RBM 的参数集。显层和隐层的联合概率密度为

$$p(\boldsymbol{V},\boldsymbol{H}\mid\theta)=\frac{\sum_h e^{-E(v,h\mid\theta)}}{Z(\theta)} \tag{5.56}$$

式中，$Z(\theta)=\sum_{v,h}e^{-E(v,h\mid\theta)}$。式（5.56）描述了隐层和显层的所有可能状态。当隐层 $\boldsymbol{H}$ 或显层 $\boldsymbol{V}$ 已知时，可计算出其各自的概率。显层 $\boldsymbol{V}$ 和隐层 $\boldsymbol{H}$ 的似然函数分别为

$$p(\boldsymbol{V}\mid\boldsymbol{H},\theta)=\prod_i p(v_i\mid h) \tag{5.57}$$

$$p(\boldsymbol{H}\mid\boldsymbol{V},\theta)=\prod_j p(h_j\mid v) \tag{5.58}$$

在参数集 θ 已知时，v_i、h_j 的概率分布可根据该能量方程计算得到。RBM 的条件概率如下：

$$P(h_j=1\mid\boldsymbol{V})=\sigma\left(b_j+\sum_{i=1}^{m}v_i\omega_{ij}\right) \tag{5.59}$$

$$P(v_i=1\mid\boldsymbol{H})=\sigma\left(a_i+\sum_{j=1}^{n}h_j\omega_{ij}\right) \tag{5.60}$$

式中，$\sigma(x)=(1+e^{-x})^{-1}$。

　　DBN 模型的训练过程可分为 RBM 的预训练过程和全局微调过程。RBM 的预训练过程是为了给整个 DBN 提供初始参数，可防止网络陷入局部最优及过拟

合。全局微调过程可用来提升整个网络的多样性,并获取更具适应性的结果。RBM 的训练目标是保证训练后的 RBM 模型能够尽量反应输入数据的分布情况。为了获得最大的对数似然函数值,参数更新的策略如下:

$$\frac{\partial L(\theta)}{\partial \omega_{i,j}} = \langle v_i h_j \rangle_{\text{data}} - \langle v_i h_j \rangle_{\text{recon}} \tag{5.61}$$

式中,$\langle \cdot \rangle_{\text{data}}$ 和 $\langle \cdot \rangle_{\text{recon}}$ 分别表示模型根据数据输出的期望分布和重构分布。使用对比散度算法调整 RBM 的参数,具体步骤如下所示。

(1) 随机初始化 RBM 参数并设置训练过程最大迭代次数 P。

(2) 通过公式 $h_i^t \sim p[h_i \mid v^{(t)}]$ 计算隐层神经元的值,再通过公式 $v_j^{(t+1)} \sim p(v_j \mid h^{(t)})$ 计算显层神经元的值。

(3) 通过式(5.62)计算权重。

$$\omega_{ij} = \omega_{ij} + \gamma \times \{p[h_j = 1 \mid v^{(0)}] \cdot v_i^{(0)} - p[h_j = 1 \mid v^{(t)}] \cdot v_i^{(t)}\} \tag{5.62}$$

(4) 根据式(5.63)和式(5.64)更新 RBM 的参数,式中 γ 表示学习率。

$$b_j = b_j + \gamma \times [v_i^{(0)} - v_i^{(t)}] \tag{5.63}$$

$$a_j = a_j + \gamma \times \{p[h_j = 1 \mid v^{(0)}] - p[h_j = 1 \mid v^{(t)}]\} \tag{5.64}$$

(5) 当迭代次数达到最大值或重构误差达到指定阈值时,停止迭代。

DBN 中的每层 RBM 先分别进行训练,然后对参数集进行全局优化。全局优化的过程是通过无监督方式进行的,其训练过程如图 5.18 所示。

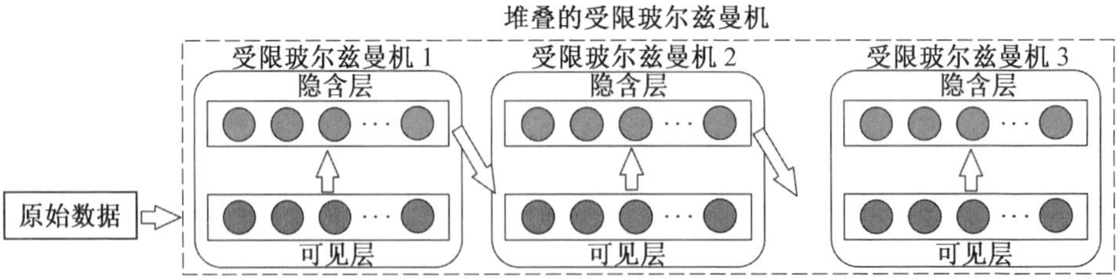

堆叠的受限玻尔兹曼机

| 受限玻尔兹曼机 1 | 受限玻尔兹曼机 2 | 受限玻尔兹曼机 3 |

图 5.18 受限玻尔兹曼机无监督训练过程

在经过无监督训练过程后,DBN 需要再经过一个监督学习的过程以减少估计误差,并提升回归精度。

5.2.2 方法框架

本节将介绍一种基于 DBN 网络的锂离子电池 SOC 融合估计方法,该方法融合了 DBN 模型和卡尔曼滤波(Kalman Filter,KF)算法,能够在动态条件下获得更加准确的 SOC 估计。该方法可分成三个部分,首先,电池的 SOC 无法直接测量,且在很多内部、外部因素的影响下也难以准确估计。DBN 的多层次结构提升了整个模型在复杂条件下的拟合精度,即可借助其较强的特征提取能力构建出可测参数与 SOC 之间的内部关系。其次,由于估计过程中存在测量噪声和其他不确定因素的耦合,使用 KF 算法可降低不确定因素的影响并获得更高的预测精度。DBN 模型的输出作为状态空间模型的观测序列,同时避免了建立复杂的状态方程,这种融合的估计方法也更加适用于动态的估计条件。最后,在估计的过程中,需要先确定电池 SOC 的初值。合适的初值能够加速算法的收敛,而不准确的初值则会使预测结果存在较大的误差。因此,该方法使用一种初值模型为 SOC 估计模型提供较为准确的初值。基于深度置信网络－卡尔曼滤波的锂离子电池荷电状态估计方法框架如图 5.19 所示。

该方法实施的基本步骤如下所示。

(1) 对电池数据进行等间隔采样,并分割为输入向量 $\boldsymbol{X}_k^{(1)} = [v_k, \cdots, v_{k-m}, i_k, \cdots, i_{k-n}, t_k, \cdots, t_{k-p}]$,其中,$v_k$、$i_k$、$t_k$ 分别是第 k 个采样点处的电压、电流、温度值;m、n、p 分别表示对应物理量的输入维度。

(2) 将 $\boldsymbol{X}_k^{(1)}$ 输入初值模型中,并推断出 SOC 初值为 SOC_{k-1},并将其作为电池的初始状态。

(3) 将更新后的输入向量 $\boldsymbol{X}_k^{(2)} = [v_k, \cdots, v_{k-m}, i_k, \cdots, i_{k-n}, t_k, \cdots, t_{k-p}, \mathrm{SOC}_{k-1}]$ 输入 SOC 估计模型中,得到当前时刻的 SOC 估计值 SOC_k。

(4) 更新下一时刻的模型输入向量 $\boldsymbol{X}_{k+1}^{(2)} = [v_{k+1}, \cdots, v_{k+1-m}, i_{k+1}, \cdots, i_{k+1-n}, t_{k+1}, \cdots, t_{k+1-p}, \mathrm{SOC}_k]$。

(5) 重复步骤(3)、(4),获得 SOC 的连续估计结果。

上述过程中的初值模型为一个基于 DBN 的锂离子电池 SOC 初值估计模型,该模型的输入为电压、电流和温度,输出为电池在当前采样时间的 SOC 值。由于电池工作过程中的电压、电流、温度等参数能够反应当前电池状态,因此选择这些参数的时序序列作为模型的输入,可构建锂离子电池可测参数与 SOC 之间的关系。同时,使用粒子群优化算法优化模型的结构,优化目标是 SOC 估计误差。模型通过离线训练,建立可测参数序列和 SOC 的关系,并通过初始输入序列,估计出 SOC 的初值。

基于 DBN－KF 的锂离子电池 SOC 估计模型的输入为可测数据序列及上一时刻的 SOC 值,通过 DBN 模型后得到当前时刻的 SOC 估计值。将该值作为 KF 算法的观测值,安时积分公式作为状态转移方程,滤波后得到 SOC 的最优估计结果,具体过程如下所示。

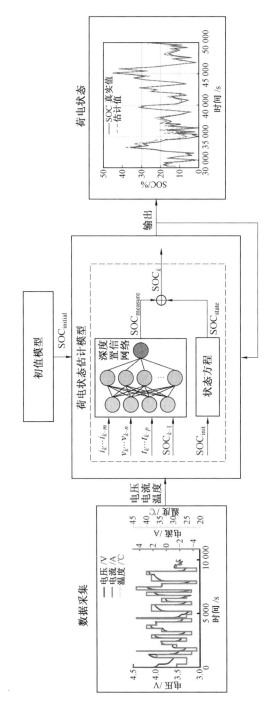

图 5.19　基于深度置信网络－卡尔曼滤波的锂离子电池荷电状态估计方法框架（彩图见附录）

（1）首先根据初值模型计算初值SOC_{k-1}。

（2）根据式（5.65）预测当前时刻 k 的具有噪声的 SOC 值。

$$\mathrm{SOC}_k = \mathrm{SOC}_{k-1} + \frac{\int_{k-1}^{k} i_k \mathrm{d}t}{C_{\mathrm{rate}}} + w_k \tag{5.65}$$

（3）更新误差协方差 P 并计算卡尔曼增益 $\boldsymbol{K}_k$。

（4）根据状态转移方程和观测方程，估计当前时刻 k 的估计值$\widetilde{\mathrm{SOC}}_k$。

（5）将$\widetilde{\mathrm{SOC}}_k$和$\mathrm{SOC}_k$结合，得到当前时刻的最优估计值$\mathrm{SOC}_k$，并更新误差协方差 P。

（6）重复步骤（2）～（5），实现 SOC 的最优估计。

5.2.3　研究实例

使用动态应力测试（Dynamic Stress Test，DST）和随机电池使用数据集（Randomized Battery Usage Data Set，RBUDS）验证上节所述方法的估计精度和泛化性能。在 DST 实验中，使用 2 节 NCM 18650 电池，标称容量为 2 200 mAh，充放电截止电压分别为 4.2 V 和 2.7 V。在实验过程中，通过动态改变电流值来仿真电池在混合动力汽车上的实际应用场景，电压和电流的采样间隔为1 s，其变化过程如图 5.20 所示。

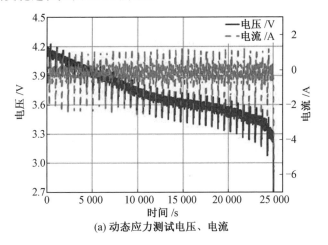

(a) 动态应力测试电压、电流

图 5.20　动态应力测试实验结果

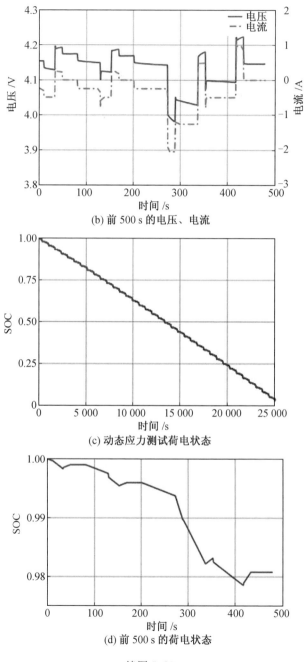

(b) 前 500 s 的电压、电流

(c) 动态应力测试荷电状态

(d) 前 500 s 的荷电状态

续图 5.20

RBUDS由 NASA PCoE 研究中心提供,该数据集的测试对象为4个18650电池,测试协议为幅值在−4.5～4.5 A之间的一组随机充放电电流。随机电池使用数据集测试流程如图5.21 所示。

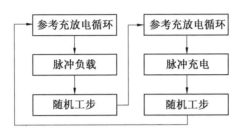

图 5.21　随机电池使用数据集测试流程

其中,参考充放电循环中,充电过程先进行一个2.0 A的恒流充电过程,充电截止电压为4.2 V,然后进行一个4.2 V的恒压充电过程,充电截止电流为0.01 A。而放电过程是一个1.0 A的恒流放电过程,放电截止电压为2.5 V。脉冲负载是一个持续10 min的1 A负载,截止条件为电池电压达到2.5 V。随机工步将电池充电至4.2 V,随后在{−4.5 A,−3.75 A,−3 A,−2.25 A,−1.5 A,−0.75 A,0.75 A,1.5 A,2.25 A,3 A,3.75 A,4.5 A}中随机选择放电电流进行放电。脉冲充电是一个持续 10 min 的 1 A 负载,截止条件为电池电压达到4.2 V。以上循环共进行 1 500 次,随机电池使用数据集测试数据及荷电状态的计算结果如图5.22 所示。

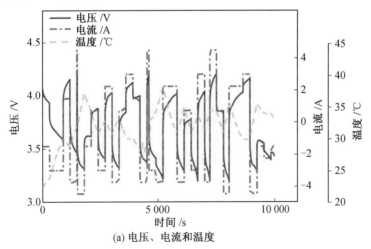

(a) 电压、电流和温度

图 5.22　随机电池使用数据集测试数据及荷电状态的计算结果

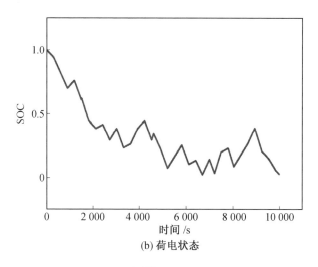

(b) 荷电状态

续图 5.22

图 5.23 和图 5.24 分别表示了基于 DBN－KF 的锂离子电池 SOC 估计方法在 DST 和 RUBDS 中的估计结果。

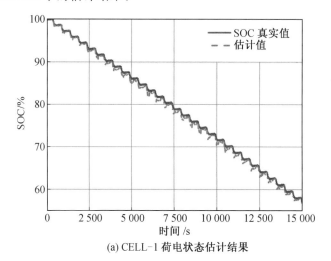

(a) CELL-1 荷电状态估计结果

图 5.23　动态应力测试数据的估计结果

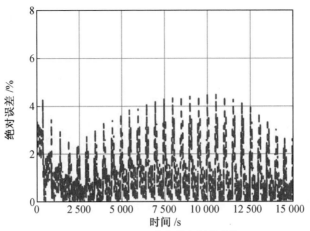

(b) CELL-1 荷电状态误差曲线

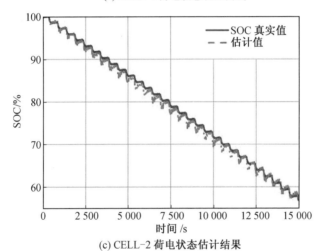

(c) CELL-2 荷电状态估计结果

续图 5.23

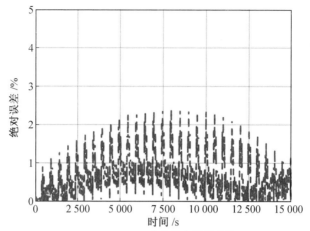

(d) CELL-2 荷电状态误差曲线

续图 5.23

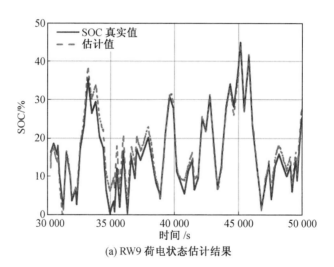

(a) RW9 荷电状态估计结果

图 5.24 随机电池使用数据集测试数据的估计结果

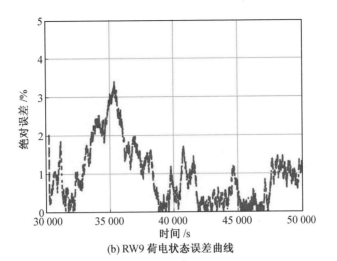

(b) RW9 荷电状态误差曲线

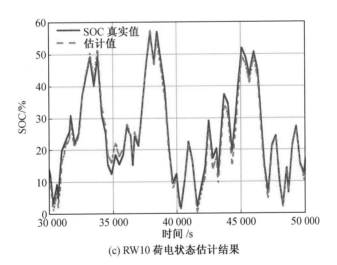

(c) RW10 荷电状态估计结果

续图 5.24

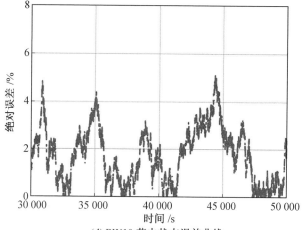

(d) RW10 荷电状态误差曲线

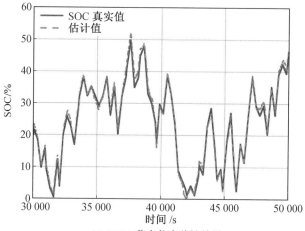

(e) RW11 荷电状态估计结果

续图 5.24

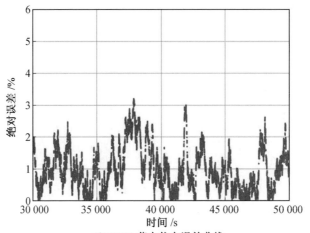

(f) RW11 荷电状态误差曲线

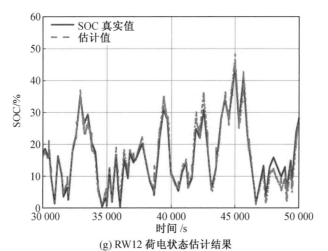

(g) RW12 荷电状态估计结果

续图 5.24

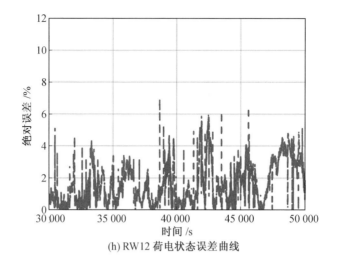

(h) RW12 荷电状态误差曲线

续图 5.24

基于 DBN−KF 的锂离子电池 SOC 估计方法在 DST 和 RBUDS 中的估计精度分别见表 5.5 和表 5.6。

表 5.5　动态应力测试中的估计精度

单体号	均方根误差	最大误差	平均误差
CELL−1	0.503 2	4.403 3	0.434 9
CELL−2	0.695 3	2.408 3	0.566 8

表 5.6　随机电池使用数据集中的估计精度

单体号	均方根误差	最大误差	平均误差
RW9	2.264 0	4.403 3	0.434 9
RW10	2.644 2	2.408 3	0.566 8
RW11	2.634 5	8.561 0	1.903 8
RW12	1.927 7	8.907 0	1.543 9

从实验结果中可以看出，基于 DBN−KF 的锂离子电池 SOC 估计方法能够在动态应力测试中较为准确地估计 SOC 的变化情况。

1. KF 算法对于估计精度的影响

为讨论 KF 算法对于 SOC 估计精度的影响，对比了 DBN 模型和 DBN−KF 模型在 DST 与 RUBDS 两种数据集上的估计结果，分别如图 5.25 和图 5.26 所示。

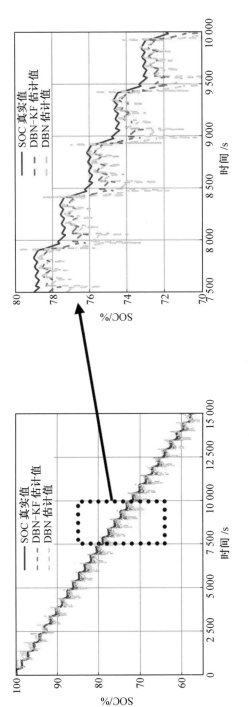

图 5.25　动态应力测试数据的荷电状态估计精度对比（彩图见附录）

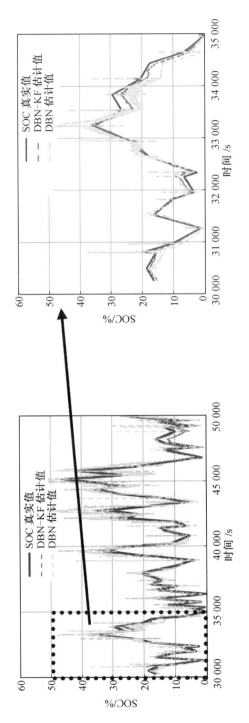

图 5.26 随机电池使用数据集测试数据的荷电状态估计精度对比（彩图见附录）

从两个测试数据集的估计结果对比中可以看出,在使用 KF 对 DBN 的估计结果进行滤波后,估计精度显著提升,体现出 DBN－KF 算法具有较好的鲁棒性。但是对于 RBUDS 测试数据,相比于 DST 数据,不论是 DBN 模型还是 DNB－KF 模型都表现出较大的估计误差,这是由于相比于 DST,RBUDS 测试具有更大的随机性且更为复杂。 因此,该方法更适用于动态应力测试工况下的 SOC 估计。

2. SOC 初值模型对估计结果的影响

为了分析 SOC 初值模型对估计结果的影响,设置四种不同的 SOC 初值 $[0.2,0.4,0.6,0.8]$,并和使用 SOC 初值模型估计得到的初值作对比,得到了不同的估计结果,如图 5.27、图 5.28 所示。

从图中可以看出,在不使用 SOC 初值模型设定初值时,模型需要经过较长的时间才能够使得 SOC 估计结果收敛到真实值附近,这也验证了 SOC 初值模型的有效性。表 5.7 中列出了 SOC 初值模型对荷电状态初值的估计精度。

表 5.7　SOC 初值模型对荷电状态初值的估计精度

单体号	估计值	真实值	绝对误差
CELL－1	103.31%	99.96%	3.35%
CELL－2	103.08%	99.97%	3.11%
RW9	15.32%	16.31%	1.01%
RW10	13.18%	20.95%	7.77%
RW11	18.07%	10.77%	7.30%
RW12	47.02%	42.84%	4.18%

由表中可以看出,SOC 初值模型估计得到的 SOC 初值较为接近真实 SOC 值。虽然 SOC 初值模型对 SOC 的估计仍有一定的误差,但随着 SOC 估计模型的引入,估计误差会逐渐减小。 由以上实验结果可知,SOC 初值模型能够给 SOC 估计模型提供更为合理的初值,进而提升模型的估计精度。

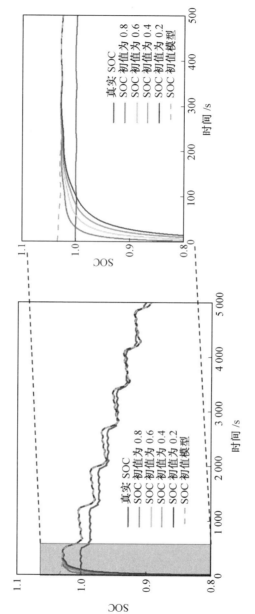

图 5.27 动态应力测试数据在不同荷电状态初值下的估计结果（彩图见附录）

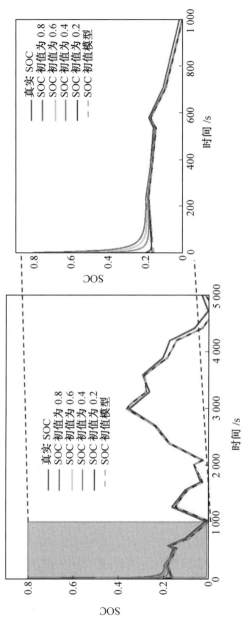

图 5.28 随机电电池使用数据集测试数据在不同荷电状态初值下的估计结果（彩图见附录）

5.3 本章小结

  本章主要对基于统计滤波的锂离子电池荷电状态估计方法和基于数据驱动的锂离子电池荷电状态估计方法的基本原理和方法框架进行系统阐述。在此基础上,分别以无迹粒子滤波算法和深度置信网络为研究实例,给出对应方法的计算流程。

  模型阶数过低时,难以拟合锂离子电池在动态充放电过程中的电压响应,而过高的模型阶数,则会为模型参数的辨识带来更大难题。与此同时,锂离子电池充放电行为的非线性也要求滤波算法具有求解非线性状态空间的能力。基于数据驱动的荷电状态估计方法相比而言在确定性的应用场景下具有更好的估计精度和稳定性,但是模型自身对数据的依赖性相对较强,需要积累大量的不同工作模式下的数据样本,从而保证估计模型具有更强的适应性。

第 6 章

锂离子电池健康状态估计

锂离子电池的健康状态是表征锂离子电池最大可用容量或最大可释放功率的关键参数,准确的健康状态估计有利于实现锂离子电池的视情维护。本章主要对锂离子电池的健康状态估计方法进行系统性的阐述。

6.1 锂离子电池性能退化机理分析

锂离子电池是一个复杂的电化学系统,其组成及基本工作原理如图 6.1 所示,其性能退化机理从内部化学反应角度出发主要表现在:① 电极材料晶格结构及其形貌的变化;② 电极活性材料分解、剥落或腐蚀;③ 电解液分解消耗引起的导电性下降;④ 负极析锂或副反应造成的锂离子消耗;⑤ 副反应和集流体的腐蚀引起的电极阻抗增加。瑞士 Paul Scherrer 研究所的 Vetter 等分别对锂离子电池阴极、阳极、电解液和隔膜可能发生的性能退化机理进行了综述。其发表的文章指出,锂离子电池自身的材料、参数以及外界的保存、使用条件都会引起锂离子电池寿命的衰减和性能的退化;锂离子电池自身过高或过低的荷电状态、过高的外界温度等,都会加速锂离子电池的退化。美国奥本大学的 Agubra 等论述了锂离子电池阴极材料的老化机理,包括锂析出(Lithium Plating)、电极表面固态电解质(Solid Electrolyte Interface,SEI)膜生长、可循环锂离子损失、电极材料损失等,并给出了减缓阴极材料老化的一些措施。西班牙巴塞罗那材料研究所的 Palacín 等于 2018 年的研究指出,锂离子电池的性能退化是不可避免的,退化进程主要受电池材料、设计及操作条件的影响。

对于锂离子电池的阴极而言,其性能损失主要是由较高温度下电极/电解液界面处的钝化层不稳定和低温下的锂析出造成的。而锂离子电池阳极的容量衰减主要是由活性材料在循环/储存过程中或电解质溶剂氧化期间的部分溶解导致的,当温度升高或电池电势升高时,这一过程会被加速。部分锂离子电池典型性能退化外在表征及退化机理见表 6.1。

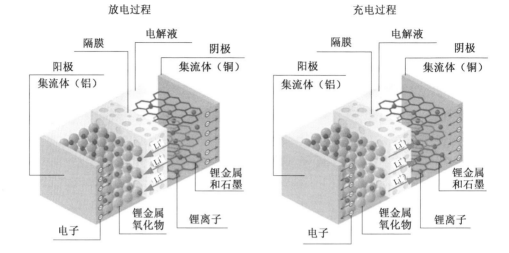

图 6.1　锂离子电池组成及基本工作原理

表 6.1　部分锂离子电池典型性能退化外在表征及退化机理

性能退化外在表征	退化机理			
	阳极材料	阴极材料	隔膜	电解液
功率衰减	接触损失 锂金属消耗	氧气溶解 接触损失 锂金属溶解	体积变化 孔隙度变化 粒子渗透	锂金属溶解
容量衰减	接触损失 锂金属消耗	氧气溶解 接触损失 锂金属溶解 相变 结构紊乱	粒子渗透	锂金属溶解
库仑效率衰减	锂金属消耗	—	粒子渗透	—

表 6.1 所示的退化机理反映在锂离子电池的充放电过程中,引起的锂离子电池的功率衰减、容量衰减和库仑效率衰减,影响着储能系统运行的安全和稳定。因此,在实际应用中,需要估计锂离子电池的健康状态,为其视情运维和动态管理奠定基础。

6.2　基于状态监测参数的退化特征提取和优化

6.2.1　在线可监测退化特征参数的提取

在新能源储能、电动汽车、航空航天等锂离子电池的实际应用场景中,锂离子电池的容量、内阻等退化特征参数所需的测试激励无法满足,只能从在线可监测的电压、电流和温度等参数中提取具有随电池使用时间(或循环周期)而单调变化的健康因子,为锂离子电池健康状态估计提供可表征退化特征的基础参数。

在锂离子电池循环充放电测试过程中,退化初期、中期和末期 3 个充放电循环周期对应的电压变化曲线如图 6.2 所示。从图中可以看出,在充电阶段,随着电池性能的不断退化,电池电压上升相同的值,所需的时间逐渐缩短。以图中所示单体为例,在退化初期(第 100 次循环),电压从 3.9 V 上升至 4.1 V 需要 124 个采样周期。而对应退化中期(第 300 次循环)和退化末期(第 500 次循环),只分别需要 115 个采样周期和 100 个采样周期。同样的现象也发生在电池的放电阶段,在电压从 3.8 V 下降到 3.6 V 的过程中,退化初期需要 109 个采样周期,而到了退化末期,仅需要 79 个采样周期。因此,在锂离子电池的工作过程中,恒流充电

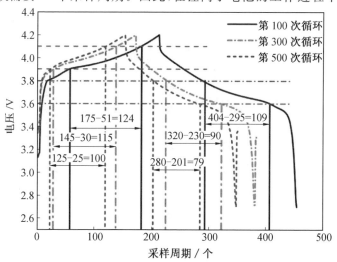

图 6.2　不同充放电循环周期对应的电压变化曲线

条件下,锂离子电池的等充放电电压间隔时间差会随锂离子电池充放电次数的增加而逐渐减少,此下降趋势即可作为表征锂离子电池性能退化情况的参数。

按照与上述分析相似的步骤,在航天器锂离子电池工作的恒流放电阶段(地影期)、恒流充电阶段(光照期)和恒压充电阶段(光照期),可提取 10 类退化特征。基于空间在轨可监测参数的锂离子电池性能退化特征见表 6.2。

表 6.2   基于空间在轨可监测参数的锂离子电池性能退化特征

序号	名称	序号	名称
1	等恒流放电电压间隔时间差	6	等时间间隔恒流充电电压差
2	等时间间隔恒流放电电压差	7	等恒流充电容量间隔电压差
3	等电压间隔恒流放电容量差	8	等电压间隔恒流充电容量差
4	等恒流放电容量间隔电压差	9	等恒压充电时间间隔电流差
5	等恒流充电电压间隔时间差	10	等恒压充电电流间隔时间差

以等恒流放电电压间隔时间差为例,介绍退化特征的提取过程。如图 6.3 所示为一个典型的地影期航天器锂离子电池放电电压曲线,第 i 个充放电周期对应的等压降放电时间数据如式(6.1)所示。

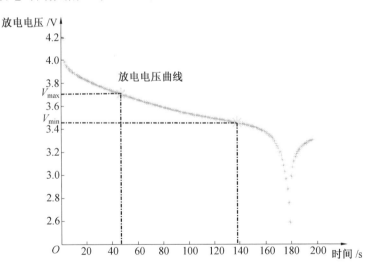

图 6.3   地影期航天器锂离子电池放电电压曲线

$$t_{i(\mathrm{HD})} = \left| t_{V_{\max}} - t_{V_{\min}} \right|, i = 1, 2, \cdots, k, \cdots \tag{6.1}$$

式中,$t_{V_{\max}}$ 表示高电压值对应的时间;$t_{V_{\min}}$ 表示低电压值对应的时间。因此,等压降放电时间序列可以表示为

$$t = \{t_1, t_2, \cdots, t_k, \cdots\} \tag{6.2}$$

获得等压降放电时间序列的步骤包括以下三部分。

① 选择恒压放电模式,提取每周期恒压放电模式对应的监测数据,包括电压、电流和周期索引值。

② 选择一个高电压值 V_{max} 和一个低电压值 V_{min} 作为计算等压降放电时间的压降范围。其中,V_{max} 是开始计算放电时间(开始计时)的高电压,V_{min} 是结束计时的低电压。

③ 计算压降电压范围内的放电时间差,得到等压降放电时间序列。

各退化特征的实际定义与物理含义如下所示。

(1) 等放电电压间隔时间差(Time Interval of Equal Discharge Voltage Drop,TIE − DVD)(等恒流放电电压间隔时间差)。

当电池老化时,放电电压下降更快。同一电压(初值相同)的电压差值对应的时间间隔变小。因此,锂离子电池性能的退化可用这种下降的趋势来表示。等放电电压间隔时间差变化曲线如图 6.4 所示。

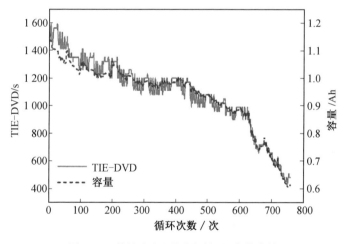

图 6.4　等放电电压间隔时间差变化曲线

(2) 等时间间隔放电电压差(Discharge Voltage Drop of Equal Time Interaval,DVD − ETI)(等时间间隔恒流放电电压差)。

当锂离子电池处于恒流放电过程时,与退化初期相比,退化末期的电池在同一时间间隔内(初始电压相同)的电压降更高。因此,等时间间隔的放电电压降可以用来表征锂离子电池性能的退化。等时间间隔放电电压差变化曲线如图 6.5 所示。

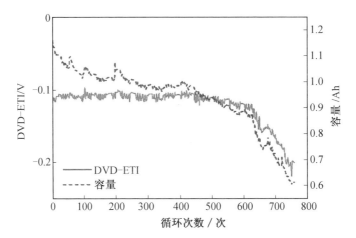

图 6.5　等时间间隔放电电压差变化曲线

（3）等电压间隔放电容量差（Discharge Charge Drop of Equal Discharge Voltage Drop，DCD－DVD）（等电压间隔恒流放电容量差）。

当锂离子电池处于恒流放电过程时，与退化初期相比，退化末期相同的电压间隔需要的放电时间更少，锂离子电池的放电容量会出现衰减，此下降趋势可用来表征电池性能的退化。等电压间隔放电容量差变化曲线如图 6.6 所示。

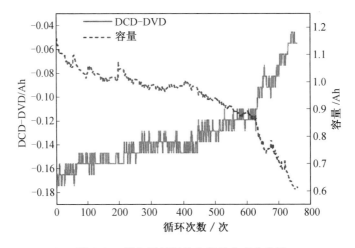

图 6.6　等电压间隔放电容量差变化曲线

（4）等放电容量间隔电压差（Discharge Voltage Drop of Equal Discharge Charge Drop，DVD－DCD）（等恒流放电容量间隔电压差）。

随锂离子电池性能的退化，电池放出相同容量时的电压差变化越来越大，此变化趋势可用来表征锂离子电池性能的退化。等放电容量间隔电压差变化曲线如图 6.7 所示。

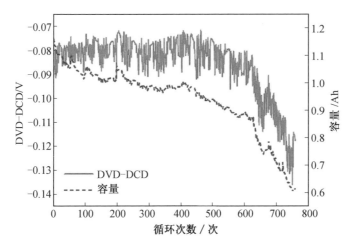

图 6.7　等放电容量间隔电压差变化曲线

（5）等充电电压间隔时间差（Time Interval of Equal Charge Voltage Raise，TIE－CVR）（等恒流充电电压间隔时间差）。

与放电过程相似，锂离子电池在恒流充电过程中，随锂离子电池性能的退化，当充电电压间隔相同时，所需的充电时间逐渐减少。因此，此退化特征的变化可用来表征锂离子电池性能的退化。等充电电压间隔时间差变化曲线如图6.8 所示。

（6）等时间间隔充电电压差（Charge Voltage Raise of Equal Time Interval，CVR－ETI）（等时间间隔恒流充电电压差）。

在恒流充电条件下，与等充电电压间隔时间差逐渐减小类似，随锂离子电池性能的退化，在相同时间内，由恒流充电引起的电池电压上升逐渐增大。因此，此退化特征的变化可用来表征锂离子电池性能的退化。等时间间隔充电电压差变化曲线如图 6.9 所示。

（7）等充电容量间隔电压差（Charge Voltage Raise of Charging Charge Raise，CVR－CCR）（等恒流充电电容量间隔电压差）。

与等放电容量间隔电压差类似，锂离子电池的性能退化使其在恒流充电过程中电压变化率逐渐升高。在充电容量间隔相同的条件下，退化末期的锂离子电池电压上升量大于退化初期的。因此，此退化特征的变化可用来表征锂离子电池的性能退化。等充电容量间隔电压差变化曲线如图 6.10 所示。

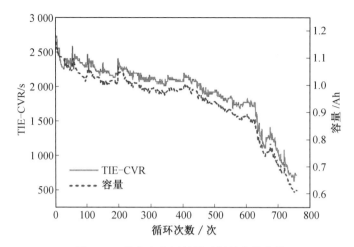

图 6.8　等充电电压间隔时间差变化曲线

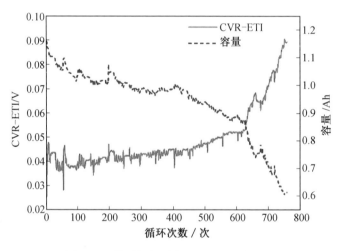

图 6.9　等时间间隔充电电压差变化曲线

（8）等充电电压间隔容量差（Charging Charge Raise of Charge Voltage Raise，CCR－CVR）（等电压间隔恒流充电容量差）。

与等放电电压间隔容量差类似，在恒流充电过程中，随锂离子电池性能的不断退化，电池电压的变化率逐渐升高，在充电电压间隔相同的条件下，所需的时间逐渐减少，充入电池的容量逐渐减少。因此，此退化特征的变化可以用来表征锂离子电池性能的退化。等充电电压间隔容量差变化曲线如图 6.11 所示。

（9）等时间间隔充电电流差（Charge Current Discharge of Equal Time Interval，CCD－ETI）（等恒压充电时间间隔电流差）。

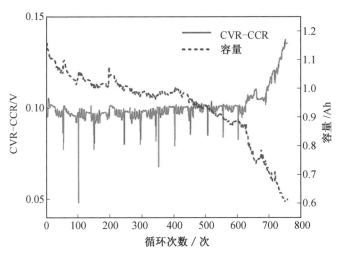

图 6.10　等充电容量间隔电压差曲线

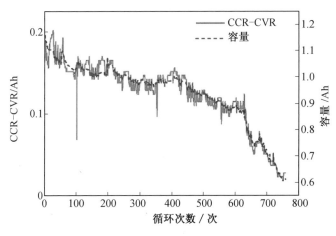

图 6.11　等充电电压间隔容量差变化曲线

随锂离子电池容量的退化,电池的内阻逐渐变大,在相同充电倍率条件下,退化末期的电池更易达到充电截止电压。相同时间间隔下,充电电流的下降速度随锂离子电池的性能退化逐渐减慢。因此,等时间间隔充电电流差可用来描述锂离子电池性能的退化。等时间间隔充电电流差变化曲线如图 6.12 所示。

（10）等充电电流间隔时间差（Time Interval of Equal Charge Current Drop, TIE－CCD）（等恒压充电电流间隔时间差）。

与等时间间隔充电电流差的提取思路类似,随锂离子电池的性能退化,恒压

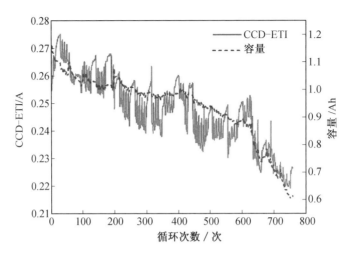

图 6.12 等时间间隔充电电流差变化曲线

充电阶段充电电流的下降率不断减小。因此,在恒压充电阶段,等充电电流间隔时间差不断增大。因此,可用此退化特征可用来描述锂离子电池性能的退化。等充电电流间隔时间差变化曲线如图 6.13 所示。

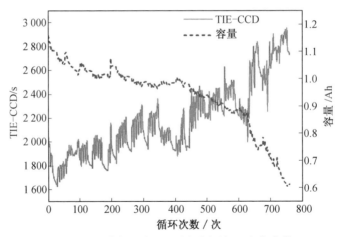

图 6.13 等恒压充电电流间隔时间差变化曲线

6.2.2　基于核主成分分析的可监测退化特征的优化

上述可监测退化特征参数的提取，需要保证锂离子的电池处于恒流充放电状态，但在实际应用场景中，电池的充放电区间和放电倍率等参数均存在一定的动态性和不确定性。例如，对于电动汽车应用场景下的锂离子电池而言，其充放电区间往往由驾驶员的个人习惯或驾驶任务决定，而放电倍率则取决于实时路况等，无法直接控制，这会导致无法全面获取表 6.2 中所示的性能退化特征，从而影响后续锂离子电池健康状态估计模型的构建以及相关方法的实用化。

因此，为进一步提升退化特征对实际应用场景下动态工况的适应能力，采用核主成分分析（Kernel Principal Component Analysis，KPCA）方法实现各类非线性的退化特征融合，从而实现工况自适应的锂离子电池单体退化特征提取。

KPCA 是主成分分析（Principal Component Analysis，PCA）在非线性空间的扩展。设数据集 $x = \{x_1, x_2, \cdots, x_l\}$，$x_k \in \mathbf{R}^N$，$\sum_{k=1}^{l} x_k = 0$，其样本协方差矩阵为

$$\mathbf{C} = \frac{1}{l} \sum_{j=1}^{l} x_j \mathbf{x}_j^{\mathrm{T}} \tag{6.3}$$

一般主成分分析通过求样本协方差矩阵的特征向量和相应的特征值，并根据特征值的大小进行特征向量的线性组合，提取数据中的主成分。

基于核的主成分分析是一种非线性特征提取方法，它通过一个非线性映射将数据从输入空间映射到特征空间，然后在特征空间中进行通常的主成分分析，其中的内积运算采用一个核函数来代替。设非线性映射为

$$\Phi x \rightarrow F \tag{6.4}$$

因此，F 由 $\Phi(x_1), \Phi(x_2), \cdots, \Phi(x_l)$ 生成。假设映射已经中心化，即

$$\sum_{k=1}^{l} \Phi(x_k) = 0 \tag{6.5}$$

则特征空间中的样本协方差矩阵为

$$\overline{\mathbf{C}} = \frac{1}{l} \sum_{j=1}^{l} \Phi(x_j) \Phi[x_j]^{\mathrm{T}} \tag{6.6}$$

因此，特征空间中的主成分分析是求解方程，则有

$$\lambda \mathbf{V} = \overline{\mathbf{C}} \mathbf{V} \tag{6.7}$$

式中，λ 为特征值；$\mathbf{V}$ 为特征向量，$\mathbf{V} \in F\{0\}$。由于 $\mathbf{V}$ 属于 $\Phi(x_1), \Phi(x_2), \cdots, \Phi(x_l)$ 的生成空间，因此有

$$\lambda \{\Phi(x_k) \cdot \mathbf{V}\} = \{\Phi(x_k) \cdot \overline{\mathbf{C}} \mathbf{V}\}, \quad k = 1, 2, \cdots, l \tag{6.8}$$

并且存在参数 $\alpha_i (i = 1, 2, \cdots, l)$，使得 $\mathbf{V}$ 由 $\Phi(x_k)$，$(k = 1, 2, \cdots, l)$ 线性表征，即

$$\mathbf{V} = \sum_{i=1}^{l} \alpha_i \Phi(x_i) \tag{6.9}$$

合并式(6.8)和式(6.9),并定义一个 $l \times l$ 的矩阵 $\boldsymbol{K}$,其中

$$\boldsymbol{K}_{ij} = [\varPhi(x_i) \cdot \varPhi(x_j)] \tag{6.10}$$

于是,可得式(6.7)的等价形式:

$$l\boldsymbol{\alpha} = \boldsymbol{K}\boldsymbol{\alpha} \tag{6.11}$$

其中,$\boldsymbol{\alpha} = [\alpha_1, \alpha_2, \cdots, \alpha_T]^{\mathrm{T}}$。

由于 λ 为常系数,其对特征向量的求解没有影响,因此只要求出 $\boldsymbol{K}$ 的特征值和特征向量就可以求出式(6.7)的解。

设 $\boldsymbol{K}$ 的特征值为 $\lambda_1 \leqslant \lambda_2 \leqslant \cdots \leqslant \lambda_l$,相应的特征向量为 $\boldsymbol{\alpha}^1, \boldsymbol{\alpha}^2, \cdots, \boldsymbol{\alpha}^l$,并设 λ_p 是第一个不为零的特征值。F 中的特征向量需要规范化,即

$$\boldsymbol{V}^k \cdot \boldsymbol{V}^k = \boldsymbol{I}, \quad k = p, \cdots, l \tag{6.12}$$

因此,根据式(6.9)和式(6.10)得

$$\boldsymbol{I} = \sum_{i,j=1}^{l} \alpha_i^k \alpha_j^k [\varPhi(x_i) \cdot \varPhi(x_j)] = \sum_{i,j=1}^{l} \alpha_i^k \alpha_j^k \boldsymbol{K}_{ij} = \boldsymbol{\alpha}^k \cdot \boldsymbol{K}\boldsymbol{\alpha}^k = \lambda_k (\boldsymbol{\alpha}^k \cdot \boldsymbol{\alpha}^k) \tag{6.13}$$

主成分提取的目的就是计算特征向量 $\boldsymbol{V}_k (k = 1, 2, \cdots, l)$ 上的映射。设 F 是一个待测试样本点,在 x 中的映射为 $\varPhi(x)$,则

$$[\boldsymbol{V}_k \cdot \varPhi(x)] = \sum_i^l \boldsymbol{\alpha}_i^k [\varPhi(x) \cdot \varPhi(x)] = \sum_i^l \boldsymbol{\alpha}_i^k \boldsymbol{K}(x_i, x) \tag{6.14}$$

在一般主成分分析中提取主成分的个数最多为输入向量的维数,而在核主成分分析中,如果样本数量超过输入向量的维数,则主成分提取个数可以超过输入向量的维数。

当假设式(6.5)不成立时,需要对映射进行调整,设

$$\widetilde{\varPhi}(x_i) = \varPhi(x_i) - \frac{1}{l} \sum_{j=1}^{l} \varPhi(x_j), \quad i = 1, 2, \cdots, l \tag{6.15}$$

经过变换,假设式(6.15)成立,定义矩阵 $\widetilde{\boldsymbol{K}}$,其中

$$\widetilde{\boldsymbol{K}}_{ij} = [\widetilde{\varPhi}(x_i) \cdot \widetilde{\varPhi}(x_j)] = \boldsymbol{K}_{ij} - \frac{1}{l} \sum_{p=1}^{l} \boldsymbol{K}_{ip} - \frac{1}{l} \sum_{q=1}^{l} \boldsymbol{K}_{qj} + \frac{1}{l^2} \sum_{p,q=1}^{l} \boldsymbol{K}_{pq} \tag{6.16}$$

于是有

$$\widetilde{\boldsymbol{K}} = \boldsymbol{K} - \boldsymbol{I}_l \boldsymbol{K} - \boldsymbol{K} \boldsymbol{I}_l + \boldsymbol{I}_l \boldsymbol{K} \boldsymbol{I}_l \tag{6.17}$$

式中,$\boldsymbol{I}_l$ 为一个 $l \times l$ 矩阵,即

$$(\boldsymbol{I}_l)_{ij} = \frac{1}{l} \tag{6.18}$$

基于核主成分分析的空间锂离子电池自适应退化特征提取方法如图6.14所示。

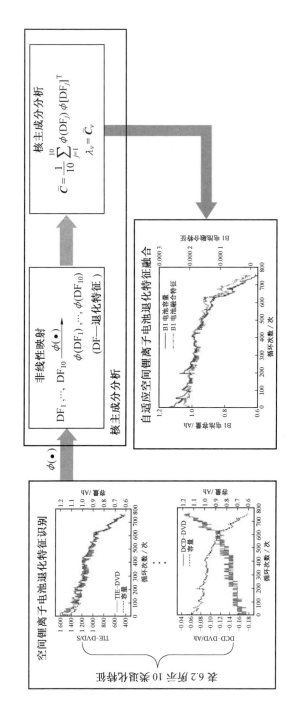

图 6.14 基于核主成分分析的空间锂离子电池自适应退化特征提取方法

基于核主成分分析的空间锂离子电池自适应退化特征提取方法主要包含空间锂离子电池退化特征识别和自适应空间锂离子电池退化特征融合两个部分。根据6.2.1节中的研究,先基于空间在轨可监测参数提取多种表征锂离子电池性能退化的退化特征,然后采用核主成分分析实现不同退化特征间的非线性融合,并将第一主成分作为表征锂离子电池退化状态的特征。上述方法实现了不同工况下空间锂离子电池自适应退化特征的提取和识别,为后续锂离子电池健康状态建模和估计奠定基础。

6.2.3 计算案例

本节主要介绍了分别采用商用18650锂离子电池单体循环充放电测试数据和实际空间锂离子电池单体充放电测试数据,验证基于状态监测参数的锂离子电池退化特征提取方法有效性的计算案例。

1.商用18650锂离子电池单体循环充放电测试数据验证结果

本案例采用了美国马里兰大学的商用18650锂离子电池公开数据集和美国Arbin BT2000锂离子电池实验系统。实验在室温(20 ~ 25 ℃)下进行,电池的额定容量为1.1 Ah;电池的充电倍率为0.5 C,充电截止电压为4.2 V;电池的放电倍率为1 C,放电截止电压为2.7 V。循环条件相较于实际空间锂离子电池寿命摸底实验虽有较大差别,但可验证出基于核主成分分析的可监测退化特征优化方法在实际应用中的可行性。

图6.15(a) ~ (c)所示为被测B1 ~ B3电池单体的自适应退化特征(即融合特征)与对应电池容量退化曲线。

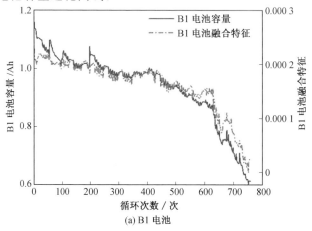

(a) B1电池

图6.15　三种被测锂离子电池单体的融合特征与对应电池容量退化曲线

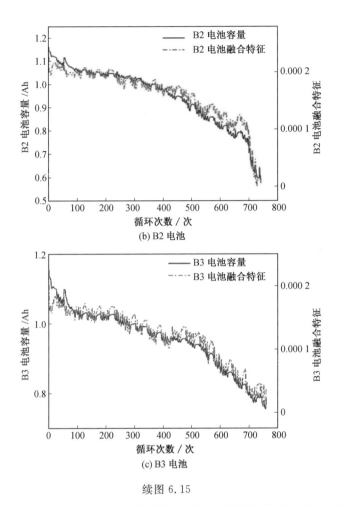

续图 6.15

由图 6.15 可以看出，电池融合特征与电池容量退化趋势相似。为给出对退化建模方法的定量评价，在研究中采用灰色关联分析（Gray Relation Analysis，GRA）方法评价电池融合特征与电池量退化的相关性，其分析结果见表 6.3。

表 6.3　不同电池单体电池融合特征与电池容量退化的灰色关联分析结果

电池编号	B1	B2	B3
灰色关联分析结果	0.761 8	0.758 9	0.758 3

从表 6.3 中可以得出，本案例提取出的电池融合特征与电池容量退化趋势具有较强的相似性。三种被测锂离子电池单体的电池融合特征与电池容量的关联度均高于 75%。因此，用本案例提出的自适应退化特征提取方法（退化特征融合

算法）提取的锂离子电池退化特征，可以用来表征锂离子电池的性能退化，并可以用来进一步估计锂离子电池的健康状态。

为进一步评估退化特征融合算法的性能，在研究中又将电池融合得到的退化特征和直接提取出的电池退化特征与电池容量的关联度进行分析和比较。B1电池退化特征的灰色关联分析结果见表6.4。图6.16为B1电池不同退化特征与电池容量灰色关联分析结果直观图。

表 6.4 B1 电池退化特征的灰色关联分析结果

退化特征	灰色关联分析结果	退化特征	灰色关联分析结果
TIE－DVD	0.634 5	CVR－ETI	0.518 6
DVD－DVD	0.737 4	DVD－DCD	0.807 1
TIE－CVR	0.603 1	CVR－ETI	0.615 1
CCR－CVR	0.743 0	CVR－CCR	0.678 4
CCD－ETI	0.544 8	TIE－CCD	0.689 2

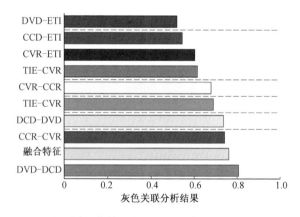

图 6.16　B1 电池不同退化特征与电池容量灰色关联分析结果直观图

从图6.16可以看出，融合特征与电池容量的相关性仅低于退化特征DVD－DCD。此结果也可以证明，通过非线性融合方法得到的退化特征相较于直接提取的退化特征而言，与电池容量退化的关联度并未下降太多，此结果也说明本节提出的锂离子电池自适应退化特征提取方法的有效性。

2.实际空间锂离子电池单体充放电测试数据验证结果

本案例采用实际空间锂离子电池地面寿命摸底测试数据，对基于状态监测参数的锂离子电池退化特征提取方法有效性展开验证。被测空间锂离子电池单体的测试工况分为地面仿真在轨测试(标记为 SS)和地面加速退化测试(标记为 SA 和 JB 两种),三种工况的详细指标如下。

①SS:在模拟卫星在轨工作条件下,首先以 8.5 A 恒流充电,当电压达到 4.1 V 后,再恒压充电,充电时间满 54 min 后,以 10 A 放电 37 min。

②SA:在模拟卫星锂离子电池加速工作条件下,首先以 14.2 A 恒流充电,当电压达到 4.15 V 后,再恒压充电,充电时间满 32.32 min 后,以 18.75 A 放电 19.7 min。每 50 周期中会有 1.5 周期模拟卫星在轨工作条件进行测试。

③JB:在模拟卫星锂离子电池加速工作条件下,首先以 17 A 恒流充电,当电压达到 4.15 V 后,再恒压充电,充电时间满 27 min 后,以 20 A 放电 18.5 min。同样,每 50 周期中会有 1.5 周期模拟卫星在轨工作条件进行测试。

图 6.17 为三种工况下电流与电压变化对比图。

由于上述三种工况均未进行完全充放电实验,因此采用截止电压作为表征电池退化的标准退化特征。表 6.5 给出了三个实时循环实验单体(SS28、SS53、SS65)自适应退化特征与截止电压退化的灰色关联分析结果。

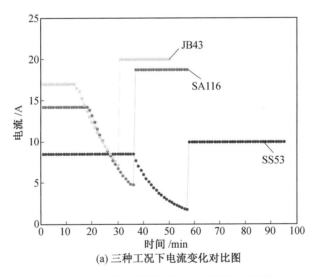

(a) 三种工况下电流变化对比图

图 6.17　三种工况下电流与电压变化对比图

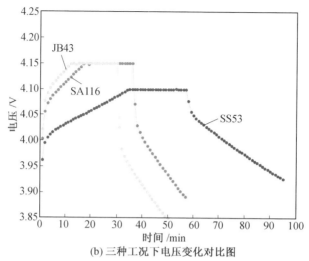

(b) 三种工况下电压变化对比图

续图 6.17

表 6.5 自适应退化特征与截止电压退化的灰色关联分析结果

电池编号	SS28	SS53	SS65
灰色关联分析结果	0.73	0.72	0.71

　　基于实际空间锂离子电池的退化特征提取实验结果可直接证明,本节提出的基于空间在轨可监测参数的锂离子电池退化特征提取方法的有效性。定量分析结果表明,当根据多种 HI 构建的融合 HI 与外部工作条件不稳定时,基于空间在轨可监测参数的自适应退化特征可以有效表征锂离子电池性能退化,并代替电池容量用于电池的健康状态建模和寿命预测研究中。

6.3　基于无迹粒子滤波的锂离子电池健康状态估计

　　与锂离子电池荷电状态估计方法类似,锂离子电池的健康状态也可以通过构建状态空间模型实现迭代优化估计。本节主要介绍基于无迹粒子滤波的锂离子电池健康状态估计的一般流程。

6.3.1　计算流程

　　无迹粒子滤波算法的基本原理已在 5.1.2 节中进行详细阐述,在此不再赘述。本节主要介绍锂离子电池健康状态估计的状态空间构建和迭代优化估计方法。从锂离子电池实际运行中可测量的物理参数出发,同时考虑算法的估计性能和计算复杂度,本节提出了模型与数据相融合的基于 UPF 的锂离子电池健康状态在线估计方法,其原理图如图 6.18 所示。

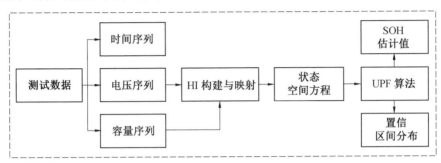

图 6.18　基于 UPF 的锂离子电池健康状态在线估计方法原理图

该方法主要包括如下环节。

(1) 采用基于 UPF 算法的状态估计方法,实现对 SOH 的迭代滤波估计,同时给出估计结果的置信区间分布。

(2) UPF 算法所采用的状态空间方程融入了 HI 与 SOH 间的映射关系。

(3) 基于锂离子电池在实际运行中可测量的时间和电压参数构建 HI。

锂离子电池的退化过程是一个复杂的化学反应过程,由于其内部会发生固态电解质膜生成和破损、锂枝晶析出和碎裂等,因此锂离子电池也存在较为显著的“容量回升”现象。但是,锂离子电池的总体退化趋势为指数衰减形式。此外,相关研究也表明双指数形式的模型对锂离子电池的退化过程具有很好的表征能力,其表达式为

$$\mathrm{SOH}_k = a \cdot \exp(b \cdot k) + c \cdot \exp(d \cdot k) \tag{6.19}$$

式中,a、b、c、d 为退化模型参数,a 和 c 与电池内部阻抗相关,b 和 d 与电池退化速率相关;k 为充放电循环周期数。

若选取电池退化模型参数作为状态量,则建立的状态转移方程为

$$\begin{cases} a_k = a_{k-1} + v_{a,k-1} & v_a \sim N(0, \sigma_a) \\ b_k = b_{k-1} + v_{b,k-1} & v_b \sim N(0, \sigma_b) \\ c_k = c_{k-1} + v_{c,k-1} & v_c \sim N(0, \sigma_c) \\ d_k = d_{k-1} + v_{d,k-1} & v_d \sim N(0, \sigma_d) \end{cases} \tag{6.20}$$

式中,$N(0, \sigma)$ 表示均值为 0,标准差为 σ 的高斯噪声分布。

观测方程描述的是状态量与观测值间的函数关系。在常见的 SOH 估计方

法中,以双指数退化模型来构建观测方程,并以电池容量作为观测值。该类方法主要适用于基于电池离线测试数据集的 SOH 估计,且该测试数据集中需包含电池满充电和满放电的过程。但是,电池的实际应用中并不一定含有满充电或者满放电的过程,这就给容量的在线监测带来了困难,也限制了以容量为观测值的方法在 SOH 在线估计中的应用。

从电池在实际应用中可监测的物理参数出发,提取新的特征量,构建 HI,并建立 HI 与 SOH 间的函数关系是构建观测方程的一种思路。综合 SOH 与 HI 间的映射关系,以及双指数退化模型,选取 HI 作为观测值构建观测方程。构建的 SOH 估计观测方程为

$$
\begin{cases}
\mathrm{SOH}_k = a_k \cdot \exp(b_k \cdot k) + c_k \cdot \exp(d_k \cdot k) \\
\mathrm{HI}_k = g(\mathrm{SOH}_k) + \mu_k, \mu_k \sim N(0, \sigma_\mu)
\end{cases}
\tag{6.21}
$$

状态转移方程(式(6.20))和 SOH 估计观测方程(式(6.21))构成了 SOH 在线估计状态空间方程。需要特别说明的是,本书以电池实际应用中可测量的 HI 作为状态空间方程的量测值,而不是电池容量,以此保证了该方法具有在线估计的能力。

6.3.2　状态更新与 SOH 最优估计

SOH 的精确估计不仅依赖于模型参数的精度,更取决于模型参数在电池退化过程中的不断优化调整。基于所建立的 SOH 在线估计状态空间方程,结合 UPF 算法进行退化模型参数的滤波更新,基于无迹粒子滤波的状态参数更新过程如图 6.19 所示。SOH 估计值及其置信区间分布的计算参见式(6.22)~(6.24)。

在 k 时刻,N 个状态量粒子 $\{x_k^i\}$ 对应的估计值为

$$
\mathrm{SOH}_k^i = a_k^i \cdot \exp(b_k^i \cdot k) + c_k^i \cdot \exp(d_k^i \cdot k)
\tag{6.22}
$$

给出的 SOH 估计结果为

$$
\mathrm{SOH}_k = \sum_{i=1}^{N} \overline{w}_k^i \cdot \mathrm{SOH}_k^i
\tag{6.23}
$$

当置信水平为 95% 时,k 时刻的 SOH 估计结果对应的置信区间为

$$
[\mathrm{SOH}_k - 1.96\sigma_k, \mathrm{SOH}_k + 1.96\sigma_k]
\tag{6.24}
$$

式中,σ_k 为 $\{\mathrm{SOH}_k^i\}$ 序列对应的标准差。

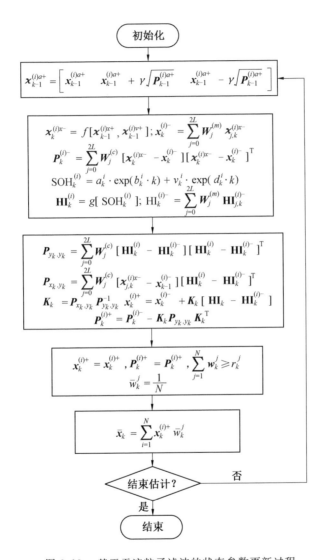

图 6.19　基于无迹粒子滤波的状态参数更新过程

6.3.3 计算案例

依据 SOH 估计思路框架,基于锂离子电池实际工作中可测量的电压序列和时间序列参数提取退化特征,并利用所提出的基于无迹粒子滤波的锂离子健康状态估计方法实现锂离子电池健康状态估计,具体的实验设计如下。

首先,针对一种类型的锂离子电池样本设计了基于 UPF 算法的锂离子电池 SOH 估计实验。实验中,假定的电池失效阈值为 SOH=0.8,即只针对 SOH 大于 0.8 时的数据进行估计验证。接着,为了进一步评估所提出的 SOH 估计方法的性能,选取了在 SOH 估计领域中广泛使用的 PF 算法做方法间的对比分析,且设定相同的粒子数目 $N=128$。此外,又针对不同类型的锂离子电池样本设计了 SOH 估计实验以验证方法的鲁棒性。

用于 SOH 性能评估的指标有:均方根误差(Root Mean Square Error, RMSE)、最大误差(Maximum Error, ME)、最大相对误差(Maximum Relative Error, MRE)、平均误差(Average Error, AE)和置信区间平均宽度(Average Width of Confidence Interval, AWCI)。

(1) 均方根误差(RMSE):

$$\text{RMSE} = \sqrt{\frac{\sum_{k=1}^{L} (\text{SOH}_{\text{estimation}}^{k} - \text{SOH}_{\text{true}}^{k})^2}{L}} \tag{6.25}$$

(2) 最大误差(ME):

$$\text{ME} = \max \{\text{SOH}_{\text{estimation}}^{k} - \text{SOH}_{\text{true}}^{k}\}_{k=1}^{L} \tag{6.26}$$

(3) 最大相对误差(MRE):

$$\text{MRE} = \max \left\{ \frac{\text{SOH}_{\text{estimation}}^{k} - \text{SOH}_{\text{true}}^{k}}{\text{SOH}_{\text{true}}^{k}} \right\}_{k=1}^{L} \tag{6.27}$$

(4) 平均误差(AE):

$$\text{AE} = \frac{\sum_{k=1}^{L} (\text{SOH}_{\text{estimation}}^{k} - \text{SOH}_{\text{true}}^{k})}{L} \tag{6.28}$$

(5) 置信区间平均宽度(AWCI):

$$\text{AWCI} = \frac{3.92 \times \sum_{k=1}^{L} \sigma_k}{L} \tag{6.29}$$

式中,$\text{SOH}_{\text{estimation}}^{k}$ 和 $\text{SOH}_{\text{true}}^{k}$ 分别为第 k 个循环周期的估计值和真实值;L 为有效循环周期长度;σ_k 为集合 $\{\text{SOH}_k^i\}$ 的标准差。

选用了两种不同类型的锂离子电池全寿命周期测试数据作为实验样本。其中，B18 电池来源于 NASA PCoE 研究中心，另一样本为马里兰大学 CALCE 的 Capacity－CS－36 电池。

B18 电池为商用可循环充放电的 18650 充电型磷酸铁锂离子电池，额定容量为 2 Ah，测试过程包括恒流恒压充电（包括恒流充电和恒压充电两个）和恒流放电两个阶段。其中，恒流恒压充电阶段的充电电流为 0.75 C，充电截止电压为 4.2 V，充电截止电流为 0.01 C；恒流放电阶段的电流为 1 C，放电截止电压为 2.5 V。重复上述充放电过程，直至电池达到失效放电阈值。马里兰大学 CALCE 研究中心的 Capacity－CS－36 电池样本为钴酸锂离子电池，额定容量为 1.1 Ah，恒流恒压阶段的充电电流为 0.5 C，充电截止电压为 4.2 V，充电截止电流为 0.05 C；恒流放电阶段的放电电流为 1 C，放电截止电压为 2.7 V。

选取两种不同类型，且包含不同充放电测试过程的锂离子电池数据作为实验样本，可以充分地验证所提出方法的通用性和鲁棒性。

（1）B18 电池。

根据电池放电电压序列和时间序列所构建的 B18 电池健康因子如图 6.20 所示，实验中，设定的放电电压上限 $V_{max}=4.0$ V，放电电压下限 $V_{min}=3.5$ V。

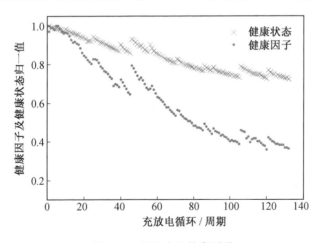

图 6.20　B18 电池健康因子

图 6.21 为 B18 电池健康因子与健康状态间的相关性分析曲线，其相关系数 $R=0.991$，表明了所构建的健康因子与健康状态间具有较强的线性相关性，即所提取的 B18 电池健康因子可以很好地表征电池的健康状态。

根据式（6.19）建立健康因子与健康状态间的映射关系，如图 6.22 所示。图 6.22 给出了经映射关系变换的健康因子与健康状态间的对比曲线及变换误差，

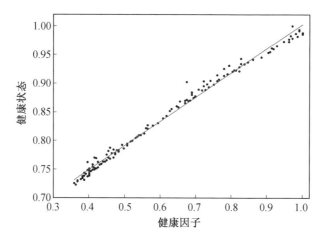

图 6.21　B18 电池健康因子与健康状态间的相关性分析曲线

平均变换误差为 0.010 7,表明了可以利用该映射关系建立状态空间方程。

B18 电池双指数退化模型拟合如图 6.23 所示,相关系数 $R=0.962\,5$,即所建立的双指数退化模型可以很好地表征 B18 电池的退化过程。

B18 电池的退化模型参数拟合结果见表 6.6,实验中,以模型参数的拟合值作为状态量的初值,对应的标准差由参数拟合的波动范围结合 3σ 准则计算得出。

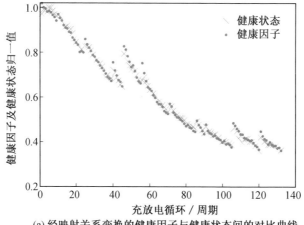

(a) 经映射关系变换的健康因子与健康状态间的对比曲线

图 6.22　B18 电池健康因子与健康状态间的映射关系

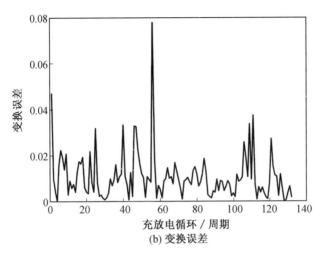

(b) 变换误差

续图 6.22

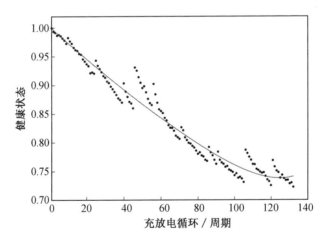

图 6.23　B18 电池双指数退化模型拟合

表 6.6　B18 电池的退化模型参数拟合结果

状态量	拟合值	波动范围	标准差
a	1.002	(0.993 5, 1.010)	0.002 7
b	$-0.002\ 918$	$(-0.003\ 189, -0.002\ 648)$	0.000 09
c	0.000 105	$(-4.308\mathrm{e}-4, 6.413\mathrm{e}-4)$	0.000 18
d	0.048 05	(0.010 53, 0.085 58)	0.012 51

对于 B18 电池，在完成上述健康因子构建、评估和映射，以及退化模型拟合

的基础上,基于 UPF 算法进行了电池全寿命周期的健康状态估计,其估计结果与置信区间分布、估计误差如图 6.24 所示,最大相对误差为 3.22%,表明所提出的健康状态估计方法具有良好的估计精度。同时,具有 95% 置信水平的置信区间分布包含了绝大多数的真实值,表明了所给出的健康状态估计结果具有良好的精确度和可靠性。

为了体现所提出方法的优势,选取了 PF 算法作为对比。实验中,基于 PF 算法的 B18 电池健康状态估计结果与置信区间分布、估计误差如图 6.25 所示,B18 电池健康状态估计性能对比见表 6.7。

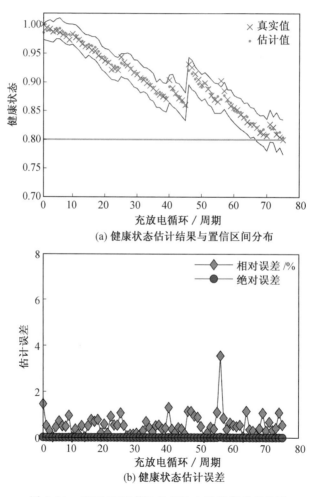

(a) 健康状态估计结果与置信区间分布

(b) 健康状态估计误差

图 6.24   基于 UPF 算法的 B18 电池健康状态估计

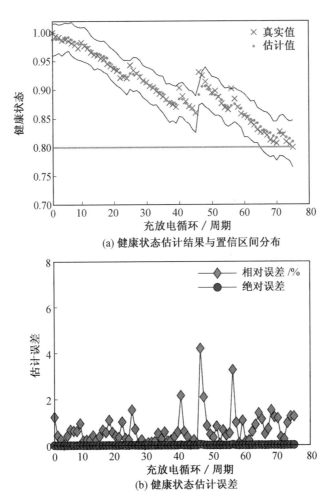

(a) 健康状态估计结果与置信区间分布

(b) 健康状态估计误差

图 6.25　基于 PF 算法的 B18 电池健康状态估计

表 6.7　B18 电池健康状态估计性能对比

评估指标	UPF 算法	PF 算法
平均误差	0.005 0	0.006 1
最大绝对误差	0.032 2	0.039 2
最大相对误差 /%	3.563 9	4.208 2
均方根误差	0.000 5	0.001 2
置信区间平均宽度	0.045 8	0.060 6

从实验结果可以得出,UPF 算法对 B18 电池的健康状态估计表现出了良好的性能,其最大相对误差不超过 5%,与 PF 算法相比,该算法在五个评估指标方面均有明显的提升和改进。

(2)Capacity-CS-36 电池。

为了评估 UPF 算法对不同类型锂离子电池样本的适应性,又选取 Capacity-CS-36 电池测试数据作为实验样本,构建的 Capacity-CS-36 电池在线健康因子如图 6.26 所示。

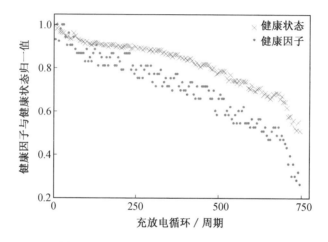

图 6.26 Capacity-CS-36 电池健康因子

图 6.27 为 Capacity-CS-36 电池健康因子与健康状态间的相关性分析曲

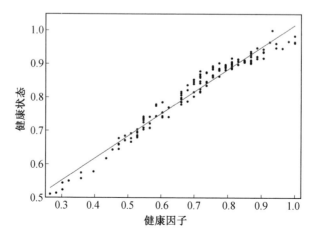

图 6.27 Capacity-CS-36 电池健康因子与健康状态间的相关性分析曲线

线,其相关系数高于 0.96,表明了所构建的健康因子与健康状态间具有较强的线性相关性,即所提取的 Capacity－CS－36 电池健康因子可以很好地表征电池的健康状态。

同样地,图 6.28 反映了 Capacity－CS－36 电池健康因子与健康状态间的映射关系,平均变换误差为 0.015 0,表明可以应用该映射关系建立状态空间方程。

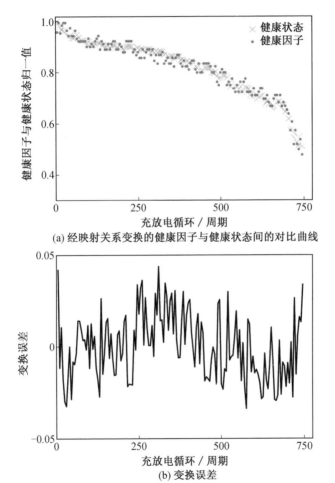

(a) 经映射关系变换的健康因子与健康状态间的对比曲线

(b) 变换误差

图 6.28　Capacity－CS－36 电池健康因子与健康状态间的映射关系

Capacity－CS－36 电池双指数退化模型拟合如图 6.29 所示,相关系数 $R＝0.981\ 1$,即所建立的双指数退化模型对 Capacity－CS－36 电池的退化过程仍然具有良好的表征能力。Capacity－CS－36 电池的退化模型参数拟合结果见表 6.8。

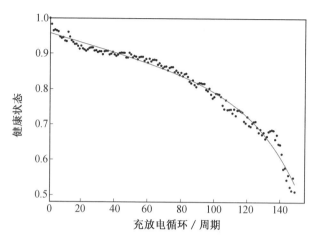

图 6.29 Capacity－CS－36 电池的双指数退化模型拟合

表 6.8 CS－36 电池的退化模型参数拟合结果

状态量	拟合值	波动范围	标准差
a	－0.001 432	（－0.003 069, 0.000 205）	0.000 546
b	0.034 66	（0.027 5, 0.041 8）	0.002 38
c	0.960 8	（0.954, 0.968）	0.002 3
d	－0.001 386	（－0.001 66, －0.001 11）	0.000 092

对于 Capacity－CS－36 电池,图 6.30 给出了基于 UPF 算法的健康状态估计结果与置信区间分布、估计误差,最大估计误差为 3.85%,表明所提出的健康状态估计方法具有良好的估计精度。同时,具有 95% 置信水平的置信区间分布包含了绝大多数的真实值,表明了所给出的健康状态估计结果具有良好的精确度和可靠性。

与之形成对比的,图 6.31 给出了基于 PF 算法的 Capacity－CS－36 电池健康状态估计结果与置信区间分布、估计误差。Capacity－CS－36 电池健康状态估计性能对比见表 6.9。

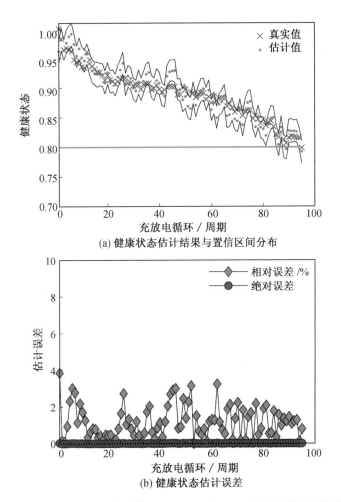

(a) 健康状态估计结果与置信区间分布

(b) 健康状态估计误差

图 6.30　基于 UPF 算法的 Capacity－CS－36 电池健康状态估计

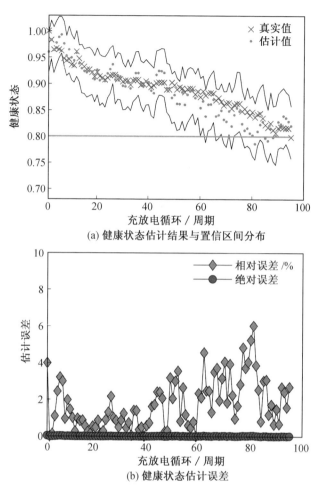

(a) 健康状态估计结果与置信区间分布

(b) 健康状态估计误差

图 6.31　基于 PF 算法的 Capacity－CS－36 电池健康状态估计

表 6.9　Capacity－CS－36 电池健康状态估计性能对比

评估指标	UPF 算法	PF 算法
平均误差	0.010 7	0.015 5
最大绝对误差	0.038 5	0.050 3
最大相对误差 /%	3.848 3	6.011 1
均方根误差	0.000 65	0.002 2
置信区间平均宽度	0.037 4	0.093 5

同样地,该实验结果证明 UPF 算法在 Capacity－CS－36 电池的健康状态估计方面仍然表现出良好的性能,其最大相对误差在 5％ 以内。尤其是在置信区间平均宽度方面,相较于 PF 算法,该方法具有更窄的置信区间分布,表明其具有更强的不确定度表达能力,这对于锂离子健康状态的估计十分重要。

综合上述锂离子健康状态估计实验结果,可以得出以下结论:① 本节提出的锂离子健康状态估计方法具有良好的估计精度,最大相对误差在 5％ 以内,且 95％ 置信水平的置信区间包含了绝大多数真实值,表明了所给出的锂离子健康状态估计结果具有良好的精确度和可靠性;② 与 PF 算法相比,本节提出的方法在各项性能评估指标上均有所改善,尤其是在置信区间分布方面,具有更窄的置信区间分布,即具有更强的不确定度表达能力;③ 对于不同类型锂离子电池样本全寿命周期健康状态估计的适应性,表明了所提出的方法具有良好的鲁棒性。

6.4　基于最小二乘支持向量机的锂离子电池健康状态估计

由于在线可监测退化特征与健康状态之间存在较为显著的相关关系,因此可以通过建立退化特征与健康状态之间的映射模型来实现锂离子电池健康状态估计。机器学习方法被广泛应用于建立退化特征与锂离子电池健康状态间的直接映射。在本节中,以最小二乘支持向量机算法为例,介绍基于数据驱动的锂离子电池健康状态估计方法的基本原理和方法框架。

6.4.1　最小二乘支持向量机算法的基本原理

锂离子电池退化特征空间向容量空间的映射建模是基于数据驱动的健康状态估计模型的核心内容。由于锂离子电池退化本身具有非线性的特征,因此用于建立数据驱动模型的机器学习方法也应具有较好的非线性建模能力。支持向量机(Support Vector Machine,SVM)在解决非线性、小样本、高维数问题上取得了不错的成果。然而,SVM 在实际应用中还存在很多问题。首先,其需要对二次规划问题进行求解,导致在建模过程会消耗极多的时间,无法克服空间应用对计算资源的制约。其次,SVM 还存在收敛速度慢等问题。为解决这些问题,Suykens J A K 与 Vandewalle J 在 1999 年提出了最小二乘支持向量机(Least Square Support Vector Machine,LS－SVM) 算法。LS－SVM 算法在 SVM 的核心思想即结构风险最小化准则的基础上,将二次规划的求解问题转化为求解线性方程组问题,极大地降低了计算复杂度。

定义 LS－SVM 算法的训练样本集如下:

$$s = \{(x_1, y_1), (x_2, y_2), \cdots, (x_n, y_n)\} \tag{6.30}$$

式中，x_n 为输入特征；y_n 为相应的输出标签；n 为样本容量。

由于特征参量与输出向量具有非线性关系，因此需通过函数 $\varphi(\bullet)$ 将样本映射到高维特征空间：

$$\varphi(x) = [\varphi(x_1), \varphi(x_2), \cdots, \varphi(x_n)] \tag{6.31}$$

对于不同问题应选择何种类型的核函数，目前尚无统一标准。高斯径向基核函数(Radial Basis Functin, RBF)的形式较为简单且具有径向对称的性质，因此具有良好的平滑性。同时作为核函数，它可以将样本空间变换到高维空间，从而生成无限维的特征空间，使其可以较好地处理非线性关系。此外，该特征空间的超平面可以对输入样本的区域做任意划分，从而避免了训练样本过度集中的情况。

高斯径向基核函数的表达式如下：

$$K(x, y) = \exp\left[-\frac{(x - y)^2}{2\sigma^2}\right] \tag{6.32}$$

式中，σ 为核宽度参数。

把映射至核空间后的训练结果进行线性回归，回归函数为

$$f(x) = \boldsymbol{w}^{\mathrm{T}} \bullet \varphi(x) + b \tag{6.33}$$

式中，$\varphi(x)$ 为刚刚映射至核空间的样本集，现为非线性函数，其与权值向量 $\boldsymbol{w}^{\mathrm{T}}$ 的乘积加上偏置值 b 为 SOC 函数。这一函数式为选择的特征参量与 SOC 之间的函数关系表达式，对于给定的任一可测得特征参量，带入式(6.33)中均可得出一个对应的 SOC 值。因此，下一步就是确定函数关系表达式中的参数 w、b。

以结构风险最小化原则为基础，计算模型参数 w、b。结构风险的表达式为

$$R = \gamma \bullet R_{\mathrm{emp}} + \frac{1}{2} \parallel \boldsymbol{w} \parallel^2 \tag{6.34}$$

式中，γ 为正规化参数，且 $\gamma > 0$；R_{emp} 为损失函数，也称为经验风险函数。LS－SVM 算法采用的是二次损失函数，将训练误差的平方作为经验风险函数，即

$$R_{\mathrm{emp}} = \sum_i^n \varepsilon_i^2 \tag{6.35}$$

式中，ε_i 为用 LS－SVM 算法对样本进行模型输出的误差。

根据结构风险最小化原则，需使 R 最小：

$$\min R = \gamma \bullet R_{\mathrm{emp}} + \frac{1}{2} \parallel \boldsymbol{w} \parallel^2 \tag{6.36}$$

约束条件为

$$y_i = \boldsymbol{w}^{\mathrm{T}} \bullet \varphi(x) + b \tag{6.37}$$

为求解式(6.36)的参数，可通过拉格朗日乘数法求解，即

$$L(w,b,\varepsilon_i,a) = \gamma \cdot \sum_i^n \varepsilon_i^2 + \frac{1}{2} \parallel w \parallel^2 - \sum_{i=1}^n \{a_i \cdot [w^T \cdot \varphi(x) + b - y_i]\}$$

$$(6.38)$$

式中，a 是拉格朗日乘子，$a = (a_1, a_2, \cdots, a_n)$。根据优化的条件，得

$$\begin{cases} \dfrac{\partial L}{\partial w} = 0 \rightarrow w = \sum_{i=1}^n a_i \cdot \varphi(x_i) \\[3mm] \dfrac{\partial L}{\partial b} = 0 \rightarrow \sum_{i=1}^n a_i = 0 \\[3mm] \dfrac{\partial L}{\partial \varepsilon_i} = 0 \rightarrow a_i = 2\gamma\varepsilon_i \\[3mm] \dfrac{\partial L}{\partial a_i} = 0 \rightarrow y_i = w^T \cdot \varphi(x_i) + b + \varepsilon_i \end{cases}$$

$$(6.39)$$

整理得

$$y_i = \sum_{j=1}^n [a_j \cdot \langle \varphi(x_j), \varphi(x_i) \rangle] + b + \frac{1}{2\gamma} a_i \qquad (6.40)$$

带入核函数后，得

$$y_i = \sum_{j=1}^n [a_j \cdot K(x_i, x_j)] + b + \frac{1}{2\gamma} a_i \qquad (6.41)$$

合并成线性方程组，具体形式如下：

$$\begin{bmatrix} 0 & 1 & 1 & \cdots & K(x_1,x_n) \\ 1 & K(x_1,x_1)+\dfrac{1}{2\gamma} & K(x_1,x_2) & \cdots & K(x_1,x_n) \\ 1 & K(x_2,x_1) & K(x_2,x_2)+\dfrac{1}{2\gamma} & \cdots & K(x_2,x_n) \\ \vdots & \vdots & \vdots & & \vdots \\ 1 & K(x_n,x_1) & K(x_n,x_2) & \cdots & K(x_n,x_n) \end{bmatrix} \cdot \begin{bmatrix} b \\ a_1 \\ a_2 \\ \vdots \\ a_n \end{bmatrix} = \begin{bmatrix} 0 \\ y_1 \\ y_2 \\ \vdots \\ y_n \end{bmatrix}$$

$$(6.42)$$

根据训练样本 $s = \{(x_1,y_1),(x_2,y_2),\cdots,(x_n,y_n)\}$ 求解方程组 (6.42)，可得 $[b,a_1,a_2,\cdots,a_n]$ 的值，从而得到 $\mathrm{LS-SVM}$ 算法的函数估计，即

$$f(x) = \sum_{j=1}^n a_j \cdot K(x_i, x_j) + b \qquad (6.43)$$

式 (6.44) 为特征参量映射到系统输出的数学模型。

6.4.2　最小二乘支持向量机算法的计算流程

基于 $\mathrm{LS-SVM}$ 算法的锂离子电池健康状态估计建模方法框图如图 6.32 所

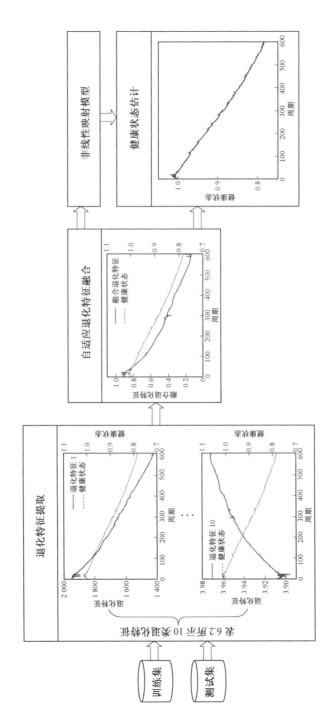

图 6.32 基于 LS-SVM 算法的锂离子电池健康状态估计建模方法框图

示,主要分为离线映射建模和健康状态建模两个部分。

（1）离线映射建模。

基于空间锂离子电池的离线测试数据,提取不同的退化特征,进而采用 KPCA 方法对不同的退化特征进行融合,得到工况自适应的健康因子。在此基础上,采用 LS－SVM 算法,实现退化特征空间向容量空间的映射模型训练。

（2）健康状态建模。

基于在轨实际运行的数据,首先按照 6.2 节研究内容提取表征锂离子电池性能退化的自适应退化特征。将提取到的特征作为输入变量,输入离线训练得到的非线性映射模型中,即可得到此次循环对应的锂离子电池单体的实际容量及健康状态估计结果。

6.4.3　最小二乘支持向量机算法的计算案例

（1）商用锂离子电池测试数据集验证结果。

本案例采用马里兰大学 CALCE 研究中心的商用锂离子电池测试数据集,对所提出的基于 LS－SVM 的数据驱动健康状态估计模型进行验证。选择的评价指标包括:① 均方根误差（Root Mean Square Error,RMSE）;② 平均绝对误差（Mean Absolute Error,MAE）;③ 最大误差（Max Error,ME）。用于验证的锂离子电池单体与 6.2.3 节中所用的锂离子电池单体相同,测试条件在此不再赘述。

图 6.33 给出了 B1 电池健康状态估计结果。不同锂离子电池单体健康状态

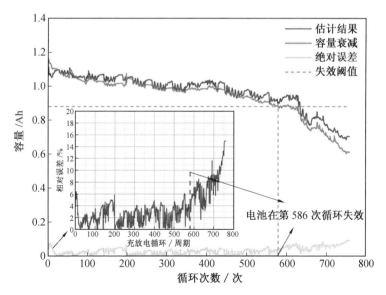

图 6.33　B1 电池健康状态估计结果（彩图见附录）

估计结果见表6.10。为进一步分析算法的性能,按照CALCE给出的锂离子电池失效规则,采用相同评价指标对锂离子电池在失效前的健康状态估计结果进行评价。

表6.10 不同锂离子电池单体健康状态估计结果

评价指标	B1 电池	B2 电池	B3 电池
最大相对误差(全寿命周期)	0.031 9	0.033 1	0.046 1
最大绝对误差(全寿命周期)	0.091 9	0.126 6	0.128 3
均方根误差(全寿命周期)	0.037 8	0.043 0	0.052 8
平均绝对误差(电池失效前)	0.024 7	0.019 5	0.038 1
最大绝对误差(电池失效前)	0.072 6	0.083 9	0.128 3
均方根误差(电池失效前)	0.028 0	0.024 3	0.044 3

由图6.33可知,在电池单体失效前,本案例提出的估计模型的相对误差低于8%。由表6.10可知,三组单体的健康状态估计平均绝对误差(电池失效前)低于4%,均方根误差均低于5%。估计结果表明,本案例提出的估计模型具备较高的估计精度和稳定性,估计精度满足任务书中对应的技术指标要求。

(2)空间锂离子电池验证结果。

本案例采用实际空间锂离子电池地面寿命摸底测试数据,对基于LS－SVM的数据驱动健康状态估计模型进行验证。测试条件同6.2.3节,在此不再赘述。

针对地面模拟在轨测试的空间锂离子电池单体,首先按照6.2节描述,基于电压、电流和时间等参数,提取表征其退化的自适应退化特征。进而按照6.4.2节所述流程,对各个单体的健康状态进行建模。由于空间锂离子电池在测试过程中未进行完全充放电,无法测量其实际容量的退化,因此采用放电截止时的截止电压作为表征单体健康状态的参数,与基于自适应退化特征的锂离子电池健康状态估计结果进行定量分析,评价方法性能。地面模拟在轨测试的空间锂离子电池单体SS28健康状态建模结果如图6.34所示,各个空间锂离子电池单体健康状态估计结果见表6.11。

表6.11 各个空间锂离子电池单体健康状态估计结果

电池型号	误差平方和	均方根误差	R^2
SS28	0.001 000	0.003 3	0.82
SS53	0.000 283	0.001 7	0.86
SS65	0.000 511	0.003 5	0.85

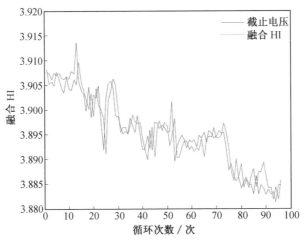

图 6.34 SS28 健康状态建模结果（彩图见附录）

6.5 本章小结

　　锂离子电池健康状态是表征其性能退化的关键参数，准确、稳定的健康状态估计是保证锂离子电池安全、稳定运行的基础。本章首先对锂离子电池的性能退化机理进行概述，明确充放电过程中引起锂离子电池性能退化的根本原因。然后，考虑到实际应用场景下无法直接测量表征锂离子电池性能退化和健康状态的容量和内阻等参数，故对在线可监测的退化特征的提取和优化方法进行详细介绍。面向锂离子电池充放电过程中的不同阶段，利用电压差分、容量微分等方法提取具有单调趋势的健康因子，并基于核主成分分析方法对不同健康因子进行融合，进一步提升健康因子对实际动态工况的适应能力。接下来以无迹粒子滤波和最小二乘支持向量机两种方法为例，介绍了基于统计滤波的健康状态估计方法和基于数据驱动的健康状态估计方法的计算案例。

　　基于统计滤波的健康状态估计方法利用描述锂离子电池性能退化的经验模型作为状态转移方程，能够准确描述锂离子电池性能退化的时序特性，但是难以获取有效的观测方程。而基于数据驱动的健康状态估计方法受限于训练样本的局限性，动态工况下的估计精度难以保证。因此，将基于统计滤波的健康状态估计方法与基于数据驱动的健康状态估计方法融合，以数据驱动的健康状态映射作为观测方程，在统计滤波框架下将其与锂离子电池性能退化的经验模型融合，能够有效利用两类模型各自的优势，将成为相关领域研究的热点。

第 7 章

锂离子电池剩余使用寿命预测

锂离子电池的性能退化贯穿于充放电的全过程。在实现锂离子电池性能退化建模和健康状态估计的基础上,利用模型外推预测锂离子电池的性能退化过程,预测锂离子电池的剩余使用寿命,相应的预测结果可为目标系统的任务规划、视情维护等奠定基础。然而,锂离子电池自身的性能退化存在较为显著的非线性,容量、内阻等退化过程存在"拐点",这些对锂离子电池的剩余使用寿命预测带来较大挑战。目前主流的锂离子电池剩余使用寿命预测方法包括基于经验模型的方法、基于数据驱动的方法以及基于模型融合的方法三类,本章将分别介绍这三种代表性的剩余使用寿命预测方法的基本理论、计算流程和计算实例。

7.1　基于经验模型的锂离子电池剩余使用寿命预测

通过构建具有递推形式的性能退化经验模型或显式数学表达（如多项式模型），利用当前性能退化特征的观测值（如前文所述的可监测性能退化表征参数以及锂离子电池容量、内阻等参数），基于统计滤波算法构建状态空间，在该状态空间中实现经验方程的参数辨识，从而推断出锂离子电池的性能退化是估计锂离子电池剩余使用寿命的有效方式。

具有递推形式的性能退化经验模型或显式数学表达是锂离子电池寿命预测方法的核心。NASA PCoE 研究中心依据大量的电池退化实验和深入的研究工作，提出了一个电池经验模型，该模型可用于描述电池独立的充放电循环中容量的逐渐衰退过程。该模型通过分析电池的充电、放电、休息对退化过程容量的影响，实现对锂离子电池剩余使用寿命的预测。

经验模型建立的第一步是从传感器测得的数据，如电压、电流、功率、电化学阻抗谱、频率和温度读数等获取特征。这些特征被用来估计图 7.1 所示的电池集中参数模型中的参数。电池集中参数模型可以来自于时域的电池放电曲线或频域的奈奎斯特征。

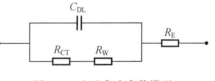

图 7.1　电池集中参数模型

图 7.1 中的参数包括双电层电容 C_{DL}、电荷转移电阻 R_{CT}、Warburg 阻抗 R_W 和电解质电阻 R_E。NASA PCoE 研究中心经过分析实验数据发现，R_W、C_{DL} 对电池退化进程起到的影响微不足道，可忽略不计；因为电池容量 C 与内部阻抗参数（R_{CT} 与 R_E）之间具有高度的线性相关性，故可利用电化学阻抗谱法获取阻抗参数，进而实现电池退化过程中的容量值估计。Saha 等提出了一个经验模型，描述电池容量的退化过程：

$$C_{k+1} = \eta_C C_k + \beta_1 \exp(-\beta_2 / \Delta t_k) \tag{7.1}$$

式中,C_k 表示第 k 个充放电周期的充电容量;Δt_k 表示第 k 个周期到第 $k+1$ 个周期的休息时间;β_1 和 β_2 是需要确定的参数。

此经验模型以大量实验、经验分析以及电池物理模型为基础。在这个经验模型中,随着充放电过程的进行,电池容量的退化过程可用指数模型表示。退化过程中充放电循环对容量衰退的综合影响可用库仑效率 η_C(充放电效率)来量化,库仑效率 η_C 定义为放电时释放出来的电荷与充电时充入的电荷的百分比。在任何电池中,电极周围产生的反应产物将降低电池的反应速率,当电池充放电过程停止时,反应产物可能会消散,这将增加下一个充电周期的电池容量。

7.1.1 方法框架

根据式(7.1),可利用 PF 算法良好的状态跟踪能力确定模型中的未知参数,从而实现对锂离子电池剩余使用寿命的预测及对预测结果的不确定性表达。

锂离子电池寿命退化可以通过其在反复充放电循环过程中电池容量的衰减来表征。在实际应用中,当电池容量减少到额定容量 80% 左右时,电池会失效。此时,电池被认为是不可靠的电源,应及时更换。因为一旦超过这一阈值,电池的衰减将呈现指数式加速的特性。基于 PF 算法的锂离子电池剩余使用寿命预测方法如图 7.2 所示。

采用基于 PF 算法的锂离子电池剩余使用寿命预测方法,需要根据电池退化过程的经验模型来建立如式(7.2)所示的状态转移方程和观测方程:

$$\begin{cases} C_{k+1} = \eta_C C_k + \beta_1 \exp(-\beta_2/\Delta t_k) + v_k \\ y_k = C_k + \mu_k \end{cases} \tag{7.2}$$

式中,k 代表锂离子电池充放电的循环周期,$k = 1, 2, \cdots$。

整个预测方法主要由数据预处理、模型参数确定、电池容量估计以及剩余使用寿命预测 4 个部分构成,下面为该方法的详细步骤。

(1)从电池测试数据集中提取电池容量数据,并对数据进行预处理,如离群点剔除以及数据的精简等。

(2)设定预测起始点为 T,T 周期之前的数据为已知的历史数据或通过估计锂离子电池健康状态得到的最大可用容量数据,从第 T 周期时开始执行预测算法,向后递推预测每个周期的电池容量值 C_k。

(3)根据预测起始点 T,利用 PF 算法对 60 个周期之前的电池容量数据进行状态跟踪,从而确定所用的电池经验模型中的未知参数 β_1 和 β_2。

(4)初始化 PF 算法,设定寿命预测过程中的一些相关参数。

① 设粒子的数目为 N。

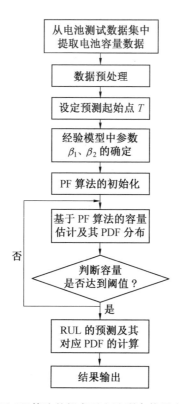

图 7.2　基于 PF 算法的锂离子电池剩余使用寿命预测方法

② 设 PF 模型中的系统过程噪声 v_k 和观测噪声 μ_k 的协方差分别为 R 和 Q。

③ 设电池循环使用寿命结束的阈值为 U。

(5) 利用 PF 算法对锂离子电池的剩余使用寿命进行预测, 算法的流程如下。

① 进行粒子集初始化, $k = 0$; 产生粒子 $\{ \boldsymbol{x}_0^{(i)} \}_{i=1}^N$。

② 执行重要性采样: $\tilde{\boldsymbol{x}}_k^{(i)} = \pi[x_k \mid \boldsymbol{x}_{0:k-1}^{(i)}, \boldsymbol{y}_{1:k}]$。

③ 计算权重, 并归一化粒子的权重 $\tilde{\boldsymbol{w}}_k^{(i)}$。

④ 执行系统重采样, 得到重采样后的粒子集 $\boldsymbol{x}_k^{(i)}$ 及权重。

⑤ 估计电池容量状态: $C_k = \sum_{i=1}^N \boldsymbol{x}_{0:k}^{(i)} \tilde{\boldsymbol{w}}_k^{(i)}$。

令 $k = k + 1$, 重复执行上述步骤, 根据状态空间模型对电池容量进行迭代更新, 同时每一步输出一个状态估计值 (Capout)。

(6) 判断 Capout 是否到达电池 EOL 的阈值 U, 若到达阈值, 计算电池剩余使用寿命的预测结果 $RUL = k$。

(7)根据电池容量的概率密度(Probability Density Function,PDF)分布以及容量和电池剩余使用寿命的对应关系,计算 RUL 的 PDF 分布,并输出结果。

7.1.2 计算案例

本节分别采用 NASA PCoE 研究中心的锂离子电池剩余使用寿命实验测试数据集(NASA 数据集)和马里兰大学 CALCE 研究中心的锂离子电池剩余使用寿命实验测试数据集(CALCE 数据集),对所提出的基于统计滤波的锂离子电池剩余使用寿命预测方法进行验证和评估。

(1)NASA 数据集实验。

本节采用 PF 算法对 NASA 数据集中的 4 组锂离子电池容量数据(B5 电池、B6 电池、B7 电池和 B18 电池)进行预测实验。同时,以 B18 电池为标准,阐述实验过程和分析实验结果。本组锂离子电池寿命结束时的电池容量阈值设为 $U=1.38$ Ah。B18 电池数据组共 132 个样本点,预测起始点设定为 $T=60$,将前 60 个样本点作为历史数据。根据式(7.1)所示的经验模型建立 PF 算法的状态转移方程。在执行预测算法之前,利用 PF 的状态跟踪能力对前 60 个样本进行跟踪实验,根据效果确定经验模型中的未知参数 β_1 和 β_2。其中,经验模型 $C_{k+1}=\eta_C C_k+\beta_1 \exp(-\beta_2/\Delta t_k)$ 中的库仑效率参数为 $\eta_c=0.997$。B18 电池前 60 个样本容量状态跟踪结果如图 7.3 所示。

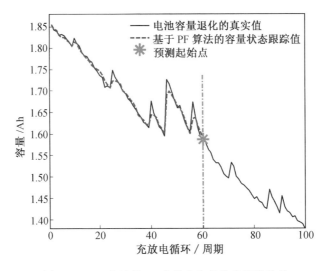

图 7.3　B18 电池前 60 个样本容量状态跟踪结果

由图 7.3 可知,通过大量的实验确定了最优参数的取值范围:$\beta_1 \in [-0.1, -0.5]$,$\beta_2 \in [1, 10]$。本书中在执行所提出的预测算法前,统一设定经验模型中的参数为 $\beta_1 = -0.3$,$\beta_2 = 5$。

确定了经验模型中的参数 β_1 和 β_2 后,可建立 PF 算法的状态转移方程,将所求取的参数值带入式(7.2)中,可得状态转移方程如下:

$$\begin{cases} C_{k+1} = 0.997 \cdot C_k - 0.3 \cdot \exp(-5/\Delta t_k) + v_k \\ y_k = C_k + \mu_k \end{cases} \tag{7.3}$$

式中,Δt_k 为充放电循环周期之间的休息时间,根据具体的实验过程确定。建立状态转移方程后,设置 PF 算法的初始化参数,粒子数目 $N = 500$,状态初值 $T = 60$ 周期的电池容量值 $C_0 = \text{Capacity}(T) = 1.586$ Ah,系统过程噪声 v_k 的协方差为 $R = 0.0001$,观测噪声 μ_k 的协方差为 $Q = 0.0001$。然后,执行 PF 算法,从 $T = 60$ 次开始迭代更新电池的容量值,每一步输出一个容量 C_k 的预测结果,并判断其是否达到阈值 $U = 1.38$ Ah,若达到,则结束递推迭代过程,并根据迭代次数 k 输出 RUL 的预测结果及其 PDF 分布。基于 PF 算法的锂离子电池剩余使用寿命预测结果(B18 电池)如图 7.4 所示。

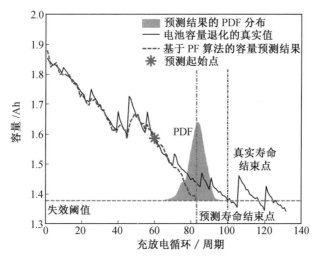

图 7.4　基于 PF 算法的锂离子电池剩余使用寿命预测结果(B18 电池)

为了评价预测方法的 RUL 预测精度,定义 RUL 预测的绝对误差公式为

$$\text{RUL\_error} = | \text{RUL\_true} - \text{RUL\_prediction} | \tag{7.4}$$

式中,RUL_true 为设定电池的预测起始点 T 后电池真实的剩余使用寿命;RUL_prediction 为在预测起始点 T 后执行一种预测算法的 RUL 预测结果。

如图7.4所示,B18电池的真实寿命结束点(End of Life)为100周期,当预测起始点 $T=60$ 周期时,真实的电池剩余使用寿命为RUL_true=100周期 $-T=$ 40周期;而利用PF算法得到的预测寿命结束点(End of Prediction)为83周期,所以预测的电池剩余使用寿命为RUL_prediction=83周期 $-T=$ 23周期。进行基于PF算法的锂离子电池剩余使用寿命预测的同时,也给出了RUL预测结果的概率密度分布,即在概率密度分布范围内,锂离子电池均有可能达到寿命结束点。

利用上述预测算法和参数设定,针对其他三组数据进行预测。由于B7电池的容量数据在距离阈值 $U=1.38$ Ah很远时就停止了实验,所以这组数据不够全面,本书将不再针对它进行预测实验。另两组电池,B5电池和B6电池容量预测结果分别如图7.5(a)、图7.5(b)所示。

根据以上的预测结果,利用式(7.4)定量地计算出三组电池容量数据(B5电池、B6电池和B18电池)的剩余使用寿命预测结果及误差,具体见表7.1。

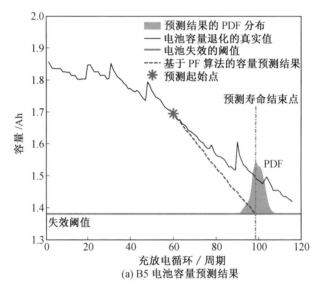

(a) B5 电池容量预测结果

图7.5　基于PF算法的锂离子电池剩余使用寿命预测结果(B5电池和B6电池)

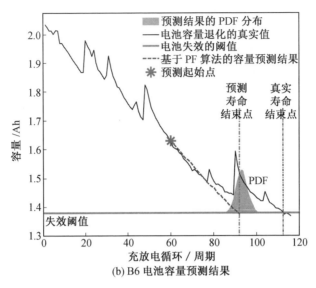

(b) B6 电池容量预测结果

续图 7.5

表 7.1 三组电池容量数据的剩余使用寿命预测结果及误差

电池数据组	预测寿命结束点 / 周期	真实寿命结束点 / 周期	剩余使用寿命 预测误差 / 周期
B5	99	——	——
B6	91	111	20
B18	83	100	17

由表 7.1 可知,当预测起始点为 $T=60$ 周期时,B6 电池和 B18 电池的预测寿命结束点分别为 91 周期和 83 周期,接近电池真实寿命结束点 111 周期和 100 周期,预测误差分别为 20 周期和 17 周期。

显然,针对于剩余使用寿命预测,仅在不同的数据位置(对应于不同的预测起始点 T)提供预测结果的点估计值,对于实际应用的参考价值很有限。由于预测中的数据、模型等具有不确定性的特征,从统计分析的角度来看,为应用者提供具有不确定性表达能力的预测结果,如预测结果的概率分布估计或预测结果的区间分布具有一定价值,尤其是在航空航天复杂系统应用中,这样的预测和估计结果参考价值更大,对于复杂系统的维护保障也更具科学性。

(2)CALCE 数据集实验。

同 NASA 数据集实验一样,下面采用 PF 算法对 CALCE 数据集中研究中心的 4 组电池容量数据(Capacity－CS2－8、Capacity－CS2－21、Capacity－CS2－

33 和 Capacity－CS2－34)进行预测实验。同时,以 Capacity－CS2－33 电池数据为标准,阐述实验过程并分析实验结果。本组锂离子电池寿命结束时的电池容量阈值为 $U=0.88$ Ah,如图 7.6 所示。

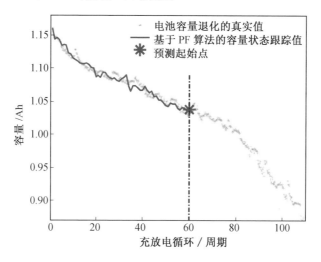

图 7.6 电池容量衰减曲线

由于实验中可能受到噪声干扰或存在误操作,导致数据集出现一些异常数据,如图 7.7(a)中所示的 CALCE 数据集中的 Capacity－CS2－33 电池原始数据,因此为了保证数据的质量和准确性,须对数据进行预处理。

① 离群点的剔除。

实验需要剔除离群点,以 Capacity－CS2－33 电池数据为例,剔除离群点后的数据如图 7.7(b)所示。

② 数据的精简。

由于数据量过大会增大运算量,降低算法的计算效率,所以应对数据进行精简。具体来说,每隔 5 个数据点提取 1 个数据,这样可以减少数据的规模,使精简后的数据仍可以代表原容量数据的退化趋势。Capacity－CS2－33 电池精简后的数据如图 7.8 所示。

由图 7.8 可知,预处理后的数据不仅数据量少,而且退化趋势明显,可以很好地表征锂离子电池的容量退化过程。此实验中基于 PF 算法的预测流程同 NASA 数据集实验中的一样,除了阈值 U 在本组实验中设定为 $U=0.88$ Ah,其他参数设定也基本相同。基于 PF 算法的锂离子电池剩余使用寿命预测(Capacity－CS2－33)如图 7.9 所示。

从图 7.9 可知,Capacity－CS2－33 电池真实寿命结束点为 108 周期,当 $T=$

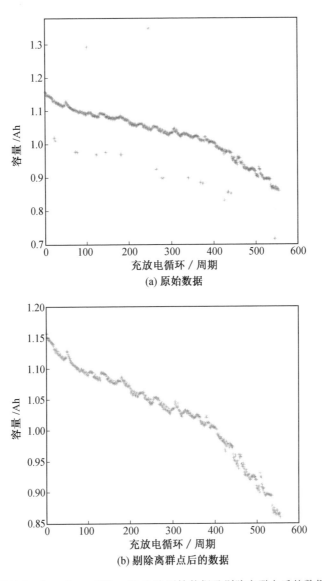

(a) 原始数据

(b) 剔除离群点后的数据

图 7.7　Capacity－CS2－33 电池原始数据及剔除离群点后的数据

60 周期时,真实的剩余使用寿命为 48 周期,而预测寿命结束点为 92 周期,预测的剩余使用寿命为 32 周期。同时,该预测方法能够给出 RUL 预测结果的 PDF 分布,即在 PDF 分布范围内,锂离子电池均有可能达到寿命结束点。

利用上述预测算法和参数设定,针对其他三组数据进行预测。由于 Capacity－CS2－34 组电池容量数据没有达到阈值 $U=0.88$ Ah 时实验就停止了,所以相应的数据不够全面,本书将不考虑该组数据。另两组电池,Capacity — CS2 — 8 和 Capacity — CS2 — 21 的基于 PF 算法的锂离子电池剩余使用寿命预测如图 7.10 所示。

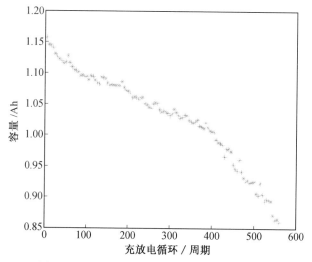

图 7.8　Capacity — CS2 — 33 电池精简后的数据

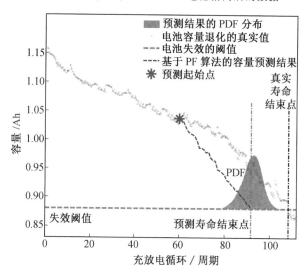

图 7.9　基于 PF 算法的锂离子电池剩余使用寿命预测(Capacity — CS2 — 33)

由于预处理过程对数据进行了精简,因此在计算剩余使用寿命时需要将此考虑进去。三组电池容量数据的剩余使用寿命预测结果及误差见表 7.2。

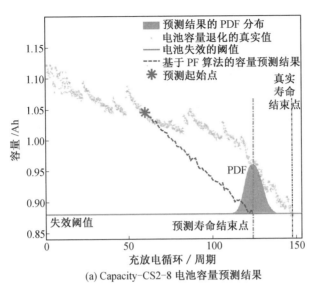

(a) Capacity-CS2-8 电池容量预测结果

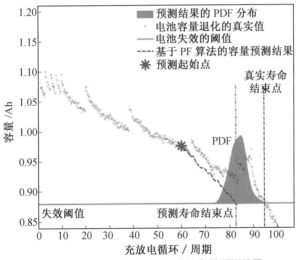

(b) Capacity-CS2-21 电池容量预测结果

图 7.10　基于 PF 算法的锂离子电池剩余使用寿命预测（Capacity－CS2－8 和 Capacity－CS2－21）

表 7.2　三组电池容量数据的剩余使用寿命预测结果及误差

电池数据组	预测结束点 / 周期	寿命结束点 / 周期	剩余使用寿命预测误差 / 周期
Capacity － CS2 － 8	126	146	20
Capacity － CS2 － 21	83	94	11
Capacity － CS2 － 33	92	108	16

由表 7.2 可知,当预测起始点为 $T = 60$ 周期时,Capacity $-$ CS2 $-$ 8 和 Capacity$-$CS2$-$21 电池的预测寿命结束点分别为 126 周期和 83 周期,比较接近电池真实寿命结束点 146 周期和 94 周期,其预测误差分别为 20 周期和 11 周期。

基于 PF 算法的锂离子电池剩余预测方法可以针对不同的电池数据,利用 PF 算法的状态跟踪能力,灵活地设置经验模型的参数,从而提高预测结果的精度。同时,该方法能够给出电池剩余使用寿命预测结果的概率密度分布,具有不确定性表达能力。然而,这种方法的结果过于依赖电池的经验模型,这可能会导致使得预测结果的误差相对较大。

在上述实验和验证的基础上,进一步针对 PF 算法中的重采样方法进行对比,以明确不同的重采样方法对锂离子电池剩余使用寿命预测结果的影响。

(1) 最有代表性的重采样算法。

① 多项式重采样。

1993 年 Gordon 等人提出了多项式重采样(Multinomial Resampling)算法,并将其应用在重要性重采样(Sampling Importance Resampling)算法中,首次解决了 PF 算法中粒子退化的问题。多项式重采样的具体步骤如下。

步骤 1:从区间 $(0,1]$ 上均匀抽样得到 N 个独立分布样本集合 $\{u(i)\}_{i=1}^{N}$。

步骤 2:定义序号函数 $D(\cdot)$(其中 $i,m = 1,2,\cdots,N$):

$$如果\ u(i) = \Big[\sum_{j=1}^{m-1} w_k(j), \sum_{j=1}^{m} w_k(j)\Big],则\ D[u(i)] = m \tag{7.5}$$

将集合中各 $u(i)$ 代入式(7.5)计算得到序号集合 $\{D[u(i)]\}_{i=1}^{N}$,统计各序号值相等的序号数量,从而得到 $\{N_i\}_{i=1}^{N}$。

步骤 3:将各 $x_k(i)$ 复制 N_i 次到新粒子集合中,以组成重采样后的粒子集合,同时将每个粒子的权重均设为 $1/N$。

② 残差重采样。

由于多项式重采样算法需对每个粒子进行多次复制和权重计算,因此计算量较大。Liu 等人在 1993 年提出了残差重采样(Residual Resampling)算法,它针对多项式重采样进行了改善,其计算量远小于多项式重采样的计算量,具体步骤如下。

步骤 1:从多项式分布 $\text{Mult}[N-R;w'_k(1),w'_k(2),\cdots,w'_k(N)]$ 中抽样得到 $\{N'_i\}_{i=1}^{N}$:

$$R = \sum_{i=1}^{N} \lfloor Nw_k(i) \rfloor \tag{7.6}$$

$$w'_k(i) = \frac{Nw_k(i) - \lfloor Nw_k(i) \rfloor}{N - R} \tag{7.7}$$

其中,$i = 1, 2, \cdots, N$;$\lfloor \; \rfloor$ 表示取 $Nw_k(i)$ 的整数部分。

步骤 2:令 $N_i = \lfloor Nw_k(i) \rfloor + N'_i$,计算得到 $\{N_i\}_{i=1}^N$。

步骤 3:与多样式重采样中的步骤 3 相同。

由步骤 1 中可知,残差重采样算法只需在多项式分布上抽样 $N - R$ 次,因此其计算量比多项式重采样算法的计算量少很多。

③ 分层重采样。

1996 年,Kitagawa 等人也针对多项式重采样算法做了改进,提出了分层重采样(Stratified Resampling)。该方法将区间 $(0, 1]$ 划分为 N 个连续且不重合的子区间,然后按均匀分布在每个子区间上抽样一次,从而得到 $\{u(i)\}_{i=1}^N$,具体的步骤如下。

步骤 1:将区间 $(0, 1]$ 划分为 N 个连续的、不重合的子区间:

$$(0, 1] = \left(0, \frac{1}{N}\right] \cup \left(\frac{1}{N}, \frac{2}{N}\right] \cup \cdots \cup \left(\frac{N-1}{N}, 1\right] \tag{7.8}$$

步骤 2:按均匀分布在每一个子区间上进行一次抽样,从而得到 N 个样本点集合 $\{u(i)\}_{i=1}^N$。

步骤 3:与多样式重采样中的步骤 2 和步骤 3 相同。

在分层重采样算法中,N 个样本点集合 $\{u(i)\}_{i=1}^N$ 之间存在着一定的确定性关系,它们呈现从小到大的排列顺序。

④ 系统重采样。

2000 年,Doucet 等人对分层重采样做了改进,提出了系统重采样 (Systematic Resampling) 算法,具体步骤如下。

步骤 1:与分层重采样算法中步骤 1 相同。

步骤 2:在均匀分布 $(0, 1/N)$ 中抽取一个样本 U,按式(7.9)计算得到 $\{u(i)\}_{i=1}^N$:

$$u(i) = \frac{i-1}{N} + U, i = 1, 2, \cdots, N \tag{7.9}$$

步骤 3:与多样式重采样的步骤 2 和步骤 3 相同。

由步骤 1 可见,相较于分层重采样,系统重采样算法得到的各个样本点集合 $\{u(i)\}_{i=1}^N$ 之间存在着更强的确定性关系,因此其计算量也相对较小。

(2)4 种重采样算法的性能对比实验。

首先,将以上 4 种重采样算法形成的 4 种 PF 算法分别简记为 Mul_PF、Res_PF、Str_PF 和 Sys_PF。将这 4 种粒子滤波算法分别应用于锂离子电池

RUL 预测中,并比较不同重采样算法的性能,最后选择最优的重采样算法。

首先,分别编写 Mul_PF、Res_PF、Str_PF 和 Sys_PF 算法的 MATLAB 代码。为考察上述 4 种重采样算法对 RUL 预测精度的影响,以 B18 电池为研究对象,开展其剩余使用寿命预测实验。设置参数如下:系统过程噪声和观测噪声均服从高斯分布,其协方差分别为 $R=0.000\ 1$ 和 $Q=0.000\ 1$;预测起始点为 $T=60$ 周期;状态初值 $T=60$ 周期的电池容量值 $C_0=\mathrm{Capacity}(T)=1.586$ Ah;粒子总数 $N=1\ 000$,实验中共进行 50 次运算。图 7.11 给出了基于 4 种重采样算法的锂离子电池剩余使用寿命预测结果。

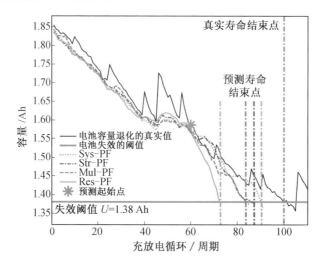

图 7.11　基于 Mul_PF、Res_PF、Str_PF 和 Sys_PF 4 种重采样算法的锂离子电池
剩余使用寿命预测结果(彩图见附录)

由图 7.11 可知,采用的重采样算法不同,相应 PF 算法的剩余使用寿命预测结果也不同。图 7.11 对比了单次运行预测算法时,4 种重采样的剩余使用寿命预测结果,Sys − PF 的预测结果最接近真实寿命结束点(100 周期),基于残差重采样的预测精度则最低。

图 7.12 和图 7.13 给出了基于 4 种重采样算法的电池容量预测结果误差对比以及有效样本均值的对比情况。图 7.12 中,Sys − PF 的预测误差曲线居于最下方,表示其预测误差最小。

图 7.14 给出了基于 4 种重采样算法的锂离子电池剩余使用寿命预测结果对比情况,从图中可见,基于 Sys − PF 的预测结果最接近真实的剩余使用寿命(40周期),即误差最小,Str − PF 次之,Mul − PF 和 Res − PF 效果最差。为了更精确地对比 4 种重采样算法的性能情况,表 7.3 给出了量化结果。

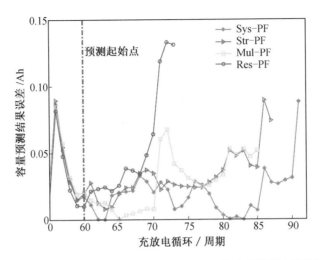

图 7.12 基于 Mul_PF、Res_PF、Str_PF 和 Sys_PF 4 种重采样算法容量预测结果误差

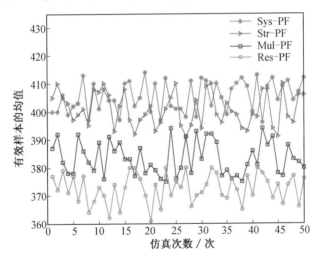

图 7.13 Mul_PF、Res_PF、Str_PF 和 Sys_PF 4 种重采样算法中有效样本均值

表 7.3 有效样本数均值、剩余使用寿命预测结果及预测误差均值(50 次)

项目	Sys_PF	Str_PF	Mul_PF	Res_PF
有效样本数均值	405	400	383	372
剩余使用寿命预测结果均值	29.70	26.86	23.14	19.42
剩余使用寿命预测误差均值	10.3	13.14	16.86	20.48

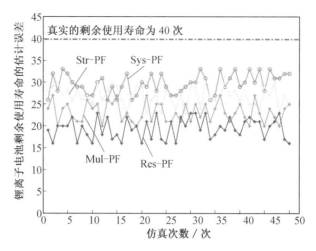

图 7.14　基于 Mul_PF、Res_PF、Str_PF 和 Sys_PF 4 种重采样算法的
锂离子电池剩余使用寿命预测结果

由图 7.12、图 7.13、图 7.14 和表 7.3 可知，Res－PF 和 Mul－PF 的预测精度远远低于 Sys－PF 和 Str－PF 的预测精度。同时，Sys－PF 的预测精度略高于 Str－PF 的预测精度。从样本多样性的角度分析，采用 Sys－PF 和 Str－PF 的有效样本数均值相差不多，而且远远大于 Res－PF 和 Mul－PF。

根据上面的实验及分析可知，Sys－PF 的性能优于其他三种重采样算法，因此本书后续实验中均采用系统重采样算法。

7.2　基于数据驱动的锂离子电池剩余使用寿命预测

锂离子电池性能退化呈现一定的时序特征。通过量化方法表达退化特征之间的关联关系，能够预测锂离子电池性能退化状态，从而实现对其剩余使用寿命的预测。因此，利用时间序列预测方法建立锂离子电池性能退化的时序量化表征模型，已成为预测锂离子电池剩余使用寿命的主要手段。利用锂离子电池在线可监测的历史数据，可以建立表达其性能退化过程的显式或隐式的数学模型，进而通过数学模型外推预测锂离子电池性能退化过程。在此基础上，计算性能退化特征达到失效阈值时的循环周期数，从而实现对锂离子电池剩余使用寿命的预测。

对于数据驱动模型而言，利用大量的历史数据建立描述锂离子电池性能退化过程的模型,准确表达锂离子电池性能退化特征间的时序关联特性,是确保锂离子电池剩余使用寿命预测模型准确性的基础。换言之,基于数据驱动的锂离子电池剩余使用寿命预测方法需要解决的本质问题是建立历史退化特征之间的时序关联,从而建立具有递推形式的性能退化表征模型,实现性能退化的外推预测。同时,考虑锂离子电池性能退化过程具有显著的非线性,因此,在建立退化预测模型时,也需要同步选择具有非线性建模能力的算法。作为一类时间序列预测问题,机器学习和深度模型已被广泛应用于锂离子电池剩余使用寿命预测中,以下分别通过基于自回归模型的锂离子电池剩余使用寿命预测、基于相关向量机的锂离子电池剩余使用寿命预测和基于深度置信网络的锂离子电池剩余使用寿命预测等案例,进一步说明基于数据驱动的锂离子电池剩余使用寿命预测的一般流程。

7.2.1　基于自回归模型的锂离子电池剩余使用寿命预测

电池容量退化数据是一种根据观测得到的时间序列数据,可以利用时间序列预测方法建立锂离子电池性能退化的预测模型,从而实现对锂离子电池剩余使用寿命的预测。在众多时间序列预测方法中,自回归模型(Autoregression Model,AR)具有所需历史样本数量少、模型结构简单的优点,在锂离子电池剩余使用寿命预测问题中的应用更加广泛。

1. 计算流程

自回归模型是指时间序列 $\{x_t\}$ 具有以下结构:

$$\begin{cases} x_t = \varphi_1 x_{t-1} + \varphi_2 x_{t-2} + \cdots + \varphi_p x_{t-p} + a_t \\ \varphi_p \neq 0 \end{cases} \tag{7.10}$$

具有上述结构的自回归模型称为 p 阶 AR 模型,简单记为 AR(p)。如果式(7.10)中的限制条件可以缺省默认,则此时时间序列 $\{x_t\}$ 是它的前期值与随机项的线性函数,即可表示为

$$x_t = \varphi_1 x_{t-1} + \varphi_2 x_{t-2} + \cdots + \varphi_p x_{t-p} + a_t \tag{7.11}$$

式中,φ 为自回归系数,且 $\varphi = \{\varphi_1, \varphi_2, \cdots, \varphi_{t-p}\}$;$p$ 表示 AR 模型的阶数,为正整数;a_t 为相互独立的白噪声序列,且服从均值为 0,方差为 σ_a^2 的正态分布,$t = 0$,$\pm 1, \cdots$。因此,AR(p)模型具有 $p+2$ 个参数:p、φ_1,$\varphi_2 \cdots$,φ_p 和 σ_a^2 均为阶数。

换言之,t 时刻的观测值 x_t 可表示为过去 p 个时刻观测值 $\{x_1, x_2, \cdots, x_{t-p}\}$ 的线性组合与 t 时刻的白噪声之和。因此,自回归模型是一种线性预测模型,即在已知 N 个连续的时间序列数据的基础上,可以通过模型外推获得 N 点后面的数据。

AR 模型的参数估计方法有很多种,如最小二乘估计法、极大似然估计法、Yule-Wallker 方程求解法(自相关法)、Burg 法、改进协方差法等。其中,最小二乘估计法计算过程较为简单,但对样本数量有要求。当样本数量 N 较大时,估计精度较高;当只有少量的历史数据时,估计精度相对较低。极大似然估计法需要先构建一个似然函数(表征观测值和所求参数的关系),然后将此函数极大化,从而获得 AR 模型的参数估计值。因此,极大似然估计法在应用时要求给出输出量的条件概率密度函数的相关先验知识。以下针对另外 3 种方法进行简单的介绍。

①Yule-Wallker 方程求解法(自相关法)。

经过一定的推导,Yule-Wallker 方程形式可表示为

$$\rho_k = \sum_{j=1}^{p} \varphi_{pj} \rho_{k-j} \tag{7.12}$$

写成矩阵形式:

$$\begin{bmatrix} \rho_1 \\ \rho_2 \\ \vdots \\ \rho_p \end{bmatrix} = \begin{bmatrix} \rho_0 & \rho_1 & \cdots & \rho_{p-1} \\ \rho_1 & \rho_0 & \cdots & \rho_{p-2} \\ \vdots & \vdots & \vdots & \vdots \\ \rho_{p-1} & \rho_{p-2} & \cdots & \rho_0 \end{bmatrix} \begin{bmatrix} \varphi_1 \\ \varphi_2 \\ \vdots \\ \varphi_p \end{bmatrix} \tag{7.13}$$

可利用 Levison-Darbin(一种求解自回归模型参数的方法)算法对 Yule-Wallker 方程进行求解,其运算量数量级为 p_2。它是利用 Levinson 递推公式按照从低阶到高阶的顺序来递推求解的方法,首先利用 AR(0) 和 AR(1) 的参数作为初始条件,求解 AR(2) 的参数;然后再根据所得的参数求解 AR(3) 的参数;如此递推下去,直到求解出 AR(p) 的参数,整个递推求解完成后,即可获取 p 阶 AR 模型的模型参数。

②Burg 法。

Burg 法是一种直接利用序列求解 AR 模型参数的方法。Burg 法利用最小二乘法来最大限度地减小前、后向预测误差的平均功率。该方法避免了计算相关函数和求解 Yule-Walker 方程的复杂计算过程,所以有效地提高了计算效率。Burg 法是一种计算简单、通用性高的方法。

③ 改进协方差法。

改进协方差法以 p 阶向前、向后预测误差的算术平均值最小为原则,估计 AR 模型的参数。但在计算过程中,模型参数的协方差矩阵并不属于托普利兹矩阵。因此,当参数估计仿真本身具有正则化属性时,不能利用 Levinson-Darbin 算法进行求解。

从以上的介绍和分析可以看到,几种方法各有优缺点,可以根据不同的应用

条件和应用目的合理地选取。其中,自相关法计算简单,但参数的估计不准确。改进协方差法性能较好,但其计算复杂、运算量大、编程实现困难。Burg 法可直接利用时间序列数据求取模型参数,不需要先通过时间序列的自相关函数过程,同时无需利用外推数据,计算简单、速度快,参数估计误差小,尤其针对较短的时间序列,明显优于其他方法。针对锂离子电池数据,由于其具有历史数据少,一维计算的特点,因此选择 Burg 法对其进行模型参数的估计。

利用 AR 模型进行时间序列的预测时,选取阶数 p 是一个关键问题。因为 p 的选取直接关系着 AR 模型的系数 φ_p,只有当 p 的选择合理时,所获求取的参数 φ_p 才适用于表达锂离子电池的性能退化过程。换言之,当系数 φ_p 不同时,它表征的系统信息量也不同,只有阶数 p 最佳时,对应的参数 φ_p 才能够表征最大的系统信息量。目前,AR(p) 模型阶数 p 的确定方法有以下几种检验准则。

(1) 最终预测误差(Final Prediction Error,FPE) 准则。

此准则由日本的 Akaike 提出,是一种基于估计理论的准则。基本思想是以一步预报误差的方差大小来判定 AR 模型的阶数 p 是否合理。

例如,一个阶数 $p=1$ 的平稳时间序列为 $x_t = \varphi_1 x_{t-1} + a_t$,其一步预报为 $x_t(1) = \varphi_1 x_{t-1}$,预测误差的方差为 $\delta_E^2 = E\left[x_t(1) - a_{t+1}\right]^2$。此时,若阶数 p 选取为 2,则其预报误差的方差将会变大。因此,当把函数 $\Phi(p) = E\left[x_t(1) - x_{t+1}\right]^2$ 作为目标时,寻找满足 $\pi\theta\infty\pi[\Phi(p)]$ 的阶数 p,以此作为 AR 模型的阶数估计值,即

$$\mathrm{FPE}(n) = (1 + p/n)(1 - p/n)\delta_p^2 \tag{7.14}$$

式中,p 为所确定的阶数;n 为样本数;δ_p^2 为 p 阶预报误差的方差。

(2) 平均信息判据(Average Information Criterion,AIC) 准则。

此准则于 1974 年由 Akaike 提出,是基于信息论和推广的极大似然原理的准则。其定义如下:

$$\mathrm{AIC}(p) = N\ln \sigma_p^2 + 2p \tag{7.15}$$

式中,p 为所确定的阶数;n 为样本数;σ_p^2 为 p 阶预报误差的方差。

AIC 准则与 FPE 准则相类似,AIC 准则包含由模型结构及参数估计所引起的模型拟合程度好坏两方面的因素,在确定的数据条件下,应选择能平衡两方面因素的阶次作为模型的阶数。因此,选取 MIN[AIC_$\Phi(p)$] 作为模型阶次的估计。当数据的数量充分时,两种准则得出的结果是一致的。

(3) CAT(Criterion Autogressive Transfer) 判据。

CAT 判据由 E. Parzen 在 1974 年提出,将实际滤波器和估计滤波器对应均分误差间的最小差对应的阶数 p 作为最佳阶,具体形式如下:

$$\text{CAT}(n) = \frac{1}{N} \sum_{j=1}^{n} \frac{1}{\hat{\delta}_j^2} - \frac{1}{\hat{\delta}_p^2} \tag{7.16}$$

根据式(7.16),当阶数 p 由 1 开始增加时,CAT(p) 将在某个取值 p 处获得极小值,将此时的 p 选为模型阶数。

对比 FPE、AIC 和 CAT 三种检验准则的计算过程,可以看出,AIC 准则是通过极小化 AIC 准则函数来确定 AR 模型的阶数 p,函数本身更易求解。因此,AIC 准则更适合用于实际工程领域。

由此,在确定模型阶数 p 的基础上,即可建立对应的自回归模型。利用锂离子电池性能退化观测值的历史数据(如锂离子电池的最大可用容量),可实现对性能退化的预测。当预测值首次低于预设的失效阈值时(如最大可用容量的80%),对应的周期即为预测得到的锂离子电池剩余使用寿命。

2. 计算案例

以下分别利用 NASA PCoE 研究中心的锂离子电池测试数据集中的 B18 电池单体和马里兰大学 CALCE 研究中心锂离子电池测试数据集中的 Capacity - CS2-33电池单体,对所提出的基于自回归模型的锂离子电池剩余使用寿命预测方法进行验证。

利用 AIC 准则确定模型的阶数,给出遍历阶数 $p(1 \leqslant p \leqslant 10)$ 的 AIC 准则的取值结果(图 7.15)。

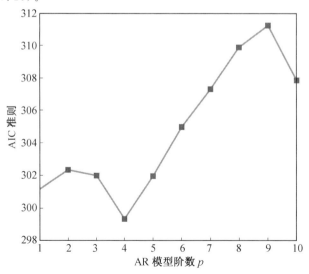

图 7.15   利用 AIC 准则确定 AR 模型的阶数结果

利用 AIC 准则确定的 AR 模型阶数结果见表 7.4。

表 7.4　利用 AIC 准则确定的 AR 模型阶数结果

阶数 p	1	2	3	4	5
AIC	301.167 7	302.345 7	302.007 4	299.322 6	301.973 0
阶数 p	6	7	8	9	10
AIC	304.990 0	307.320 7	309.898 7	311.229 1	307.858 9

在利用锂离子电池容量数据建立 AR 模型前,需要先确定 AR 模型的阶数及模型参数的估计值。从经验角度讲,模型的阶数一般不超过 10 阶。因此,可先通过遍历阶数 p 的 AIC 准则取值,再根据精度评价指标来确定最优建模的阶数,从而确定 AR 回归模型的阶数。经过两组数据的实验分析后,确定选取 4 阶 AR 模型来完成对锂离子电池剩余使用寿命的长期预测和估计。

本书提出预测方法包括基于 AR 模型的电池容量的长期预测和基于粒子滤波算法对预测结果的不确定度表达。首先,针对预测起始点 T 之前的容量数据,利用 Burg 方法训练建立 4 阶的 AR 模型,以实现锂离子电池容量的多步预测输出。图 7.16 给出了针对 NASA PcoE 研究中心的 B18 电池,进行 AR 建模后的长期预测结果。

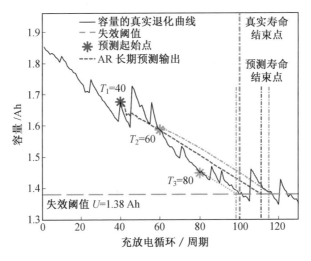

图 7.16　基于 AR 模型的电池容量长期预测结果(B18 电池)

利用式(7.4)计算不同预测起始点的 AR 模型长期预测误差(B18 电池),结果见表 7.5。

表 7.5　不同预测起始点的 AR 模型长期预测误差（B18 电池）

预测起始点 / 周期	预测结束点 / 周期	剩余使用寿命预测结果 / 周期	剩余使用寿命预测误差 / 周期
$T_1 = 40$	84	44	16
$T_2 = 60$	92	32	8
$T_3 = 80$	95	15	5

在实验中,选取了三个预测起始点,分别为 $T_1 = 40$ 周期、$T_2 = 60$ 周期和 $T_3 = 80$ 周期。在预测起始点前,AR 模型利用历史数据训练建模。在预测起始点 T 之后,利用建立的 4 阶 AR 模型预测电池剩余使用寿命结束的周期。从表 7.5 中可知,随着起始点 T 向后推移,初期训练建模的数据量增加,建模结果也更好,从而长期预测的剩余使用寿命结果越来越接近电池真实寿命结束点（100 周期）,剩余使用寿命的预测误差也逐渐减小。

从本节的实验可以看出,针对锂离子电池性能退化趋势,采用合适的 AR 模型可以很好实现对电池剩余使用寿命的估计和预测。在实际应用中,AR 模型参数设置较为简便,计算复杂度低。尤其针对大多剩余使用寿命预测问题,其样本规模往往不大,因此将 AR 模型融入锂离子电池剩余使用寿命预测中对实际应用的意义较大。

7.2.2　基于相关向量机的锂离子电池剩余使用寿命预测

上述基于自回归模型的锂离子电池剩余使用寿命预测方法能够在小样本条件下,建立结构相对简单的容量退化预测模型,从而实现对锂离子电池剩余使用寿命的预测。然而,随着机器学习相关理论的发展,利用支持向量机、相关向量机、高斯过程回归等机器学习方法建立锂离子电池容量退化模型,从而实现锂离子电池剩余使用寿命的预测,已成为相关领域内的研究热点。本节介绍利用相关向量机（Relevance Vector Machine,RVM）建立具有预测结果不确定性表达能力的锂离子电池剩余使用寿命预测模型的实例。

Tipping 在 SVM 的基础上,把基于高斯过程的贝叶斯推理应用到核理论,提出了 RVM 算法。该算法在先验参数的结构下利用自相关判定（Automatic Relevance Determination,ARD）理论来移除不相关的样本点,从而获得稀疏化模型。相比于 SVM,RVM 的核函数不受 Mercer 条件的限制,稀疏、较少的超参数降低了核函数的计算量。同时,将贝叶斯理论引入建模过程中,也使模型具备预测结果的不确定性表达能力,从而利用概率性表达给出锂离子电池性能退化和剩余使用寿命预测的结果。

1. 计算流程

对于给定的数据集 $\{x_i, t_i\}_{i=1}^{N}, x_i \in \mathbf{R}^d, t_i \in \mathbf{R}, N$ 是样本数,通过 RVM 构建的锂离子电池性能退化评估模型为

$$t = y(x) + \varepsilon \tag{7.17}$$

式中,$y(\cdot)$ 为非线性函数;ε 为独立同分布的高斯噪声,$\varepsilon \sim N(0, \sigma^2)$。

相关向量回归的数学表达式:

$$t = \boldsymbol{\Phi}\boldsymbol{\omega} + \varepsilon \tag{7.18}$$

式中,$\boldsymbol{\omega}$ 为 RVR 的权值,是 $N+1$ 维列向量,$\boldsymbol{\omega} = [\omega_0, \cdots, \omega_N]^{\mathrm{T}}$;$\boldsymbol{\Phi}$ 为核函数矩阵,$\boldsymbol{\Phi} = [\varphi_1, \varphi_2, \cdots, \varphi_N]^{\mathrm{T}}$。其中 $\varphi_i(x_i) = [1, K(x_i, x_1), \cdots, K(x_i, x_N)], i = 1, 2, \cdots, N$;$K(\cdot)$ 是核函数。

由贝叶斯推理可知,$p(t \mid x)$ 满足 $N[t \mid y(x), \sigma^2]$ 分布,则数据集合的似然估计为

$$p(t \mid \boldsymbol{\omega}, \sigma^2) = (2\pi\sigma^2)^{-N/2} \exp\left(\frac{-\parallel t - \boldsymbol{\Phi}\boldsymbol{\omega} \parallel^2}{2\sigma^2}\right) \tag{7.19}$$

如果直接对 $\boldsymbol{\omega}$ 进行最大似然估计,可能会产生严重的过拟合现象。因此,通过赋予权重超参数的形式,对其添加适当的约束。Tipping 在 $\boldsymbol{\omega}$ 上定义了一个满足零均值高斯型先验分布:

$$p(\boldsymbol{\omega}/\alpha) = \prod_0^N N(\omega_i \mid 0, \alpha_i^{-1}) = \prod_0^N \frac{\alpha_i}{\sqrt{2\pi}} \exp\left(\frac{\boldsymbol{\omega}_i^2 \alpha_i}{2}\right) \tag{7.20}$$

其中,$\alpha = \{\alpha_0, \alpha_1, \cdots, \alpha_N\}$,是 $N+1$ 个超参数,与权重 $\boldsymbol{\omega}$ 一一对应。在计算过程中,超参数的大小控制着先验分布对各参数的影响强弱,同时也是保证模型稀疏性的主要原因。因此,如何通过计算得到合适的超参数,进而获得相应的权重及核函数,是确保 RVM 稀疏能力的关键内容。在 RVM 模型中,超参数 α 和噪声方差 σ^2 的超先验分布(Gamma 分布)可表示为

$$p(\alpha) = \prod_{i=0}^N \mathrm{Gamma}(\alpha_i \mid a, b)$$

$$p(\sigma^2) = \prod_{i=0}^N \mathrm{Gamma}(\beta \mid c, d) \tag{7.21}$$

其中,$\mathrm{Gamma}(\alpha_i \mid a, b) = \Gamma(a)^{-1} b^a \alpha^{a-1} \mathrm{e}^{-ba}$。为了使这种先验分布是无信息的,通常假设参数取很小的值,如 $a = b = c = d = 10^{-4}$。

在稀疏贝叶斯学习框架下,当有一组新的观测值时,基于稀疏贝叶斯学习框架下的预测可表示为

$$p(t_{N+1} \mid t) = \int p(t_{N+1} \mid \boldsymbol{\omega}, \alpha, \sigma^2) p(\boldsymbol{\omega}, \alpha, \sigma^2 \mid t) \mathrm{d}\boldsymbol{\omega} \mathrm{d}\alpha \mathrm{d}\sigma^2 \qquad (7.22)$$

式中，t_{N+1} 是新观测值 x_{N+1} 的目标值。在一般情况下，上述积分无法获得解析值，可以采用蒙特卡罗采样进行近似计算，但是该方法的计算过程复杂、计算量大，一般采用迭代逼近的方法进行求解。对式（7.22）进行分解：

$$p(\boldsymbol{\omega}, \alpha, \sigma^2 \mid t) = p(\boldsymbol{\omega} \mid t, \alpha, \sigma^2) p(\alpha, \sigma^2 \mid t) \qquad (7.23)$$

在先验分布和似然分布的基础上，参数的后验分布可由贝叶斯推理计算，得到的后验分布亦满足高斯分布：

$$p(\boldsymbol{\omega} \mid t, \alpha, \sigma^2) = \frac{p(t \mid \boldsymbol{\omega}, \sigma^2) p(\boldsymbol{\omega} \mid \alpha)}{p(t \mid \alpha, \sigma^2)}$$

$$= (2\pi)^{-\frac{N+1}{2}} \mid \boldsymbol{\Sigma} \mid^{-1/2} \exp\left[-\frac{(\boldsymbol{\omega} - \mu)^{\mathrm{T}} \boldsymbol{\Sigma}^{-1} (\boldsymbol{\omega} - \mu)}{2}\right]$$

$$(7.24)$$

得到权重的后验方差和均值分别为

$$\boldsymbol{\Sigma} = (\sigma^{-2} \boldsymbol{\Phi}^{\mathrm{T}} \boldsymbol{\Phi} + \boldsymbol{A})^{-1} \qquad (7.25)$$

$$\mu = \sigma^{-2} \boldsymbol{\Sigma} \boldsymbol{\Phi}^{\mathrm{T}} t \qquad (7.26)$$

其中，$\boldsymbol{A} = \mathrm{diag}(\alpha_0, \alpha_1, \cdots, \alpha_N)$。在实际计算过程中，许多超参数趋于无穷大，因此许多权重的后验分布均趋近于 0。对于相关向量回归模型，这些非零权重对应的样本称为相关向量（Relevance Vectors，RVs），其体现了数据集中最核心的特征。

因此，可将稀疏贝叶斯的学习思路转变为采用合理的超参数优化方法，以寻找最合适的超参数后验分布式。

可以通过对参数进行边缘积分求得式（7.19）中目标输出似然分布，即

$$p(t \mid \alpha, \sigma^2) = \int p(t \mid \boldsymbol{\omega}, \sigma^2) p(\boldsymbol{\omega} \mid \alpha) \mathrm{d}\boldsymbol{\omega} \qquad (7.27)$$

从而得到超参数的边缘似然：

$$p(t \mid \alpha, \sigma^2) = N(0, \boldsymbol{C}) \qquad (7.28)$$

其中，$\boldsymbol{C} = \sigma^2 \boldsymbol{I} + \boldsymbol{\Phi} \boldsymbol{A}^{-1} \boldsymbol{\Phi}^{\mathrm{T}}$。

由于无法获得式（7.27）中最大超参数 α 和方差 σ^2 的解析表达式，因此应使用迭代估计法进行计算，如式（7.29）和式（7.30）所示。其中，迭代计算过程中的超参数 α 和方差 σ^2 分别采用 α_i^{new} 和 $(\sigma^2)^{\mathrm{new}}$ 表示：

$$\alpha_i^{\mathrm{new}} = \frac{\gamma_i}{\mu_i^2} \qquad (7.29)$$

其中，$\gamma_i = 1 - \alpha_i \Sigma_{ii}$（$\Sigma_{ii}$ 为后验方差矩阵第 i 个对角线元素）；μ_i 为第 i 个后验权值

的均值。

对噪声方差,采用同样的方法可得

$$(\sigma^2)^{\mathrm{new}} = \frac{\|y - \boldsymbol{\Phi}\mu\|}{N - \sum_i \gamma_i} \tag{7.30}$$

对式(7.29)和式(7.30)进行迭代计算,直到收敛为止。

对于一组新的输入 x_*,其相应输出 t_* 的预测分布满足高斯分布 $p(t_* \mid t) \sim N[\boldsymbol{\mu}^{\mathrm{T}}\boldsymbol{\Phi}(x_*), \sigma_*^2]$,其中:

$$t_* = \boldsymbol{\mu}^{\mathrm{T}}\boldsymbol{\Phi}(x_*) \tag{7.31}$$

$$\sigma_*^2 = \sigma_{\mathrm{MP}}^2 + \boldsymbol{\Phi}(x_*)^{\mathrm{T}}\boldsymbol{\Sigma}\boldsymbol{\Phi}(x_*) \tag{7.32}$$

式中, t_* 为均值,是 RVM 模型在测试数据 x_* 处的预测输出; σ_*^2 为预测方差,是噪声估计方差(第一项)与权重估计不确定性(第二项)的总和; σ_{MP}^2 为式(7.29)和式(7.30)迭代结束的噪声方差。

由此,利用 RVM 算法对锂离子电池进行剩余使用寿命预测时,即可利用历史退化样本,建立性能退化表征参数的时序递推模型,从而实现对未来退化特征参数的预测。同时,也可利用给出预测结果的不确定性,实现剩余使用寿命预测结果的概率性表达。

采用 RVM 等机器学习方法建立锂离子电池的剩余使用寿命预测模型,具有良好的非线性建模和不确定性量化的表达能力。但需要说明的是,大量带有显著退化趋势的历史数据是保证此类方法精度的核心。当训练样本量不足,可用样本难以覆盖锂离子电池全寿命周期性能退化过程时,预测模型的精度难以保证。换言之,在采用 RVM 获得预测结果的同时,必须解决 RVM 模型长期预测精度的问题。因此,在构建基于 RVM 的锂离子电池剩余使用寿命预测算法的基础上,可进一步引入离散灰色模型(Discrete Grey Model,DGM),利用有限的性能退化样本,预测锂离子电池性能退化的基本趋势,并在此基础上,采用 RVM 模型更新的策略获取迭代预测过程中的相关向量,以进一步提高长期预测的精度。所构建的动态离散灰色关联向量机预测算法(Dynamic Discrete Grey Relevance Vector Machine,DGM－RVM)包括以下 4 个阶段。

(1)建模阶段:在模型训练阶段,选择容量作为训练数据(又称为原始训练数据),采用 DGM(1,1)建立容量预测模型。同时,将 DGM(1,1)的输出值作为 RVM 的输入数据,并将训练数据作为 RVM 输出,训练 RVM 从而得到回归预测模型。

(2)预测阶段:采用 DGM(1,1)预测模型进行容量短期预测,并将预测结果作为 RVM 回归预测模型的输入,以获得容量的短期回归预测结果及预测结果的方差。同时,采用新陈代谢法,用容量回归预测结果更新训练数据,从而得到新训练数据。

(3)模型更新阶段:采用灰色关联分析判断新训练数据与原始训练数据的相关性,并以此为依据判断是否重新训练 RVM 回归预测模型。

(4)预测结束阶段:当容量预测值小于失效阈值时,停止迭代预测,并将容量预测值和方差折算为锂离子电池的 RUL 预测值及其置信区间。

DGM－RVM 预测算法流程如图 7.17 所示。

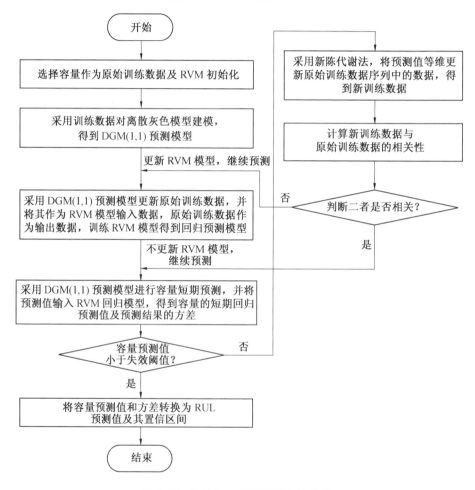

图 7.17 DGM－RVM 预测算法流程

DGM－RVM 预测算法的核心在于利用了 DGM(1,1) 趋势预测能力强、稳定性好的特点,同时依据相关性分析可对 RVM 模型进行动态更新。灰色预测步长和相关性判断标准对该算法的预测精度及计算效率具有直接的影响。

（1）灰色预测步长过大会导致预测精度降低，过小则导致计算效率降低。灰色预测步长的选取需要根据实际问题的具体需求而定。

（2）本书通过回归预测值更新原始的训练数据，以此得到新的训练数据。若新训练数据与原始训练数据之间的退化趋势相似，说明 RVM 回归预测模型可以满足迭代预测的需求。反之，则需要对 RVM 模型进行更新，以获得新的 RVM 模型。而灰色关联分析是根据数据序列曲线几何形状的相似程度来判断其关联度。曲线形状越接近，相应序列之间的关联度越大，反之则越小。灰色关联分析包括灰色相对关联度、面积关联度、灰色综合关联度、灰色绝对关联度及灰色斜率关联度等分析。其中，灰色斜率关联度的分辨率较高，更适合用于锂离子电池容量退化趋势分析。所以本书采用灰色斜率关联度的方法计算两个序列的灰色关联度。

假设两个数据序列为 $\{x_i\}_{i=1}^n$ 及 $\{y_i\}_{i=1}^n$，计算二者之间的关联度。首先，按照式（7.33）计算出数据序列之间的关联系数，即

$$\xi(k) = \frac{1 + \left|\dfrac{\Delta x(k)}{\overline{x}}\right|}{1 + \left|\dfrac{\Delta x(k)}{\overline{x}}\right| + \left|\dfrac{\Delta x(k)}{\overline{x}} - \dfrac{\Delta y(k)}{\overline{y}}\right|} \tag{7.33}$$

其中，$\Delta x = x(k+1) - x(k)$，$\Delta y = y(k+1) - y(k)$，$\overline{x} = \dfrac{1}{n}\sum\limits_{k=1}^{n} x(k)$，$\overline{y} = \dfrac{1}{n}\sum\limits_{k=1}^{n} y(k)$，$k = 1, 2 \cdots, n-1$。

然后，按照式（7.34）计算，从而得到两个数据序列之间的关联度，即

$$\varepsilon = \frac{1}{n-1}\sum\limits_{k=1}^{n-1}\xi(k) \tag{7.34}$$

根据灰色关联度的大小来判断是否需要进行重新训练，灰色关联度的取值范围需要根据实际问题进行选取，较大取值的灰色关联度通常会使预测精度较高，但也会导致训练频繁，计算效率低。经过实验验证及分析，本书中将灰色关联度设定为 0.9。

2. 计算案例

（1）实验设计。

选取 NASA PCoE 研究中心的锂离子电池测试数据集（B5、B6、B7 和 B18 4 种电池）及马里兰大学 CALCE 研究中心的锂离子电池测试数据集（6 种不同实

验条件的电池测试数据集)为实验对象,从不同的起始时刻进行验证实验。选择
容量数据作为原始训练数据,每种电池分别选取两种循环次数作为预测的起始
时刻进行 RUL 预测。当容量预测值小于失效阈值时,停止实验,并将失效阈值
对应的容量预测值及方差折算为 RUL 预测值及 RUL 置信区间,并与实际的
RUL 预测值进行对比。同时,由于 DGM—RVM 算法引入了 DGM(1,1) 预测模
型,并采用灰色关联分析动态更新 RVM 模型,所以与 DGM(1,1) 预测模型及非
动态更新的 DGM—RVM(简称 NDGM—RVM)算法进行对比实验,以验证本书
方法的有效性。

实验中,对于每个电池分别设置两种起始预测时刻,根据训练数据的长度,
将 Capacity—CS2—35、Capacity—CS2—37、Capacity—CX2—36、Capacity—
CX2—37 和 Capacity—CX2—38 电池的起始时刻分别设置为 234 周期和 343 周
期,Capacity—CS2—36 电池分别设置为 193 周期和 298 周期。表 7.6 给出了 6 种
电池的实际寿命、不同起始时刻所对应的 RUL 实际值见表 7.6。

表 7.6 6 种电池的实际寿命、不同起始时刻所对应的 RUL 实际值

电池	失效阈值 /Ah	实际寿命 /周期	预测起点 1 /周期	预测结果 1 /周期	预测起点 2 /周期	预测结果 2 /周期
Capacity—CS2—35	0.88	606	234	372	343	263
Capacity—CS2—36	0.88	522	193	329	298	224
Capacity—CS2—37	0.88	595	234	361	343	252
Capacity—CX2—36	1.08	721	234	487	343	378
Capacity—CX2—37	1.08	718	234	484	343	375
Capacity—CX2—38	1.08	696	234	462	343	353

(2)实验结果及分析。

实验中,DGM—RVM 和 NDGM—RVM 算法中的 RVM 算法采用统一的参
数设置,核函数均选择高斯核函数。参数经过交叉验证实验选为 5,噪声方差
$\sigma^2 = 0.1 \text{var}(x)$。EM 迭代最大循环次数和收敛条件分别为 iter = 1 000,$\delta = 0.1$,
初始权重设置为 $\{\omega_i = 1\}_{i=1}^{n}$。通过对 10 个电池容量数据的样本数量分析,
DGM(1,1) 预测模型短期预测步长设置如下:PCoE 电池设置为 10,CACLE 电池
设置为 20。

实验中对 RUL 预测的精度进行评价,评价标准采用绝对误差(Absolute
Error,AE)和精度提升比 η_{AE} 两种指标,定义如下:

$$AE = |R - \hat{R}|　\tag{7.35}$$

$$\eta_{AE} = \frac{AE_2 - AE_1}{R}　\tag{7.36}$$

式中，R 为锂离子电池 RUL 实际值；$\hat{R}$ 为对应的 RUL 预测值；AE_1 和 AE_2 为采用两种方法得到的 RUL 预测值对应的绝对误差；η_{AE} 反映了预测方法 1 相比于预测方法 2 的精度变化情况，当 $\eta_{AE} > 0$ 时，代表预测方法 1 相比于预测方法 2 的预测精度有所提升，而当 $\eta_{AE} < 0$ 时，代表预测方法 1 相比于预测方法 2 的预测精度有所下降。

①NASA 数据集的剩余使用寿命预测结果。

NASA 的 4 种电池，在起始时刻为 60 周期的 RUL 预测结果如图 7.18～7.21 所示。图中分别给出了三种算法的容量预测值及 95% 置信区间预测上限和预测下限（DGM 算法不具有预测结果的置信区间）。从图中可知，对于 DGM 算法，仅 B7 号电池的容量预测值接近容量实际值，其他三种电池的容量预测值与容量实际值偏差较大。对于 NDGM－RVM 算法，B6 电池和 B18 电池的容量预测值更接近容量实际值，其他两种电池的容量预测值与容量实际值偏差较大。由此得出，上述两种算法的容量预测稳定性较差。而基于 DGM－RVM 算法的 4 种电池的容量预测值与容量实际值均十分接近，说明 DGM－RVM 算法具有较高的预测精度和较好的稳定性。

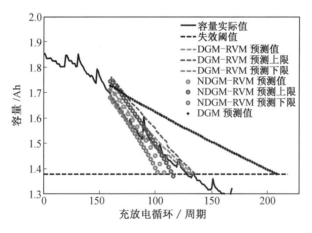

图 7.18　B5 电池 RUL 预测结果（彩图见附录）

受篇幅所限，起始时刻设为 80 周期的类似预测结果的图示将不重复给出，而代之以定量的预测结果分析，NASA 的 4 种电池 RUL 预测结果见表 7.7。

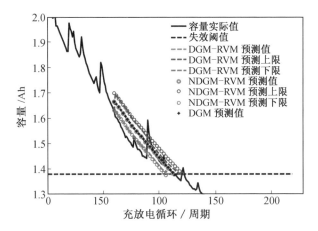

图 7.19　B6 电池 RUL 预测结果(彩图见附录)

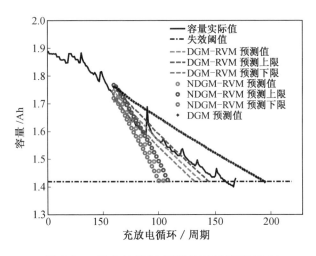

图 7.20　B7 电池 RUL 预测结果(彩图见附录)

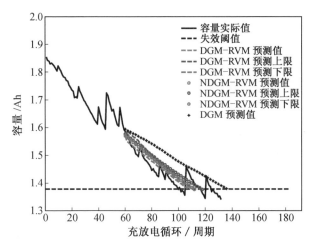

图 7.21　B18 电池 RUL 预测结果(彩图见附录)

表 7.7　NASA 的 4 种电池 RUL 预测结果

起始时刻/周期	电池编号	预测模型	RUL 实际值/周期	RUL 预测值/周期	95% 置信区间	绝对误差/周期	η_{AE}/%
		DGM (1,1)		149	—	81	110.2
	B5	NDGM−RVM	68	49	[43, 56]	19	19.1
		DGM−RVM		74	[71, 76]	6	—
		DGM (1,1)		54	—	2	1.9
	B6	NDGM−RVM	52	54	[46, 61]	2	1.9
		DGM−RVM		53	[49, 58]	1	—
60		DGM (1,1)		134	—	35	14.1
	B7	NDGM−RVM	99	45	[41, 49]	54	33.3
		DGM−RVM		78	[72, 85]	21	—
		DGM (1,1)		77	—	37	70.0
	B18	NDGM−RVM	40	55	[52, 58]	15	15.0
		DGM−RVM		49	[47, 51]	9	—

续表7.1

起始时刻/周期	电池编号	预测模型	RUL 实际值/周期	RUL 预测值/周期	95%置信区间	绝对误差/周期	η_{AE}/%
80		DGM (1,1)		62	—	14	27.1
	B5	NDGM−RVM	48	23	[21,25]	25	50.0
		DGM−RVM		49	[41,54]	1	—
		DGM (1,1)		50	—	18	40.6
	B6	NDGM−RVM	32	20	[16,24]	12	21.9
		DGM−RVM		27	[15,44]	5	—
		DGM (1,1)		65	—	14	−1.3
	B7	NDGM−RVM	79	35	[26,42]	44	36.7
		DGM−RVM		64	[60,80]	15	—
		DGM (1,1)		26	—	6	30.0
	B18	NDGM−RVM	20	23	[16,30]	3	15.0
		DGM−RVM		20	[10,29]	0	—

表7.7给出了NASA 4种电池在不同预测起始时刻（60周期和80周期），采用三种不同算法的RUL预测结果对比情况。又给出了三种算法的RUL预测值及95%置信区间（DGM算法不具有置信区间）与相对RUL实际值的绝对误差，以及DGM−RVM算法相对其他两种算法的精度提升情况。其中，DGM(1,1)对应的η_{AE}为DGM−RVM相对DGM(1,1)的精度提升比，NDGM−RVM对应的η_{AE}为DGM−RVM相对NDGM−RVM的精度提升比。

分析表7.7可知，在预测绝对误差方面，采取DGM算法进行RUL预测得到的RUL预测值，其绝对误差多数大于10周期，小于10周期的结果有2组，占全部结果的25.0%；绝对误差小于5周期的结果为1组，占全部结果的12.5%；绝对误差的平均值约为25.9周期。相比而言，采用DGM−RVM算法进行RUL预测得到的RUL预测值，绝对误差小于10周期的结果为6组，占全部结果的75.0%；绝对误差小于5周期的结果为3组，占全部结果的37.5%；绝对误差平均值约为7.3周期。采用NDGM−RVM算法进行RUL预测得到的RUL预测值，其绝对误差小于10周期的结果为2组，占全部结果的25.0%；绝对误差小于5周期的结果为2组，占全部结果的25.0%；绝对误差平均值为21.75周期。从预测结果的绝对误差对比来看，DGM−RVM算法明显优于DGM算法和NDGM−RVM算法，其RUL预测值更接近RUL实际值，并且具有较好的稳定性。从预测结果的不确定性对比来看,DGM－RVM 算法可以获得更加优异的预测性能提升。

②CALCE 数据集的剩余使用寿命预测结果。

采用 CALCE 的 6 种电池进行上述实验,其剩余使用寿命预测结果见表7.8。

表 7.8　CACLE 的 6 种电池 RUL 预测结果

起始时刻/周期	电池编号	预测模型	RUL实际值/周期	RUL预测值/周期	95%置信区间	绝对误差/周期	η_{AE}/%
234/193	Capacity－CS2－35	DGM (1,1)	372	290	—	82	11.8
		NDGM－RVM		288	[280,340]	84	12.4
		DGM－RVM		334	[322,343]	38	—
	Capacity－CS2－36	DGM (1,1)	329	408	—	79	11.9
		NDGM－RVM		384	[369,420]	55	4.6
		DGM－RVM		369	[320,380]	40	—
	Capacity－CS2－37	DGM (1,1)	361	420	—	59	10.5
		NDGM－RVM		425	[387,435]	64	11.9
		DGM－RVM		382	[360,385]	21	—
	Capacity－CX2－36	DGM (1,1)	487	415	—	72	12.7
		NDGM－RVM		418	[405,493]	69	10.1
		DGM－RVM		467	[458,495]	20	—
	Capacity－CX2－37	DGM (1,1)	484	561	—	77	12.6
		NDGM－RVM		550	[491,553]	66	10.3
		DGM－RVM		500	[464,520]	16	—
	Capacity－CX2－38	DGM (1,1)	462	408	—	54	7.6
		NDGM－RVM		412	[400,458]	50	6.7
		DGM－RVM		443	[415,478]	19	—

续表7.8

起始时刻/周期	电池编号	预测模型	RUL实际值/周期	RUL预测值/周期	95%置信区间	绝对误差/周期	η_{AE}/%
343/298	Capacity－CS2－35	DGM(1,1)	263	235	—	28	0.8
		NDGM－RVM		238	[212,271]	25	－0.6
		DGM－RVM		237	[207,267]	26	—
	Capacity－CS2－36	DGM(1,1)	224	204	—	24	－2.7
		NDGM－RVM		244	[208,245]	20	－4.5
		DGM－RVM		254	[217,272]	30	—
	Capacity－CS2－37	DGM(1,1)	252	304	—	52	18.2
		NDGM－RVM		245	[231,269]	7	0.4
		DGM－RVM		258	[252,285]	6	—
	Capacity－CX2－36	DGM(1,1)	378	370	—	8	－1/3
		NDGM－RVM		371	[352,408]	7	－1.6
		DGM－RVM		391	[380,410]	13	—
	Capacity－CX2－37	DGM(1,1)	375	349	—	26	5.3
		NDGM－RVM		348	[331,368]	27	5.6
		DGM－RVM		369	[359,389]	6	—
	Capacity－CX2－38	DGM(1,1)	353	425	—	72	18.1
		NDGM－RVM		400	[367,419]	47	11.0
		DGM－RVM		345	[334,378]	8	—

分析表7.8可知,6种电池在两种不同的起始时刻共计形成12组预测结果。在预测绝对误差方面,采取DGM算法进行RUL预测得到的RUL预测值,其绝对误差多数大于20周期,小于20周期的结果为1组,约占全部结果的8.3%;绝对误差的平均值约为52.8周期。采用NDGM－RVM算法进行RUL预测的得到RUL预测值,其绝对误差仅有2组结果小于20周期,占全部结果的16.7%;绝对误差平均值约为43.4周期。相对来讲,DGM－RVM算法进行RUL预测得到的RUL值,其绝对误差小于20周期的结果为7组,约占全部预测结果的58.3%;绝对误差小于10周期的结果为3组,占全部结果的25.0%;绝对误差平均值约为20.3周期。

从预测结果的绝对误差对比来看,本书所提出的DGM－RVM算法的RUL预测结果明显优于DGM算法和NDGM－RVM算法的预测结果,其预测结果更接近实际值,并且具有较好的稳定性。

从预测结果不确定性的角度出发,RUL 实际值落在 DGM－RVM 算法 RUL 预测区间的结果为 10 组,占全部预测结果的 83.3%。

通过上述实验结果可以看出,将锂离子电池性能退化趋势建模方法与机器学习方法融合,能够在样本不足条件下,解决锂离子电池退化原始数据不足等问题,有效提升剩余使用寿命预测的有效性。同时,选择相关向量机、高斯过程回归等方法建立锂离子电池剩余使用寿命预测模型,能够使模型具备良好的不确定性量化表达能力,从而进一步丰富预测结果的内涵。

7.2.3　基于深度置信网络的锂离子电池剩余使用寿命预测

相比于传统机器学习模型浅层网络,深度学习方法能够通过更加复杂的网络结构实现对非线性过程的仿真和拟合。因此,随着各类神经网络的快速发展,可以利用深度学习方法建立描述锂离子电池性能退化模型,并利用该模型外推实现对锂离子电池性能退化的预测以及对锂离子电池剩余使用寿命的预测。本节主要介绍基于深度置信网络的锂离子电池剩余使用寿命预测的计算流程和计算案例。

1. 计算流程

DBN 是由若干层无监督的 RBM 和一层有监督的 BP 网络组成的一种深层次神经网络。该网络可利用受限玻尔兹曼机的统计特性拟合锂离子电池性能退化的非线性过程。

DBN 的模型训练过程中主要分为两步。第一步,分别单独无监督地训练每一层 RBM 网络,以确保特征向量映射到不同特征空间时,尽可能多地保留特征信息,从而形成更加概念化的特征。第二步,利用 BP 网络有监督地训练网络,微调整个神经网络的参数。微调整个神经网络的参数目的在于使输入层与输出层之间存在一种映射关系,以得到 DBN 的最优参数。DBN 利用 RBM 网络先进行无监督训练,使模型能够学习到数据本身的结构信息。在进行有监督的学习之前,DBN 的参数已经通过无监督学习靠近最优区域,避免陷入局部最优,同时减少了有监督学习的时间。

综上所述,DBN 通过受限玻尔兹曼机的无监督训练过程,使模型学习容量或其他退化特征的变化规律,再利用 BP 神经网络有监督训练以及对模型的进一步微调,从而实现性能退化的预测和剩余使用寿命的预测。同时,考虑锂离子电池自身性能退化过程的非线性,采用双层 RBM 网络可进一步提升锂离子电池性能退化拟合的精度。基于 DBN 的锂离子电池剩余使用寿命预测模型如图 7.22 所示。

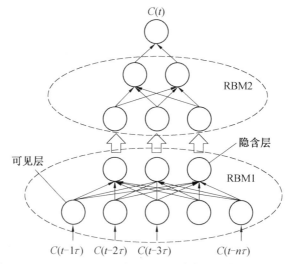

图 7.22　基于 DBN 的锂离子电池剩余使用寿命预测模型

构建基于 DBN 的锂离子电池剩余使用寿命预测模型的详细步骤如下。

（1）从电池数据集中提取出电池容量数据，并进行预处理。

（2）将电池容量数据划分成输入向量，并输入神经网络。

（3）进行 DBN 神经网络训练，从而得预测结果 $\hat{C}(t)$。

（4）将误差公式设置为 MSE-error $= \langle \hat{C}(t) - C(t) \rangle$，并使用 BP 算法对 DBN 参数进行微调。

（5）将测试数据集代入 DBN 模型，计算剩余使用寿命预测的误差，并给出评价。

2. 计算案例

利用马里兰大学 CALCE 研究中心的锂离子电池单体性能退化数据集，对基于 DBN 的锂离子电池剩余使用寿命预测模型进行测试和训练。将 Capacity－CS2－33 作为 DBN 的训练集，其余 3 种作为 DBN 的测试集，得到基于 DBN 的锂离子电池剩余使用寿命预测网络的输入向量为

$$\boldsymbol{C} = \begin{bmatrix} c(1), c(2), c(3) \\ c(2), c(3), \hat{c}(4) \\ c(3), \hat{c}(4), \hat{c}(5) \\ \vdots \\ \hat{c}(t-3), \hat{c}(t-2), \hat{c}(t-1) \end{bmatrix} \tag{7.37}$$

式中，$c(t)$ 为锂离子电池的容量数据，对应的输出 $\boldsymbol{Y}$ 向量为

$$
Y = \begin{bmatrix} \hat{c}(4) \\ \hat{c}(5) \\ \hat{c}(6) \\ \vdots \\ \hat{c}(t) \end{bmatrix} \tag{7.38}
$$

将 Capacity—CS2—33 中容量数据按输入输出向量的结构进行划分,通过不断的更新权重 $\boldsymbol{\omega}$ 与偏移值 θ,使训练数据的误差逐渐减小,直至模型训练完成。再将其他 3 种电池数据作为测试集进行测试,并按照模型的输入结构对输入数据进行划分,具体步骤如下所示。

① 将前三组 $\boldsymbol{C} = \{c(1), c(2), c(3)\}$ 代入预测模型,得到预测值 $\hat{c}(4)$。

② 将上一步预测值与真实值结合,将 $\boldsymbol{C} = \{c(2), c(3), \hat{c}(4)\}$ 代入预测模型,得到预测值 $\hat{c}(5)$。

③ 与上一步相同,将 $\boldsymbol{C} = \{c(3), \hat{c}(4), \hat{c}(5)\}$ 代入预测模型,得到预测值 $\hat{c}(6)$。

④ 重复以上步骤。

按照上面的操作,得到了 3 种锂离子电池剩余使用寿命预测结果,如图 7.23 所示。

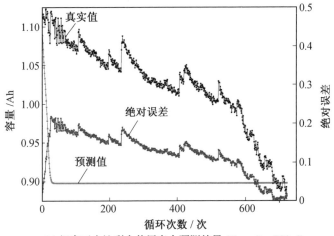

(a) 锂离子电池剩余使用寿命预测结果 (Capacity-CS2-8)

图 7.23　锂离子电池剩余使用寿命预测结果

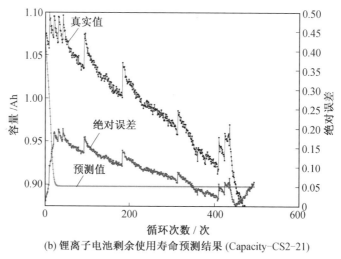

(b) 锂离子电池剩余使用寿命预测结果 (Capacity-CS2-21)

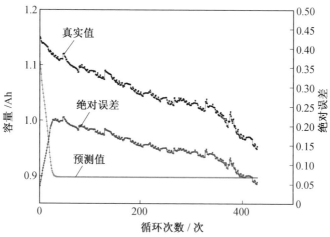

(c) 锂离子电池剩余使用寿命预测结果 (Capacity-CS2-34)

续图 7.23

  可通过求解神经网络模型的输出值与真实值之间的误差（MSE_error）来评价锂离子电池剩余使用寿命的预测精度。表 7.9 给出了三种锂离子电池剩余使用寿命预测值与真实值之间的误差。

表 7.9　锂离子电池剩余使用寿命长期预测实验

电池组号	Capacity−CS2−8	Capacity−CS2−21	Capacity−CS2−34
均方误差	0.017 966 1	0.010 740 0	0.023 540
最大绝对值误差	0.218 2	0.198 3	0.222 7

由图 7.23 与表 7.9 可知,基于 DBN 的锂离子电池剩余使用寿命预测模型的精度很低,原因如下。

(1)在训练时,基于 DBN 的锂离子电池容量预测模型采用的是容量真实值,因此预测效果较好。但在预测时,采用的是预测值,在最开始预测阶段误差较低,而随后误差开始升高。

(2)该模型在训练的过程中,由于网络结构的不合理,在 DBN 训练过程中会产生重构误差,从而损失一些序列特征信息。

上述各节分别给出了基于自回归模型、相关向量机和深度置信网络的锂离子电池剩余使用寿命预测方法。通过对比相关方法的计算流程以及分析相应的计算案例,可以看出,基于自回归模型这类相对简单的模型更加适用于测试数据量相对有限的场景,其通过相对简单的模型结构即可实现对性能退化过程的拟合;机器学习和深度学习方法更加适合于数据量较大的应用场景,其可利用相关向量机和深度置信网络自身的非线性拟合能力,实现对锂离子电池性能退化的建模和预测。

7.3　基于模型融合的锂离子电池剩余使用寿命预测

前文分别介绍了基于经验模型和基于数据驱动的锂离子电池剩余使用寿命预测方法。基于经验模型的锂离子电池剩余使用寿命预测方法通过建立锂离子电池性能退化的经验方程,来描述锂离子电池的容量衰减,模型结构相对简单,适用于锂离子电池退化数据量相对较少的场景。而基于数据驱动的锂离子电池剩余使用寿命预测方法则须利用大量的锂离子电池性能退化测试数据,通过机器学习、深度学习等方法拟合锂离子电池性能退化的过程,并外推得到其性能退化预测结果,从而实现锂离子电池剩余使用寿命预测。相比而言,基于经验模型的锂离子电池剩余使用寿命预测方法对建模所需的数据量需求相对较低,但退化经验模型的构建和参数辨识仍具有较大的挑战。同时,机器学习和深度学习方法对历史数据质量(包括数据量、数据一致性等)的需求较高,在实际应用中存在模型可用性和自适应性的挑战。将经验模型方法与数据驱动融合,利用两者的互补优势,可进一步提升锂离子电池剩余使用寿命预测的精度。

本节将针对基于模型融合的锂离子电池剩余使用寿命预测模型,给出相应的基础理论框架、计算流程和计算案例。

7.3.1 锂离子电池剩余使用寿命预测的状态空间构建

基于经验模型的锂离子电池剩余使用寿命预测模型通过建立具有递推形式的显示模型实现对锂离子电池性能退化的预测;而基于数据驱动的锂离子电池剩余使用寿命预测模型所采用的机器学习、深度学习模型等大多为隐式的表达形式。因此,如何融合两类异构模型的预测结果是基于模型融合的锂离子电池剩余使用寿命预测方法需要解决的核心问题。

构建面向锂离子电池性能退化预测的状态空间方程,先以锂离子电池退化经验模型作为性能退化的状态转移方程,并以数据驱动的性能退化预测模型作为状态观测值,再通过状态空间的迭代更新实现上述两类模型的融合。上述方法是建立基于模型融合的锂离子电池剩余使用寿命预测模型的有效方式,具体过程如下。

首先,利用锂离子电池有限的历史测试数据,建立基于数据驱动的锂离子电池性能退化预测模型,以实现对锂离子电池性能退化的后向预测。再将此预测值作为未来状态的观测值,在状态空间中与性能退化的经验模型融合,并辨识性能退化经验模型的参数,以实现两类异构模型预测结果的融合,从而进一步提升锂离子电池性能退化和寿命预测的精度。依托于此方法框架,以基于自回归模型(AR)的锂离子电池剩余使用寿命预测模型和基于粒子滤波(PF)算法的锂离子电池剩余使用寿命预测模型为例,给出这两类模型在状态空间中融合的具体计算流程和计算案例。

7.3.2 基于 AR – PF 融合的锂离子电池剩余使用寿命预测

1. 计算流程

如前文所述,当采用自回归模型预测锂离子电池剩余使用寿命时,模型建模简单、实时性好,特别是针对少量历史数据进行预测时具有很强的优势。基于粒子滤波的寿命预测模型具有任意概率密度函数的拟合能力,能够在预测锂离子电池性能退化的同时,给出预测结果的量化不确定性表达。将这两种剩余使用寿命预测模型融合,能够利用自回归模型对锂离子电池性能退化的非线性表达能力,以及动态优化经验模型中的模型参数,从而实现对锂离子电池性能退化的最优估计。同时,利用粒子滤波算法良好的不确定性表达能力,也能够获得对锂离子电池剩余使用寿命预测结果的不确定性量化表达。图 7.24 给出了所建立的基于 AR - PF 融合的锂离子电池剩余使用寿命预测方法的计算流程,具体如下。

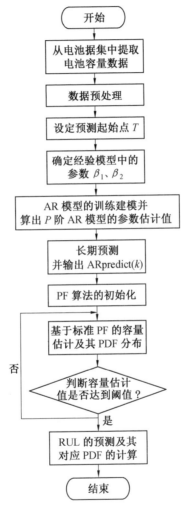

图 7.24　基于 AR - PF 融合的锂离子电池剩余使用寿命预测方法的计算流程

(1) 从电池数据集中提取出电池容量数据,并进行数据预处理。

(2) 设定预测起始点 T,T 之前的容量数据为已知的历史数据。从 T 时开始执行预测算法,并估计每个循环的电池容量值 $C(k)$。

（3）根据预测起始点 T，确定经验模型中的参数 β_1 和 β_2，再利用 PF 算法对 T 之前的容量数据进行状态跟踪，建立状态空间模型如下：

$$\begin{cases} C_{k+1} = \eta_C C_k + \beta_1 \exp(-\beta_2/\Delta t_k) + v_k \\ y_k = C_k + \mu_k \end{cases} \tag{7.39}$$

（4）首先根据 AIC 准则确定 AR 模型的阶次 p，然后根据预测起始点 T 确定建模的训练数据长度。再利用电池容量的历史数据及阶次 p 进行 AR 模型的训练建模。最后直接利用 Burg 算法计算出 p 阶 AR 模型的参数估计值 φ_1、φ_2、φ_3、φ_4。

（5）通过 p 阶 AR 模型对电池容量数据进行长期预测，输出序列 ARpredict(k)，将此预测值作为 PF 算法中观测方程的观测值。

（6）PF 算法的初始化，设定预测过程的相关参数：粒子数目为 N，系统过程噪声 v_k 的协方差为 R 和观测噪声 μ_k 的协方差为 Q，电池剩余使用寿命结束的容量阈值为 U，状态初值设为周期为 T 的电池容量值 $C_0 = \mathrm{Capacity}(T)$。

（7）从预测起始点开始，执行 PF 预测算法，并利用函数 particle_filter（）对锂离子电池剩余使用寿命进行预测输出，主要包括以下步骤。

设循环周期 $k=1$，产生粒子 $\{x_0^{(i)}\}_{i=1}^N$。

开始迭代过程，根据式（7.39）中的状态转移方程，获取 k 时刻电池容量的先验估计 $\tilde{x}_k^{(i)}$。

根据重要性采样过程 $\tilde{x}_k^{(i)} = \pi[x_k \mid x_{0:k-1}^{(i)}, z_{1:k}]$，并利用（7.39）式中的观测方程，计算先验估计对应的观测值。再将其与 AR 模型输出的容量值 ARpredict(k) 对比，校正先验估计值，从而得到容量的后验估计 $\tilde{x}_k^{(i)}$。

计算权重 $\omega_k^{(i)}$：

$$\omega_k^{(i)} = \omega_{k-1}^{(i)} \frac{p[y_k \mid \tilde{x}_k^{(i)}] p[\tilde{x}_k^{(i)} \mid x_{k-1}^{(i)}]}{\pi[\tilde{x}_k^{(i)} \mid x_{0:k-1}^{(i)}, y_{1:k}]} \tag{7.40}$$

归一化粒子的权重 $\tilde{\omega}_k^{(i)}$：

$$\tilde{\omega}_k^{(i)} = \frac{\omega_k^{(i)}}{\sum_{j=1}^N \omega_k^j} \tag{7.41}$$

进行重采样，从而得到新的粒子集 $\{\breve{x}_k^{(i)}, \breve{\omega}_k^{(i)}\}$。

同时，得到 k 时刻容量状态估计 $C_k = \sum_{i=1}^N \breve{x}_{0:k}^{(i)} \breve{\omega}^{(i)}$。令 $k=k+1$，顺序重复执行上述步骤，根据状态空间模型对电池容量状态进行迭代更新。同时，输出一个状态估计值 Capout(k)＝$C(k)$。

（8）判断输出估计值是否达到电池 EOL 的阈值 U。若输出估计值到达了阈值，则通过循环周期 k 计算电池剩余使用寿命的预测结果（RUL＝k）。

（9）先根据电池容量和循环周期间的边界对应关系，并利用 k 时刻 RPF 算法输出样本集 $\{\tilde{x}_k^{(i)}, \hat{w}_k^{(i)}\}$，计算对应的电池剩余使用寿命周期的样本集。设 $\tilde{x}_{0:k}^{(i)}$ 为电池容量样本集，$\hat{x}_{0:k}^{(i)}$ 为电池剩余使用寿命样本集，则

$$\tilde{x}_{0:k}^{(i)} = \frac{T+k}{C_0+C_k}\hat{x}_{0:k}^{(i)} \tag{7.42}$$

再根据所得样本集 $\{\tilde{x}_k^{(i)}, \boldsymbol{\omega}_k^{(i)}\}$ 计算电池剩余使用寿命预测结果 RUL 的 PDF 分布，并输出结果。

（10）计算剩余使用寿命预测的误差，并给出评价。

2. 计算案例

利用 NASA 锂离子电池剩余使用寿命测试数据集和马里兰大学 CALCE 研究中心的锂离子电池剩余使用寿命测试数据集对所提出方法进行验证和评估。

（1）NASA 电池数据的 RUL 预测实验。

采用基于 AR－PF 融合的锂离子电池剩余使用寿命预测方法对 NASA 的三组电池数据（B5 电池、B6 电池和 B18 电池）进行预测实验。将 B18 电池作为标准，以此阐述实验过程并分析实验结果。预测模型的参数设置如下：粒子数目 $N＝500$；预测起始点的起始时刻早期的 $T_1＝40$ 周期、中期的 $T_2＝60$ 周期及后期的 $T_3＝80$ 周期；对应不同起始点初值（C_0）分别为 Capacity$(T_1)＝1.676$ Ah，Capacity$(T_2)＝1.586$ Ah，Capacity$(T_3)＝1.448$ Ah；系统过程噪声 v_k 的协方差为 $R＝0.000\ 1$，观测噪声 μ_k 的协方差为 $Q＝0.000\ 1$。执行预测算法时，按起始点的不同依次执行。在每次递推时，判断容量是否达到阈值 $U＝1.38$ Ah，若达到，则结束递推迭代过程。同时，根据迭代次数 k 计算 RUL 的预测结果及其 PDF 分布，按照上述方法得出 B18 电池的剩余使用寿命预测结果如图 7.25 所示。

另两组 B5 电池和 B6 电池的锂离子电池剩余使用寿命预测结果如图 7.26 所示。

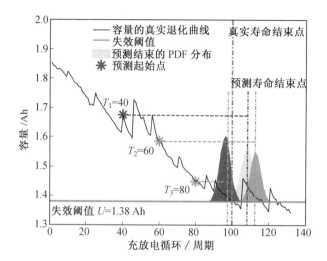

图 7.25　基于 AR－PF 融合的锂离子电池剩余使用寿命预测结果（B18 电池）

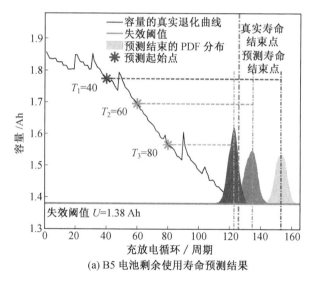

(a) B5 电池剩余使用寿命预测结果

图 7.26　基于 AR－PF 融合的锂离子电池剩余使用寿命预测结果（B5 电池和 B6 电池）

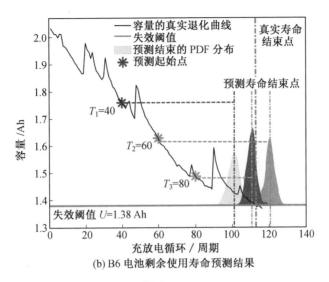

(b) B6 电池剩余使用寿命预测结果

续图 7.26

在实验中,设定 NASA 电池数据集中失效阈值为 $U = 1.38$ Ah,此时 B18 电池的实际寿命结束周期是 100 周期。表 7.10 给出了 3 种电池在不同预测起始点的剩余使用寿命预测结果误差(选取寿命早期、中期和后期的典型值作为起始点)。

表 7.10   3 种电池在不同预测起始点的剩余使用寿命预测结果误差

电池型号	预测起始点 / 周期	寿命结束点 / 周期	预测结束点 / 周期	剩余使用寿命预测误差 / 周期
	$T_1 = 40$		151	25
B5	$T_2 = 60$	126	134	12
	$T_3 = 80$		123	3
	$T_1 = 40$		100	11
B6	$T_2 = 60$	111	121	10
	$T_3 = 80$		109	2
	$T_1 = 40$		108	8
B18	$T_2 = 60$	100	111	11
	$T_3 = 80$		98	2

从表 7.10 中可以看到,当预测起始点 T 为 40 周期、60 周期、80 周期时,B18 锂离子电池的预测寿命结束点分别为 108 周期、111 周期、98 周期,逐步接近锂离

子电池的真实寿命结束点 100 周期。随着预测起始点的后推,预测结果越来越靠近电池失效阈值。在实际应用中,这种现象也是合理的。当预测起始点越靠近阈值点时,电池的退化现象也越明显。这意味着前面用于建模的容量数据所携带的退化信息越丰富,能够输入给整个预测方法的表征电池失效参数的特征量越大。

(2)CALCE 电池数据的 RUL 预测实验。

同 NASA 电池数据的 RUL 预测实验一样,采用基于 AR-PF 融合的锂离子电池剩余使用寿命预测方法,针对 CALCE 的 3 种电池数据(Capacity-CS2-8、Capacity-CS2-21 和 Capacity-CS2-33)进行实验。本组电池寿命结束的容量阈值为 $U=0.88$ Ah。其他参数的设置如下:粒子数目 $N=500$;起始点为 $T_1=40$ 周期、$T_2=60$ 周期及 $T_3=80$ 周期,对应的状态初值分别为 Capacity(T_1)=1.068 Ah、Capacity(T_2)=1.037 Ah 和 Capacity(T_3)=1.004 Ah;系统过程噪声 v_k 和观测噪声 μ_k 的协方差分别为 $R=0.000\ 4$,$Q=0.000\ 4$。针对 Capacity-CS2-33 电池,基于 AR-PF 融合的锂离子电池剩余使用寿命预测结果如图 7.27 所示。

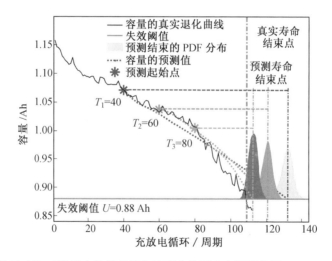

图 7.27　基于 AR-PF 融合的锂离子电池剩余使用寿命预测结果(Capacity-CS2-33)

从图中可知,Capacity-CS2-33 电池真实寿命结束点为 108 周期,当预测起始点 T 为 40 周期、60 周期、80 周期时,预测的电池剩余使用寿命结束点依次为 130 周期、120 周期、113 周期,根据式(7.4)计算得到锂离子电池剩余使用寿命的绝对预测误差分别为 22 周期、12 周期、5 周期。可见,随着预测起始点的向后推移,预测误差逐渐减小。同时该预测方法能够给出锂离子电池剩余使用寿命预测结果的 PDF 分布,即如图 7.41 中的灰色填充部分。这意味着,在该 PDF 分布范围内,电池均有可能达到真实寿命结束点。

　　另两组电池 Capacity－CS2－8 和 Capacity－CS2－21 的预测结果如图7.28、图 7.29 所示。锂离子电池剩余使用寿命预测的 PDF 分布为如图7.27 和图 7.28 中灰色填充部分。PDF 分布的中心点表征预测的准确度,而分布在时间轴上的宽度表征预测的精度。

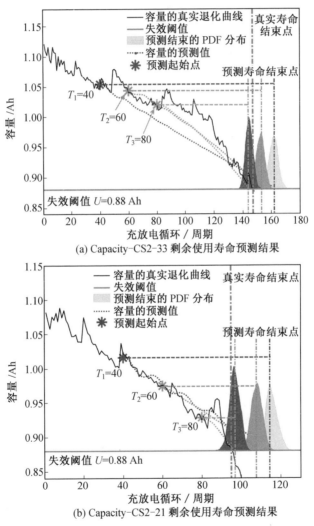

图 7.28　基于 AR－PF 融合的锂离子电池
剩余使用寿命预测结果(Capacity－CS2－8 和 Capacity－CS2－21)

从图 7.28、图 7.29 中可以看到，随着预测起始点的向后推移，预测结果 PDF 的中心点距离真实寿命结束点（如 Capacity－CS2－33 电池的 108 周期）更近。同时，PDF 分布区间在时间轴上的分布变窄，峰值变高，这表明预测结果的不确定性变小，即预测结果的不确定性精度随着预测起始点的后移逐渐提高。

从本节实验可以看到，基于 AR－PF 融合的锂离子电池剩余使用寿命预测方法既适应了个体的差异，对不同的电池样本均给出了较准确的剩余使用寿命预测结果，又实现了对预测结果的不确定性表达。相比于基于经验模型的锂离子电池剩余使用寿命预测方法和基于数据驱动的锂离子电池剩余使用寿命预测方法而言，基于模型融合的方法能够综合两类异构模型各自的优势，充分利用了电池单体性能退化数据中所包含的电池单体共性退化特征及各个被测单体自身的性能退化特性，提升了锂离子电池剩余使用寿命预测的精度。

7.4　本章小结

准确评估锂离子电池的剩余使用寿命能够有效支撑其运行状态的调控，并可为其高效运维提供保障。然而，在锂离子电池的退化过程中，其内部不可逆的电化学反应过程存在较强的不可控性和不可预知性，导致锂离子电池自身的性能退化存在显著的非线性特征。尤其在退化曲线中会存在显著的拐点，呈现出加速退化的趋势。因此，对于非线性退化过程的预测，仍是锂离子电池剩余使用寿命预测中亟待解决的问题。本章主要介绍了锂离子电池剩余使用寿命预测方法的基本原理，并对当前应用最为广泛的基于经验模型的锂离子电池剩余使用寿命预测方法、基于数据驱动的锂离子电池剩余使用寿命预测方法和基于模型融合的锂离子电池剩余使用寿命预测方法进行了详细介绍，同时给出了相关方法的计算流程和计算案例。

上述各种方法中，基于模型融合的锂离子电池剩余使用寿命预测方法通过构建锂离子电池容量退化的状态空间，实现了基于经验模型的方法与基于数据驱动方法的融合，从而同时具备上述两类方法的优势。目前，随着深度学习相关理论的快速发展，利用深度学习模型自身对非线性过程较强的逼近和拟合能力，能够准确预测锂离子电池的容量衰减，进而计算锂离子电池的剩余使用寿命。因此，利用深度学习模型进行锂离子电池剩余使用寿命预测将成为目前相关领域的研究热点。

第 8 章

锂离子电池状态估计与先进计算模式

在 实际应用中,锂离子电池状态监测与状态估计大多通过锂离子电池管理系统的嵌入式处理器平台实现。上述平台涉及的状态估计和预测算法的模型虽然能达到相对较高的精度和稳定性,但是算法自身的计算复杂度相对较高,典型的嵌入式计算架构难以支撑复杂模型在线实时计算的现实需求。相应地,锂离子电池状态估计与先进计算模式的融合,成为锂离子电池状态监测与状态估计的有效手段。因此,本章首先对当前常见的嵌入式处理器平台进行综合的对比和分析,明确基于 FPGA 的嵌入式控制器平台应用的优缺点;在此基础上,以状态估计和状态预测为两个典型应用实例,给出锂离子电池状态估计与先进计算模式融合的设计实例。

8.1　嵌入式处理器平台

锂离子电池状态监测与状态估计是电池管理系统的重要组成部分,而各类状态估计方法计算复杂度的不断提升,对电池管理系统自身的计算能力提出了更高要求。与此同时,电池管理系统需要兼具多类外部设备的控制功能(如热管理、充电管理、均衡控制等),因此嵌入式处理平台需具备丰富的通信接口(如 I/O 接口等),以实现对锂离子电池的控制功能。目前典型的嵌入式处理平台包括嵌入式通用处理器、专用集成电路(Application Specific Integrated Circuit,ASIC)和可重构计算(Reconfigurable Computing,RC)的现场可编程逻辑器件(Field Programmable Gate Arrays,FPGA)。

(1)嵌入式通用处理器。

嵌入式通用处理器主要包括微控制器(Microcontroller Unit,MCU)、数字信号处理器(Digital Singnal Processor,DSP)及微处理器(Microprocessor Unit,MPU)。嵌入式通用处理器凭借优越的性能被广泛应用于家电、通信、网络、工业控制、医疗、汽车电子和消费电子等行业。其中,微控制器主要用于实现复杂外部设备的控制功能;数字信号处理器主要用于处理信号和图像;微处理器则凭借优越的性能及低廉的价格被广泛应用于便携式电子设备。在现有的电池管理系统中,很多生产厂商广泛采用嵌入式通用处理器进行管理与控制。嵌入式通用处理器的特点是编程简单,程序升级方便,但它是以指令流驱动串行计算,导致其单位功耗计算能力较低。计算需求的增加对处理器的计算能力提出了更高的要求,然而单片嵌入式通用处理器的计算能力相对较弱,多个处理器并行结构的解决方案虽然可以提高计算能力,但会增加系统的功耗,这对实际系统并不适用。

(2)专用集成电路。

专用集成电路以高度定制和硬件计算的方式实现具体的应用,具有极高的计算效率和优越的性能。专用集成电路常作为嵌入式通用处理器的硬件加速器,以提高嵌入式通用处理器的计算能力。然而,专用集成电路的结构是为某个具体应用而定制设计的,后期不可改变,不具备在线升级能力。因此,专用集成电路不具备实际应用锂离子电池状态估计与预测算法的动态升级和更新的能力。同时,专用集成电路的设计成本高,开发周期长,也难以满足实际应用中的要求。

(3)可重构计算的现场可编程逻辑器件。

可重构计算是随 FPGA 的发展而兴起的一种计算模式,在计算结构可变甚至运行时可变的硬件平台上进行定制化计算和并行计算。基于 FPGA 的可重构计算既具有 ASIC 高性能计算的特点,又具有嵌入式通用处理器计算灵活的特性。同时,相对于嵌入式通用处理器,FPGA 具有较丰富的计算资源,以及体积小、功耗低和可靠性高等技术特点,可实现复杂模型的在线计算。美国航空航天局、英国 Surrey 空间中心、澳大利亚卫星系统合作研究中心及斯图加特大学空间系统研究所等研究机构开展了基于 FPGA 的可重构星载计算机研究工作。在现有的相关研究中,大多采用嵌入式通用处理器加 FPGA 的体系架构。其中,嵌入式通用处理器可实现对外部设备的实时控制和调度,并可同时管理 FPGA 的计算流程。而通过并行化和流水化设计,其对复杂模型可实现高性能可重构计算。

综合考虑体积、质量、功耗、计算能力及升级能力等因素,并借鉴其他领域基于 FPGA 解决高性能计算的研究思路,可以得出结论:基于 FPGA 的可重构计算是一种可有效平衡锂离子电池复杂状态估计模型和电池管理系统有限计算资源的解决方案。尤其随当前异构嵌入式偏上系统(System on Chip)的不断发展,将 FPGA 定制可重构计算的高性能计算能力与 ARM 等微控制器丰富的外部设备控制接口相融合,已成为电池管理系统发展的新方向。

8.2 锂离子电池状态估计的嵌入式计算

前文中提出了基于无迹粒子滤波的锂离子电池健康状态估计模型,其能有效地解决锂离子电池性能退化非线性的问题。但是无迹粒子滤波算法自身的计算流程相对复杂,尤其在嵌入式计算的环境下,模型中大量的粒子状态和权重估算会导致模型计算复杂度的提高。因此,需要对该模型进行计算流程的并行和流水设计,使其能够适应模型的嵌入式计算场景需求。由于模型中的各个粒子都需要进行类似的计算流程,因此,本节以无迹粒子滤波算法为例,给出其计算结构设计的基本流程。

8.2.1　计算流程分析

无迹粒子滤波算法在粒子滤波算法的基础上融合了无迹卡尔曼滤波,优化了粒子建议分布,进一步提升了滤波性能。尤其在对估计结果的不确定度表达能力方面,其具有更窄的置信区间分布,使估计结果具有更高的精确度和可靠性。同时,相较于粒子滤波算法,无迹粒子滤波算法所需的粒子数更少,从而进一步地减少了计算量,有利于其在嵌入式处理器平台中的部署和应用。

无迹粒子滤波算法的基本计算流程如图 8.1 所示,由无迹卡尔曼滤波结合最新的量测信息给出了更接近于真实粒子后验分布的建议分布,同时结合了粒子滤波中的粒子重采样技术进行状态估计。需要说明的是,此处仅针对无迹粒子滤波算法本身的计算流程进行分析,不再赘述模型参数的更新过程。

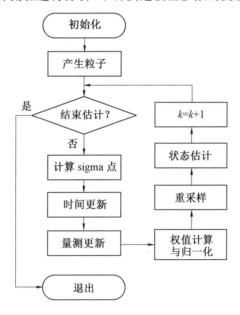

图 8.1　无迹粒子滤波算法的基本计算流程

利用 FPGA 能够进行并行、流水计算的特点,对无迹粒子滤波算法的计算流程进行优化设计,从而提升其在线计算效率。根据上述无迹粒子滤波算法的计算流程,可知其滤波循环主要集中于粒子建议分布(计算 sigma 点和时间更新)、量测更新、权值计算、权值归一化、重采样和状态估计 6 个单元。FPGA 是一种基于数据流的并行计算平台,而无迹粒子滤波各单元中的各粒子间相互独立,不存在数据依赖关系。因此,应先进行算法中各单元间的并行计算结构优化设计,以此得到单元内并行计算及单元间顺序执行的计算结构,具体的计算流程如下。

(1)粒子建议分布。

$$\begin{cases} \text{for } i \leftarrow 1 \cdots N \\ \\ x_k^i = \text{ukf}(x_{k-1}^i, z_k, Q_{k-1}^i) \stackrel{\text{parallel}}{\Rightarrow} \begin{cases} x_k^1 = \text{ukf}(x_{k-1}^1, z_k, Q_{k-1}^1) \\ x_k^2 = \text{ukf}(x_{k-1}^2, z_k, Q_{k-1}^2) \\ \quad\vdots \\ x_k^N = \text{ukf}(x_{k-1}^N, z_k, Q_{k-1}^N) \end{cases} \\ \\ \text{end} \end{cases} \tag{8.1}$$

式(8.1)中,由于每个粒子间不存在数据依赖关系,因此可将各粒子的粒子建议分布计算过程同时进行,以实现并行计算。

(2)量测更新。

$$\begin{cases} \text{for } i \leftarrow 1 \cdots N \\ \\ z_k^{*i} = h(x_k^i, R_k^i) \stackrel{\text{parallel}}{\Rightarrow} \begin{cases} z_k^{*1} = h(x_k^1, R_k^1) \\ z_k^{*2} = h(x_k^2, R_k^2) \\ \quad\vdots \\ z_k^{*N} = h(x_k^N, R_k^N) \end{cases} \\ \\ \text{end} \end{cases} \tag{8.2}$$

式(8.2)中,同样基于每个粒子间不存在数据依赖关系,可将各粒子的量测更新计算过程同时进行,以实现并行计算。

(3)权值计算。

$$\begin{cases} \text{for } i \leftarrow 1 \cdots N \\ \\ w_k^i = g(z_k - z_k^{*i}, R) \stackrel{\text{parallel}}{\Rightarrow} \begin{cases} w_k^1 = g(z_k - z_k^{*1}, R) \\ w_k^2 = g(z_k - z_k^{*2}, R) \\ \quad\vdots \\ w_k^N = g(z_k - z_k^{*N}, R) \end{cases} \\ \\ \text{end} \end{cases} \tag{8.3}$$

式(8.3)中,与式(8.2)、(8.3)类似,可将各粒子的权值计算过程同时进行。

（4）权值归一化。

$$\begin{cases} \text{for } i \leftarrow 1 \cdots N \\ w_k^{*\,i} = w_k^i / \sum\limits_{j=1}^{N} w_k^j \overset{\text{parallel}}{\Rightarrow} \begin{cases} w_k^{*\,1} = w_k^1 / \sum\limits_{j=1}^{N} w_k^j \\ w_k^{*\,2} = w_k^2 / \sum\limits_{j=1}^{N} w_k^j \\ \vdots \\ w_k^{*\,N} = w_k^N / \sum\limits_{j=1}^{N} w_k^j \end{cases} \\ \text{end} \end{cases} \tag{8.4}$$

式（8.4）中，可将各粒子的权值归一化计算过程同时进行。

（5）重采样。

$$\begin{cases} \text{for } i \leftarrow 1 \cdots N \\ x_k^i = x_k^j, \sum\limits_{j=1}^{N} w_k^{*\,j} \geqslant r_k^i \overset{\text{parallel}}{\Rightarrow} \begin{cases} x_k^1 = x_k^j, \sum\limits_{j=1}^{N} w_k^{*\,j} \geqslant r_k^1 \\ x_k^2 = x_k^j, \sum\limits_{j=1}^{N} w_k^{*\,j} \geqslant r_k^2 \\ \vdots \\ x_k^N = x_k^j, \sum\limits_{j=1}^{N} w_k^{*\,j} \geqslant r_k^N \end{cases} \\ \text{end} \end{cases} \tag{8.5}$$

式（8.5）中，可将各粒子重采样计算过程同时进行。

（6）状态估计。

$$\begin{cases} \text{for } i \leftarrow 1 \cdots N \\ x_k = \sum\limits_{j=1}^{N} x_k^i \cdot w_k^{*\,i} \overset{\text{parallel}}{\Rightarrow} \begin{cases} x_k^1 \cdot w_k^{*\,1} \\ x_k^2 \cdot w_k^{*\,2} \\ \vdots \\ x_k^N \cdot w_k^{*\,N} \end{cases} \oplus \overset{\text{parallel}}{\Rightarrow} \cdots \\ \text{end} \end{cases} \tag{8.6}$$

式（8.6）中，状态估计的计算过程属于乘累加的计算操作。因此，可以采用乘法的并行计算和加法的分块并行计算，依此类推。

8.2.2 计算过程的并行流水设计

相较于无迹粒子滤波算法的基本计算流程，上述的并行优化设计已经具有了较强的并行特征。但是，各计算单元间仍然存在着一定的"先后"顺序关系，这将在一定程度上限制算法的并行性。仔细分析无迹粒子滤波算法各计算单元间的数据依赖关系，可以得出：各单元间并不需要完全按照顺序执行，有的单元间并不存在数据依赖关系，可以在一个计算单元执行的同时，启动另外一个计算单元，从而实现计算单元间的流水计算。基于上述分析，无迹粒子滤波算法可以进一步优化为各单元内的并行计算与单元间的流水计算。无迹粒子滤波算法并行流水计算流程结构如图 8.2 所示。

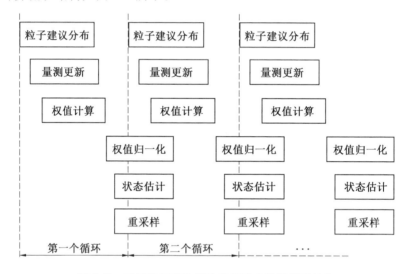

图 8.2　无迹粒子滤波算法并行流水计算流程结构

需要说明的是，在优化无迹粒子滤波算法计算流程以实现并行最大化和提高计算速度的同时，需要考虑大量计算资源的支撑以及由此带来的更大能量消耗（功耗）。当然，这些都取决于开发者的设计目标，即运行时间最短，或资源利用最少，或功耗最低，或三者的均衡。

本书设计中选用的是 ZYNQ − 7000 系列异构处理器验证平台。其中，ARM部分具有良好的外设控制和流程控制能力，能够有效支撑实际电池管理系统，可实现对电池单体/电池组电压、电流和温度等状态参数的采集以及电池充放电过程的控制。而 FPGA 部分则主要通过对状态估计模型的并行、流水设计，实现对复杂状态估计模型的在线解算。

基于 ZYNQ－7000 系列异构处理器验证平台的软硬件协同计算设计框架如图 8.3 所示。在 FPGA 中,定义算法专用硬件 IP 核,由 ARM 负责算法 IP 核的调度控制,以实现测试数据的导入和测试结果的导出。由芯片内部的 AXI－DMA(一种用于在 AXI 总线上进行直接内存访问的模块或控制器)实现 FPGA 中算法 IP 核与 ARM 内存或二级缓存(L2－Cache)间的数据映射,即 FPGA 与 ARM 间的数据交互。FPGA 与 ARM 之间采用的数据和控制接口主要包括 AXI－ACP、AXI－Stream 和 AXI－Lite。同时,还可以利用硬件定时器 AXI－Timer 评估算法 IP 核的运行时间。

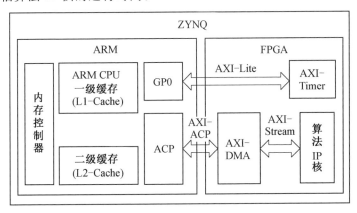

图 8.3　基于 ZYNQ－7000 系列异构处理器验证平台的软硬件协同计算设计框架

(1)AXI－DMA 和 AXI－Stream。

AXI－DMA 用于实现算法 IP 核与 ARM DDR(支持 AR 从处理器的内存条)或二级缓存 L2－Cache 间的数据映射。AXI－Stream 接口连接定制的算法 IP 核和 AXI－DMA,其与 AXI－DMA 结合可以实现 FPGA 与 ARM 间高速的数据传输。具体而言,只需控制器给出源地址、目标地址和数据长度,即可实现数据交互,而不需要占用 ARM 的任务调度空间,从而提高了计算效率。AXI－DMA 可以 Scatter/Gather 和 Simple 两种模式进行工作。Simple 模式占用较少的 FPGA 逻辑资源,是本设计中采用的模式,图 8.4 和图 8.5 分别给出了该模式对应的读/写数据流向搬移过程。

MM2S 为 ARM DDR 或二级缓存 L2－Cache 到 FPGA 中算法 IP 核间的数据映射方式,在设计中用于测试数据的导入。而 S2MM 为 FPGA 中算法 IP 核到 ARM DDR 或二级缓存 L2－Cache 间的数据映射,在设计中用于测试结果的导出。

(2)AXI－ACP。

本实验采用的 AXI－ACP 接口可以提供 FPGA 与 ARM 间的异步高速缓存

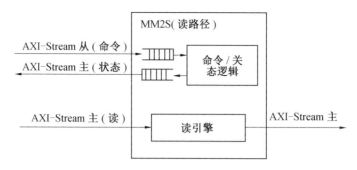

图 8.4　MM2S 读路径

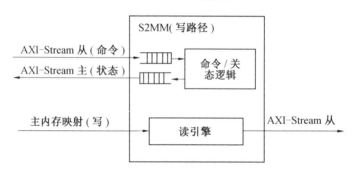

图 8.5　S2MM 写路径

连接，以实现算法 IP 核与 ARM DDR 或二级缓存 L2－Cache 间的数据交互。AXI－ACP 接口具有数据传输的一致性维护检测功能，可保证数据传输的安全性和可靠性。同时，AXI－ACP 接口优先将数据映射到二级缓存 L2－Cache 中，再搬移到 ARM DDR 中。这种方式具有较低的传输延迟，实现了高速的数据传输，提升了计算性能。

图 8.6 所示为基于 AXI－ACP 接口的 FPGA 和 ARM 间的数据传输交互，对于任何的读／写请求，先由窥探控制单元检测是否需要访问一级缓存 L1－Cache。如果错过一级缓存 L1－Cache，则访问二级缓存 L2－Cache，并最终访问 ARM DDR 存储单元。

（3）AXI－Timer。

AXI－Timer 是利用 FPGA 逻辑资源综合而成的硬件定时／计数器。本设计中，利用 AXI－Timer 估计 FPGA 中算法 IP 核的运行时间，其计数时钟频率用于反映 FPGA 的运行时钟频率，通信接口 AXI－Lite 则用于访问状态／控制寄存器的配置。

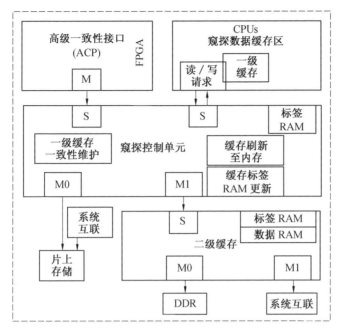

图 8.6　基于 AXI－ACP 接口的 FPGA 和 ARM 间的数据传输交互

8.2.3　系统性能的测试与分析

在 ZYNQ－7000 系列异构处理器验证平台上,部署基于无迹粒子滤波的锂离子电池 SOH 在线状态估计实验,并对 FPGA 的逻辑资源利用情况进行分析。同时,与当前电池管理系统中常用的 ARM 平台做计算性能对比分析。用于两种嵌入式平台计算性能评估对比的指标包括运行时间／采样率、运行功率和状态估计结果。此外,在状态估计精度对比方面,考虑到计算机的运行结果,可将各计算平台中运行的 SOC/SOH 估计算法参数设置一致。

本实验采用的 FPGA 和 ARM 平台分别为 ZYNQ－7000 系列异构处理器验证平台的可编程逻辑(Programma Logic,PL)和应用处理器(Processing System,PS)部分。其中,PL 部分在功能上等效于 Artix－7 系列的 FPGA,PS 部分选用的是 ARM Cortex－A9 处理器。本实验所用的数据样本为 NASA 编号为 B18 的锂离子电池(简称为 B18 电池)全寿命周期退化数据,该测试数据样本序列长度为 80,实验中假定的电池失效阈值 SOH＝0.8,对应健康状态估计执行 80 次。下面将对 FPGA 的逻辑资源利用情况进行详细的对比分析。

(1)FPGA 逻辑资源利用。

在运行中,基于 FPGA 的电池 SOH 在线估计逻辑资源利用情况见表 8.1。从表中可以看出,将基于无迹粒子滤波的 SOH 估计算法布置在 ZYNQ−7000 系列异构处理器验证平台中(具体型号为 ZYNQ 7020)并进行运行时,LUT 资源的利用率最高,可达到 90%。这是因为 SOH 估计模型的输入为四个维度,需要更大的模型参数空间来进行参数的匹配和拟合。

表 8.1　基于 FPGA 的电池 SOH 在线估计逻辑资源利用情况

资源	使用量	总量	利用率 /%
FF	39 112	106 400	36
LUT	48 320	53 200	90
BRAM	115	280	41
DSP48E	116	220	52

(2) 运行时间。

表 8.2 为 FRGA 和 ARM 平台下锂离子电池 SOH 在线估计运行时间对比,可以得出,在 SOH 在线估计时间消耗方面,ARM 平台需要的运行时间更短。

表 8.2　FRGA 和 ARM 平台下锂离子电池 SOH 在线估计运行时间对比

平台	总运行时间 /ms	单位运行时间 /ms
FPGA	111.5	1.39
ARM	24.6	0.31

(3) 运行功率。

FPGA 和 ARM 平台下锂离子电池 SOH 在线估计运行功率对比见表 8.3,FPGA 运行功率组成见表 8.4。可以得出,基于 FPGA 的锂离子电池 SOH 在线估计具有更低的运行功率,是一种低功耗的在线估计方式。

表 8.3　FPGA 和 ARM 平台下锂离子电池 SOH 在线估计运行功率对比

平台	总功率 /mW	单位功率 /mW
FPGA	1 120	14.00
ARM	1 529	19.11

表 8.4　FPGA 平台运行功率组成

消耗源	功率 / mW	占比 / %
Clocks	129	11.52
Signals	480	42.85
Logic	325	29.02
BRAM	100	8.93
DSP	86	7.68

(4)SOH 估计结果。

图 8.7 和图 8.8 分别给出了基于各嵌入式平台的 B18 电池 SOH 估计结果及其估计误差对比。

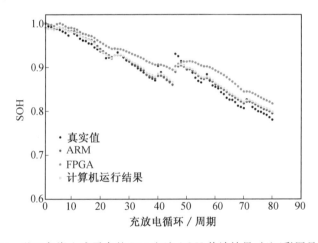

图 8.7　基于各嵌入式平台的 B18 电池 SOH 估计结果对比(彩图见附录)

由图可知,ARM 和 FPGA 较计算机运行结果,损失了一定的计算精度。这是由于计算机平台的数据表达具有更多的有效位数,因此在该平台上运行的结果具有更高的精度。同时,相较于 FPGA,ARM 具有更高的 SOH 在线估计精度。这是由于 ARM 大量使用了双精度浮点类型数据,提升了数据的表达精度,而 FPGA 则使用单精度浮点类型数据,在一定程度上节约了硬件逻辑资源,缩短了运行时间,但损失了计算精度。此外,基于 FPGA 的锂离子电池 SOH 健康状态估计的最大估计误差在 5% 以内,在线计算条件下,其并未损失过多的估计精度。

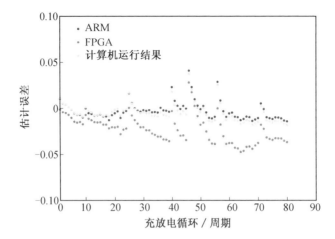

图 8.8　基于各嵌入式平台的 B18 电池 SOH 估计误差对比（彩图见附录）

8.3　锂离子电池剩余使用寿命预测的嵌入式计算

剩余使用寿命预测是锂离子电池在线状态预测的一个关键功能。利用锂离子电池在线运行过程中的历史状态监测数据，外推预测其性能退化情况和剩余使用寿命，能够有效支撑锂离子电池的在线运维和系统的任务规划。但是，如前文所述的锂离子电池剩余使用寿命预测模型、模型参数的辨识、参数矩阵的在线计算等，均需要强大的算力支持。因此，有必要针对锂离子电池的剩余使用寿命预测开展嵌入式计算架构设计，实现剩余使用寿命的在线预测。以下以基于 RVM 的锂离子电池剩余使用寿命预测方法为例，给出其嵌入式计算架构的具体设计形式，并重点介绍算法中的关键单元的设计方法和实现过程。

8.3.1　RVM 算法计算流程分析

基于 RVM 的锂离子电池剩余使用寿命预测分为模型训练和模型预测两个部分。模型训练部分主要是利用锂离子电池测试中产生的历史数据，建立具有递推形式的退化模型；模型预测部分则通过外推锂离子电池的容量衰减，计算预测容量达到其预设失效阈值的循环时间，从而实现锂离子电池的剩余使用寿命预测。

RVM 共有三种训练算法，即基本训练算法、自下而上的基函数选择法及期望最大化（Expectation Maximization，EM）迭代算法。其中，基本训练算法和自下而上的基函数选择法的计算过程中可能会存在矩阵奇异问题,从而导致矩阵无法求逆,使模型无法完全训练。另外,自下而上的基函数选择法的计算过程涉及矩阵逆计算、指数计算、对数计算、最大值计算以及矩阵的行与列的删除和插入过程,其计算过程十分复杂,也不便于硬件实现。而 EM 迭代算法克服了矩阵奇异问题,同时相比于自下而上的基函数选择法,不存在对数计算、最大值计算、矩阵的行与列删除和插入过程,由于其具有相对简单的计算过程,因此更加适合硬件计算体系。因此,在本设计中,采用基于 EM 迭代算法的 RVM 算法建立锂离子电池的性能退化预测模型,其预测流程如图 8.9 所示。

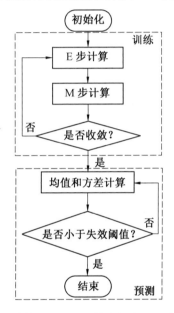

图 8.9   基于 EM 迭代算法的 RVM 算法锂离子电池性能退化预测流程

图 8.9 中,E 步、M 步、均值和方差的计算分别如式(8.7)～式(8.10):

$$
\begin{cases}
\boldsymbol{\omega}^{(k+1)} = (\sigma^{-2})^{(k)} \left[\boldsymbol{\Psi}^{(k)} - \boldsymbol{\Psi}^{(k)} \boldsymbol{\Phi}^{\mathrm{T}} \boldsymbol{\Sigma}^{-1} \boldsymbol{\Phi} \boldsymbol{\Psi}^{(k)} \right] \boldsymbol{\Phi}^{\mathrm{T}} t \\
E(\boldsymbol{\omega}\boldsymbol{\omega}^{\mathrm{T}}) = \left[\boldsymbol{\Psi}^{(k)} - \boldsymbol{\Psi}^{(k)} \boldsymbol{\Phi}^{\mathrm{T}} \boldsymbol{\Sigma}^{-1} \boldsymbol{\Phi} \boldsymbol{\Psi}^{(k)} \right] + \boldsymbol{\omega}\boldsymbol{\omega}^{\mathrm{T}}
\end{cases}
\tag{8.7}
$$

其中,$\boldsymbol{\Sigma} = \boldsymbol{\Phi} \boldsymbol{\Psi}^{(k)} \boldsymbol{\Phi}^{\mathrm{T}} + (\sigma^2) I$,$\boldsymbol{\Psi}^{(k)} = \mathrm{diag}\left[(\omega_1^k)^2, (\omega_2^k)^2, \cdots, (\omega_n^k)^2 \right]$。

$$
(\sigma^2)^{k+1} = \frac{t^{\mathrm{T}} t - 2t^{\mathrm{T}} \boldsymbol{\Phi} \left[\boldsymbol{\omega}^{(k+1)} \right]^{\mathrm{T}} + \mathrm{trace} \left[\boldsymbol{\Phi} E(\boldsymbol{\omega}\boldsymbol{\omega}^{\mathrm{T}}) \boldsymbol{\Phi}^{\mathrm{T}} \right]}{N}
\tag{8.8}
$$

$$
t_* = \boldsymbol{\omega}^{\mathrm{T}} \boldsymbol{\Phi}(x_*)
\tag{8.9}
$$

$$
\sigma_*^2 = \sigma_{\mathrm{MP}}^2 + \boldsymbol{\Phi}(x_*)^{\mathrm{T}} \boldsymbol{\Sigma} \boldsymbol{\Phi}(x_*)
\tag{8.10}
$$

EM 迭代算法的收敛条件:$\dfrac{\| \boldsymbol{\omega}^{(k+1)} - \boldsymbol{\omega}^{(k)} \|}{\| \boldsymbol{\omega}^{(k)} \|} < \delta$ 或达到最大迭代次数。

式(8.7)中,$\boldsymbol{\Phi}$ 为 n 维核函数矩阵计算,$\boldsymbol{\Phi}^{\mathrm{T}}t$ 为矩阵向量乘法的计算,且 $\boldsymbol{\Phi}$ 和 $\boldsymbol{\Phi}^{\mathrm{T}}t$ 由训练样本唯一确定,迭代过程不更新。$\boldsymbol{\Phi}\boldsymbol{\Psi}^{(k)}$ 为一次矩阵乘法的计算,迭代过程中需反复计算,$\boldsymbol{\Psi}^{(k)}\boldsymbol{\Phi}^{\mathrm{T}}$ 为 $\boldsymbol{\Phi}\boldsymbol{\Psi}^{(k)}$ 的转置,不需重复计算。$\boldsymbol{\Sigma}$、$\boldsymbol{\Phi}^{\mathrm{T}}\boldsymbol{\Sigma}^{-1}\boldsymbol{\Phi}$ 为二次矩阵乘法计算,且 $\boldsymbol{\Sigma}$ 需要进行矩阵求逆计算,$\boldsymbol{\omega}\boldsymbol{\omega}^{\mathrm{T}}$ 为 n 维矩阵。

式(8.8)中,$t^{\mathrm{T}}t$ 为 n 维向量内积计算,由训练样本唯一确定,迭代过程不更新。$t^{\mathrm{T}}\boldsymbol{\Phi}$ 为 $\boldsymbol{\Phi}^{\mathrm{T}}t$ 的转置,在 E 步进行计算。$\mathrm{trace}[\boldsymbol{\Phi}E(\boldsymbol{\omega}\boldsymbol{\omega}^{\mathrm{T}})\boldsymbol{\Phi}^{\mathrm{T}}]$ 涉及矩阵乘法计算,$t^{\mathrm{T}}\boldsymbol{\Phi}[\boldsymbol{\omega}^{(k+1)}]^{\mathrm{T}}$ 为 n 维向量内积计算。

式(8.9)中,$\boldsymbol{\Phi}(x_*)$ 为 n 维核函数向量,$\boldsymbol{\omega}^{\mathrm{T}}\boldsymbol{\Phi}(x_*)$ 为向量内积。

式(8.10)中,主要进行矩阵向量乘法计算。

由式(8.7)~式(8.10)的计算过程分析可知,基于 EM 迭代的 RVM 算法具有以下特点。

(1)计算过程涉及矩阵乘法、矩阵求逆及核函数计算等操作,且很多变量随迭代过程需循环计算,计算过程复杂,且计算量大。

(2)训练过程迭代次数取决于训练数据及人为设定的收敛条件,迭代次数影响着计算效率。因此,在 FPGA 有限的计算资源条件下,针对 RVM 的计算特点,需提出一种合理的可重构计算结构和计算流程,以提高计算效率,提升硬件资源利用率。

8.3.2 动态可重构 RVM 预测算法的计算任务划分方法

区别于锂离子电池荷电状态估计和健康状态估计,锂离子电池剩余使用寿命预测任务并不需要针对采样点或循环周期的间隔进行预测,而是在积累一定量的历史数据的基础上,进行模型的预测和更新。因此,对于嵌入式的计算系统,锂离子电池剩余使用寿命预测功能并不需要持续执行,仅在数据满足一定条件时进行预测或模型更新,在其他时刻,系统可以重构为其他功能单元,对锂离子电池进行荷电状态估计或健康状态估计。与此同时,对于基于 RVM 的锂离子电池剩余使用寿命预测算法,在预测过程中,模型的训练与递推作为两类不同的功能,也存在不同的时序。因此,采用动态可重构的方式,重构 RVM 模型的计算功能,能够进一步优化计算资源与计算效率的平衡。

动态可重构是一种时空域上的计算模式,特点是在任务运行的同时,根据任务需求对 FPGA 进行重构。通过分时复用硬件资源,可以在固定的硬件资源上完成任意多的功能,从而提高硬件利用率,降低系统成本和体积。动态可重构的典型特点是将任务划分成多个子任务,并运行时根据任务需求将每个子任务分别加载到 FPGA 上进行执行。这种方式可以以较少的计算资源实现较复杂的模型计算任务。对于动态可重构而言,计算任务的划分是其核心内容。在划分任务时,需要综合考虑执行时间、配置时间、可重构单元数量和并行度等多种因素对整个系统计算效率的影响。其中,执行时间取决于任务内计算资源的计算延迟。而配置时间与动态可重构区硬件资源规模、任务数量及重构次数呈线性关系,在整个计算过程中占有一定的比重。因此,在设计中应尽量减少重构次数,以提高系统的计算效率。同时,任务划分时应尽量保证每个任务所占用的资源数接近,且在单元内部尽量采用并行计算和流水计算,以提高计算效率。

在 RVM 算法计算过程及影响因素分析的基础上,针对 RVM 可重构计算任务划分问题,需要综合考虑任务执行时间、配置时间及计算资源的平衡,采用多目标优化方法实现动态可重构 RVM 预测算法计算任务的科学划分。

动态可重构 RVM 预测算法计算任务划分的数学模型的相关定义如下。

定义1:目标任务模型为 $G=<W,V,D>$,W 表示重构单元执行时间,V 表示配置时间,D 代表重构单元内的硬件资源。

定义2:$P=\{P_1,P_2,\cdots,P_N\}$ 表示任务 G 的一个划分,即将 RVM 计算任务划分为 N 个子任务 P_i,每个任务划分时复用 FPGA 的资源以实现 RVM 的计算。设定 N 表示任务数量,$R(P_i)$ 表示任务 P_i 所占资源数量,$R(P)$ 表示划定的动态可重构区资源数量。

定义3:子任务 P_i 的执行时间 X_i 满足如下关系:

$$X_i = m_i^{add} \cdot rd_{add} + m_i^{sub} \cdot rd_{sub} + m_i^{mul} \cdot rd_{mul} + m_i^{div} \cdot rd_{div} \qquad (8.11)$$

式中,m_i^{add}、m_i^{sub}、m_i^{mul}、m_i^{div} 分别表示子任务 P_i 中加法器、减法器、乘法器及除法器的数量;rd_{add}、rd_{sub}、rd_{mul} 及 rd_{div} 分别表示子任务 P_i 中加法器、减法器、乘法器及除法器的计算延迟。对于确定型号的 FPGA,在 IP 核确定后,参数 rd_{add}、rd_{sub}、rd_{mul} 及 rd_{div} 也是确定的。无论采用何种划分方法,数据传输时间都是必然存在的,并且其与数据量、传输速率为固定关系。因此,在多目标优化时,不将其作为可重构单元的执行时间。

定义4:每个任务的配置时间取决于重构区的资源数量,并非自身需要的资源数量,即 N 个子任务 P_i 的配置时间 Y_i 与重构区资源数量 $R(P)$、子任务 P_i 的重构次数 m_i(在实际系统中,任务 P_i 可能需要多次重构)、资源数量与配置时间的系数 k 之间呈线性关系,即

$$Y_i = k \cdot R(P) \cdot m_i \qquad (8.12)$$

因此,本设计优化的目的在于通过 N、m_i^{add}、m_i^{sub}、m_i^{mul}、m_i^{div}、m_i 及 k 等变量的计算,得到每个任务所需的计算资源、任务执行时间、重构次数及配置时间。为求解上述变量,任务划分必须满足一定的约束条件,以实现计算效率与计算资源

的平衡。

(1) 约束条件。

① 动态可重构区资源数量 $R(P)$ 必须小于 FPGA 的实际资源数量,即 $R(P) \leqslant R_{\text{total}}$。但在本设计中,结合实际应用可能存在的多种算法的融合计算、多任务的并行计算,FPGA 需预留一定数量硬件资源。本书中预留硬件资源设定为 50%,即动态可重构区资源应满足:

$$R(P) \leqslant 0.5 R_{\text{total}} \tag{8.13}$$

② 每个任务的资源数量必须小于动态可重构区资源数量,即

$$R(P_i) \leqslant R(P), \quad i = 1, 2, \cdots, N \tag{8.14}$$

③ 每个任务的资源消耗尽量平衡。在 FPGA 中包括 LUT、BRAM、DSP48E 等多种资源。其中,DSP48E 数量有限,但由于其为影响 FPGA 计算能力的关键因素,所以本书中主要考虑 DSP48E 的平衡,即

$$R(P_i^{\text{E}}) - R(P_j^{\text{E}}) \leqslant \Delta, \quad i \neq j \tag{8.15}$$

式中,P_i^{E} 和 P_j^{E} 表示任务 P_i 和 P_j 中 DSP48E 资源;Δ 为平衡尺度,由具体任务决定。DSP48E 是 FPGA 内实现各种算数运算,如加、减、乘、除等多种运算的处理单元,一旦 FPGA 和加、减、乘、除所使用的 IP 核确定了,加法器、减法器、乘法器及除法器包含 DSP48E 的数量也随之确定了。设置 d_{add}、d_{sub}、d_{mul} 和 d_{div} 等参数,则 $R(P_i^{\text{E}})$ 可表示为

$$R(P_i^{\text{E}}) = m_i^{\text{add}} d_{\text{add}} + m_i^{\text{sub}} d_{\text{sub}} + m_i^{\text{mul}} d_{\text{mul}} + m_i^{\text{div}} d_{\text{div}} \tag{8.16}$$

(2) 优化目标。

整个计算任务执行时间为子任务的执行时间与配置时间之和,即

$$T = \sum_{i=1}^{N} (X_i + Y_i) \tag{8.17}$$

优化目标是在满足上述约束条件下使整个任务的执行时间最小,即

按照上述的多目标优化方法,本书以 Virtex-5 系列 FPGA 为目标平台,设置约束条件 $\Delta = 2$。乘法器、加法器、减法器等 DSP48E 计算延迟取决于计算速度和时钟周期的频率,需根据具体 FPGA 型号进行设置。按照选定的 FPGA,将乘法器、加法器、减法器等 DSP48E 计算延迟设置为 3 时钟周期,除法器计算延迟设置为 20 时钟周期。

8.3.3　动态可重构 RVM 预测算法的计算结构

完成可重构计算任务划分后,下一步的工作就是在此基础上实现动态可重构 RVM 预测算法的计算结构及关键单元的设计。按照计算任务划分方法,将整个 RVM 计算任务划分为两个子任务(本书中称之为重构单元 A 和重构单元 B),这两个子任务可分时复用动态可重构区资源。在整个计算过程中,每个重构单元仅需配置一次。

上述优化目标所对应的具体划分方法:只需一次计算的核函数矩阵 $\boldsymbol{\Phi}$、矩阵向量乘法 $\boldsymbol{\Phi}^{\mathrm{T}}t$ 和矩阵向量内积 $t^{\mathrm{T}}t$ 的计算内容由重构单元 A 执行,而式(8.7)和式(8.8)剩余的计算内容以及 RVM 训练过程中的迭代计算都由重构单元 B 执行。这样在训练时只需一次重构即可,而式(8.9)和式(8.10)的预测过程的计算被包含在重构单元 A 中,预测时将 FPGA 配置为重构单元 A 即可实现预测计算。同时,为了平衡计算资源,可最大化重构单元 A 的并行度。

根据上述分析,本书重新划分重构单元,提出一种动态可重构 RVM 预测算法,如图 8.10 所示。

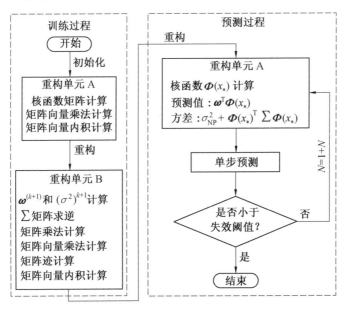

图 8.10　动态可重构 RVM 预测算法

整个动态可重构 RVM 预测算法分为训练过程和预测过程。训练过程由重构单元 A 和重构单元 B 组成,重构单元 A 通过核函数矩阵计算、矩阵向量乘法计算及矩阵向量内积计算实现 $\boldsymbol{\Phi}$、$\boldsymbol{\Phi}^{\mathrm{T}}\boldsymbol{t}$ 和 $\boldsymbol{t}^{\mathrm{T}}\boldsymbol{t}$ 的计算;重构单元 B 通过矩阵乘法、矩阵求逆、向量乘法及向量内积等计算过程实现剩余计算过程。在预测时,需进行 $\boldsymbol{\Phi}(x_*)$、$\boldsymbol{\omega}^{\mathrm{T}}\boldsymbol{\Phi}(x_*)$ 及方差计算,可通过复用重构单元 A 的核函数矩阵计算、矩阵向量乘法、矩阵向量内积计算等资源实现。在剩余使用寿命预测模型的训练过程中,首先配置 FPGA 为重构单元 A 并开始计算,计算完成之后存储计算结果;然后配置 FPGA 为重构单元 B 并开始计算,计算完成之后存储计算结果,从而完成了训练过程的计算。在剩余使用寿命预测时,配置 FPGA 为重构单元 A,进行性能退化的预测计算,当预测结果达到失效阈值时,预测结束,同时获得电池剩余使用寿命预测结果及方差。

本书提出了一种基于 Virtex-5 系列 FPGA 的动态可重构系统框架,将上文提出的动态可重构 RVM 算法在 Virtex-5 系列 FPGA 中进行实现。动态可重构 RVM 剩余使用寿命预测系统如图 8.11 所示,其包含的核心单元及相应的主要功能如下。

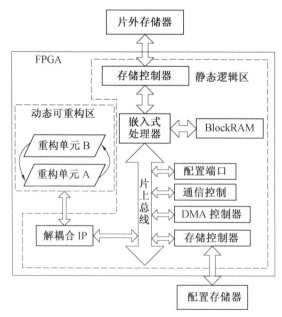

图 8.11　动态可重构 RVM 剩余使用寿命预测系统

(1)FPGA 是系统的核心功能单元,按照模块化设计方法,划分为静态逻辑区和动态可重构区。静态逻辑区包括存储控制器嵌入式处理器、片上总线以及挂接于片上总线上的外部设备功能模块。动态可重构区由重构单元 A 和重构单元 B 组成,二者分时复用动态可重构区的逻辑资源以实现 RVM 的训练和预测。

同时,动态可重构区通过片上总线与嵌入式处理器相互连接。嵌入式处理器可实现对动态可重构计算流程的控制,而更底层的计算流程则由动态可重构区各个单元自主完成。

(2)片外存储器用于存储 RUL 预测的输入数据及中间计算结果,考虑到数据对存储容量及传输速度的需求,可采用大容量、速度快的动态随机存取存储器。

(3)数据交互单元用于提高数据传输的速度,采用 DMA 的方式实现动态可重构区与片外存储器之间的数据交互。

(4)解耦合 IP 用于保持与静态逻辑区有物理连接的动态可重构区的信号在动态重构时处于稳定状态,以避免重构过程对静态逻辑区的功能造成影响。

(5)配置存储器用于存储 FPGA 的配置文件。

重构单元 A 和重构单元 B 分时复用动态可重构区的计算资源用于实现RVM 预测算法的计算任务,其内部结构是保证 RUL 预测任务高效执行的关键。动态可重构区内部结构采用模块化设计,将重构单元 A 和重构单元 B 划分为多个计算模块。考虑到可重构单元资源的平衡及 FPGA 并行计算的特点,设计中实例化了 4 个核函数计算单元,从而实现了算法的并行计算。重构单元 A 的内部结构图和重构单元 B 的内部结构图分别如图 8.12 和图 8.13 所示。

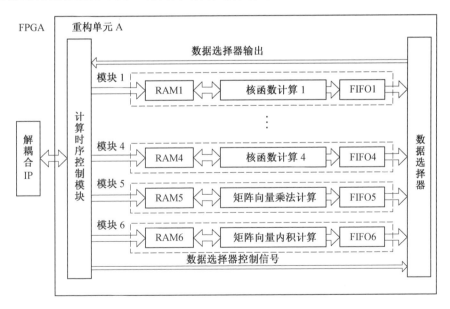

图 8.12　重构单元 A 的内部结构图

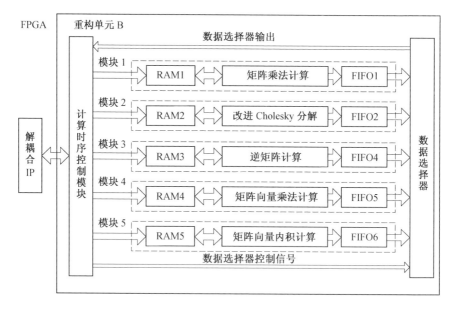

图 8.13　重构单元 B 的内部结构图

由图 8.12 可知,重构单元 A 的计算任务主要包括 6 个计算模块。其中,模块 1 至模块 4 为 4 个并行计算的核函数计算模块,模块 5 为矩阵向量乘法计算模块,模块 6 为矩阵向量内积模块。由图 8.13 可知,重构单元 B 的计算任务主要包括 5 个计算模块。其中,模块 1 为矩阵乘法计算模块,模块 2 为改进 Cholesky 分解模块,模块 3 为逆矩阵计算模块,模块 4 为矩阵向量乘法计算模块,模块 5 为矩阵向量内积计算模块。

两个重构单元与静态逻辑区的接口应该是一致的,不因动态可重构区例化的重构模块变化而改变。动态可重构区与静态逻辑区的接口包括片上总线接口和控制器接口,它们用于实现数据与命令的交互。

计算时序控制模块用于控制重构单元内各个模块按照确定的计算时序完成计算任务。具体而言,FIFO 用于实现计算结果的缓存;RAM 用于实现输入数据和计算中间变量的缓存;计算时序控制模块用于控制 FIFO 和 RAM 数据的输入和输出。

8.3.4　动态可重构 RVM 预测算法的关键模块设计

在完成可重构单元内部结构的模块化设计之后,本节给出动态可重构区内部结构的核函数计算和逆矩阵计算两个关键模块的详细设计。其中,核函数计算包括二范数计算和指数计算。由于二范数的计算方式为乘累加,而累加器不能实现流水计算,因此计算效率低;由于指数函数属于超越函数,因此指数计算无法通过乘法器和加法器直接完成。针对上述问题,本书提出了一种多级流水的分段线性逼近核函数计算方法,从而实现指数函数高效的计算。

同时,针对逆矩阵计算的 LU 分解方法计算量大的问题,以及 Cholesky 分解方法中引入的舍入误差可能会导致计算的不稳定问题,采用乘累减计算来优化 Cholesky 分解的矩阵求逆方法的计算过程和计算资源,以确保硬件计算的稳定性和资源优化。

(1) 多级流水的分段线性逼近核函数计算方法。

在处理如式 $K(x, x_i) = \exp(-\|x - x_i\|_2^2 / \gamma^2)$ 所示的高斯核函数时,γ 为超参数,需在训练之前确定。核函数矩阵 $\boldsymbol{\Phi}$ 为对角线元素为 1 的对称正定矩阵,因此只需计算其下三角元素,如式(8.18)所示。

$$
\boldsymbol{\Phi}_{\text{下}} = \begin{bmatrix} 1 & & & & \\ k(x_2, x_1) & 1 & & & \\ k(x_3, x_1) & k(x_3, x_2) & \ddots & & \\ \vdots & \vdots & & 1 & \\ k(x_n, x_1) & k(x_n, x_2) & \cdots & k(x_n, x_{n-1}) & 1 \end{bmatrix} \tag{8.18}
$$

核函数计算过程由二范数计算和指数计算组成。

① 二范数计算。

假设训练样本的嵌入维数为 l,则 l 维向量 $\boldsymbol{x}_i$ 和 $\boldsymbol{x}_j$ 的二范数计算公式如下:

$$
\|\boldsymbol{x}_i - \boldsymbol{x}_j\|_2^2 = (\boldsymbol{x}_{i1} - \boldsymbol{x}_{j1})^2 + (\boldsymbol{x}_{i2} - \boldsymbol{x}_{j2})^2 + \cdots + (\boldsymbol{x}_{il} - \boldsymbol{x}_{jl})^2 \tag{8.19}
$$

由式(8.20)可知二范数的计算涉及元素的平方和再开方,这是一个乘累加的过程。在传统的计算机体系结构中,累加器通常是顺序执行的,无法在一个时钟周期内完成多个操作,在计算二范数时会导致较低的效率。因此,需要采用一种多级流水的累加计算方法,提高计算效率。

二范数的多级流水计算:以式(8.19)的第 1 列核函数的二范数计算为例进行阐述。第 1 列核函数的二范数计算元素见表 8.5。

表 8.5　第 1 列核函数的二范数计算元素

二范数	第 1 步	第 2 步	⋯	第 l 步
$\|x_2 - x_1\|_2^2$	$(x_{21} - x_{11})^2$	$(x_{22} - x_{12})^2$	⋯	$(x_{2l} - x_{1l})^2$
$\|x_3 - x_1\|_2^2$	$(x_{31} - x_{11})^2$	$(x_{32} - x_{12})^2$	⋯	$(x_{3l} - x_{1l})^2$
⋮	⋮	⋮	⋮	⋮
$\|x_n - x_1\|_2^2$	$(x_{n1} - x_{11})^2$	$(x_{n2} - x_{12})^2$	⋯	$(x_{nl} - x_{1l})^2$

为了描述方便,用 a_i 替代表 8.5 中的元素,二范数元素的 a_i 描述见表8.7。然后在表 8.6 的基础上,对多级流水的二范数计算过程进行详细的介绍。

表 8.6　二范数元素的 a_i 描述

二范数	第 1 步	第 2 步	⋯	第 l 步
$\|x_2 - x_1\|_2^2$	a_1	a_{n+1}	⋯	$a_{(l-1)n+1}$
$\|x_3 - x_1\|_2^2$	a_2	a_{n+2}	⋯	$a_{(l-1)n+2}$
⋮	⋮	⋮	⋮	⋮
$\|x_n - x_1\|_2^2$	a_n	a_{2n}	⋯	a_{ln}

一般的计算流程数据按行的顺序依次输入,具体分成以下两步。

第一步:依次将 $a_1, a_{n+1}, \cdots, a_{(l-1)n+1}$ 输入加法器,进行 $\|x_2 - x_1\|_2^2$ 的累加计算。

第二步:依次将 $a_2, a_{n+2}, \cdots, a_{(l-1)n+2}$ 输入加法器,进行 $\|x_3 - x_1\|^2$ 的累加计算。

依此类推,完成所有二范数的计算过程。加法器的计算延迟会导致流水线阻塞,使数据不能流水地输入加法器,从而影响计算效率。本书提出的多级流水的累加计算方法如图 8.14 所示,引入了 FIFO 作为加法器计算结果的缓存,同时对二范数的计算流程进行了改进。具体而言,将表 8.6 中的数据按照列的顺序连续输入加法器,并在 FIFO 的配合下实现流水的累加计算。该方法可有效提高二范数的计算效率,其多级流水的累加计算流程见表 8.7。

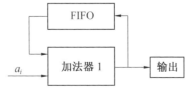

图 8.14　多级流水的累加计算方法

表 8.7　多级流水的累加计算流程

流水周期号	序号	输入数据	FIFO 输出数据
第 1 流水 周期	1	a_1	0
	2	a_2	0
	$\vdots$	$\vdots$	$\vdots$
	n	a_n	0
第 2 流水 周期	1	a_{n+1}	a_1
	2	a_{n+2}	a_2
	$\vdots$	$\vdots$	$\vdots$
	n	a_{2n}	a_n
$\vdots$	$\vdots$	$\vdots$	$\vdots$
第 l 流水 周期	1	$a_{(l-1)n+1}$	$a_1 + a_{n+1} + a_{2n+1} + \cdots + a_{(l-2)n+1}$
	2	$a_{(l-1)n+2}$	$a_2 + a_{n+2} + a_{2n+2} + \cdots + a_{(l-2)n+2}$
	$\vdots$	$\vdots$	$\vdots$
	n	a_{ln}	$a_n + a_{2n} + a_{3n} + \cdots + a_{(l-1)n}$

第 1 流水周期:将数据 $a_1, a_2, \cdots, a_n$ 和 FIFO 的输出数据 0 输入加法器,并将计算结果存入 FIFO。

第 2 流水周期:将数据 $a_{n+1}, a_{n+2}, \cdots, a_{2n}$ 和 FIFO 的输出 $a_1, a_2, \cdots, a_n$ 输入加法器。其中,FIFO 的输出是上一流水周期加法器的计算结果,同时将该计算结果存入 FIFO。

按顺序执行表 8.7 所示的流程,在第 l 流水周期完成了第一列二范数计算。

在整个计算过程中,数据 $a_1, a_2, \cdots, a_{ln}$ 按列的方式流水地输入加法器中,实现了流水地累加计算,从而提高了计算效率。依此类推,可以流水地实现式 (8.20) 中所有二范数的计算。

② 指数计算。

目前,基于 FPGA 的指数计算一般包括查表法、CORDIC 法、STAM 法、高阶多项式逼近法等。但是,这些方法普遍存在硬件资源消耗大的问题。解决此问题的主流方法是分段线性逼近法,它利用线性多项式和查找表相结合的方法实现非线性函数逼近。由于查找表只存储线性多项式的参数,其规模很小,而且线性多项式的运算可以充分利用目前 FPGA 器件中丰富的加法器和乘法器资源,实现了最佳的精度资源比。因此,本书采用分段线性逼近法实现指数计算。

分段线性逼近法基本原理:对于 $x \in [L,U]$ 区间的任意指数函数 $f(x)$,可以将 $[L,U]$ 区间平均地划分为 m 等份,且 $m=(U-L)/(U_i-L_i)$。采用分段线性逼近法,在每个 $x \in [L_i,U_i]$ 内,$f(x)$ 可以近似地表达为 $f(x)=k_i x + b_i$,其中 k_i 和 b_i 可通过计算机计算获得并存储于查找表中,m 的取值则影响着计算精度和存储资源,需根据计算精度和资源消耗合理选择。

综上所述,基于分段线性逼近法的高斯核函数计算方法如图 8.15 所示。

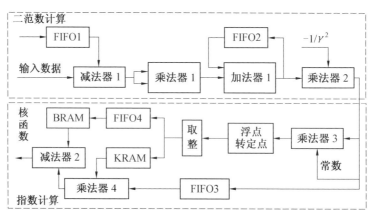

图 8.15　基于分段线性逼近法的高斯核函数计算方法

在图 8.15 中,BRAM 和 KRAM 用于存储分段线性逼近法的系数,其存储深度取决于分段线性逼近法的精度。乘法器 4 和减法器 2 用于实现线性多项式的计算。乘法器 3 和浮点转定点用于产生 BRAM 和 KRAM 的地址。FIFO1 ~ FIFO4 作为数据缓存,FIFO1 的存储深度为 l,FIFO2 和 FIFO3 的存储深度为 n。FIFO4 用于缓存 BRAM 的地址,存储深度大于乘法器4的计算延迟即可。图中涉及的乘法器和加法器均采用 Xilinx 浮点运算 IP 核实现,数据采用浮点单精度形式。

至此,完成了多级流水的分段线逼近核函数的计算方法设计。

(2)基于乘累减的改进 Cholesky 分解矩阵求逆。

高斯核函数的 $\boldsymbol{\Sigma}$ 矩阵为对称正定阵,为了解决矩阵逆计算量大和不稳定的问题,本书首先采用改进 Cholesky 分解实现对称正定阵分解,以解决计算量和稳定性的问题。然后,针对分解阵求逆计算的乘累加及减法计算,采用乘累减优化计算过程和计算资源。

改进 Cholesky 分解的原理如下:

$$\boldsymbol{\Sigma} = \boldsymbol{L}\boldsymbol{D}\boldsymbol{L}^{\mathrm{T}} \tag{8.20}$$

式中,$\boldsymbol{L}$ 为对角线元素为 1 的下三角矩阵;$\boldsymbol{D}$ 为对角矩阵(对角线元素不等于 0);

L^T 为 L 的转置。L 和 D 可按式 (8.21) 求解,即

$$\begin{cases} d_r = \left(h_{rr} - \sum_{k=1}^{r-1} l_{rk}^2 d_k\right) \\ l_{ir} = \left(h_{ir} - \sum_{k=1}^{r-1} l_{ik} d_k l_{rk}\right) / d_r \end{cases} \tag{8.21}$$

其中,$r = 1, 2, \cdots, n; i = r + 1, r + 2, \cdots, n; h$ 为 $\boldsymbol{\Sigma}$ 的元素。

假设,$U = L^{-1}$,则 $\boldsymbol{\Sigma}^{-1} = U^T D^{-1} U$,其中,$U$ 为下三角矩阵,按照式 (8.22) 求解:

$$\begin{cases} u_{ii} = 1/l_{ii} = 1 \\ u_{ij} = -u_{ii} \sum_{k=j}^{i-1} l_{ik} u_{kj} = -\sum_{k=j}^{i-1} l_{ik} u_{kj} \end{cases} \tag{8.22}$$

其中,$i = 1, 2, \cdots, n; j = 1, 2, \cdots, i - 1$。

以下将对分解之后矩阵的逆计算进行详细阐述。对角矩阵 D 的逆为各元素的倒数,只需通过除法器即可实现。矩阵 L 的逆为 U,可按照式 (8.22) 进行计算。其中,对角线元素 $u_{ii} = 1$,U 的下三角元素逆为 u_{ij},可通过乘累加器及减法器来实现。本书采用如图 8.16 所示的矩阵求逆方法。

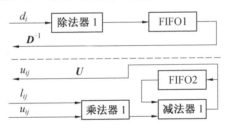

图 8.16　矩阵求逆方法

在图 8.16 中,D^{-1} 的计算通过除法器 1 来实现,计算结果存入 FIFO1。

FIFO2、减法器 1 及乘法器 1 实现了 $-\sum_{k=j}^{i-1} l_{ik} u_{kj}$ 的乘累减计算。FIFO2 用于缓存减法器 1 的计算结果,初始化时 FIFO2 的输出为 0。FIFO1 和 FIFO2 的存储深度均为 n。本书的设计方法采用乘累减器代替乘累加器和减法器,节约了一个加法器,节省了计算资源,同时减少的加法器也降低了计算延迟,从而提高了计算效率。完成矩阵 D^{-1} 和 U 的计算之后,即可实现 $\boldsymbol{\Sigma}^{-1}$ 的计算,主要过程为矩阵乘法计算。

8.3.5　系统性能测试与分析

为了验证动态可重构锂离子电池 RUL 预测系统的性能，利用 Xilinx 公司 ML510 开发板进行实验，对动态可重构 RVM 预测算法的 RUL 预测精度、计算效率及硬件资源占用情况进行实验分析。

ML510 开发板中的 FPGA 型号为 Virtex XC5VFX130T，其硬件资源包括 320 个 DSP48E slices、298 个 BRAM、2 个 PowerPC Processor blocks(PowerC440) 和 81 920 个 LUT；内存为 512 MB，包含 USB、PCI、串口、1 000 M 以太网、高速 I/O 等。

（1）RUL 预测精度分析。

本节通过实际锂离子电池实验数据分析动态可重构 RUL 预测算法在 RUL 预测方面的性能，并与计算机平台下双精度 RUL 计算结果进行对比，以验证方法的有效性。利用 NASA 和马里兰大学 CALCE 研究中心的锂离子电池 RUL 实验数据集，对搭建的动态可重构 RUL 预测模块的 RUL 预测精度进行对比和分析。

对 NASA 的 B5 电池和马里兰大学的 Capacity－CS2－35 电池分别从 80 周期和 234 周期开始进行预测。其中，B5 电池在 FPGA 平台和计算机平台 RUL 预测结果分别如图 8.17 和图 8.18 所示。

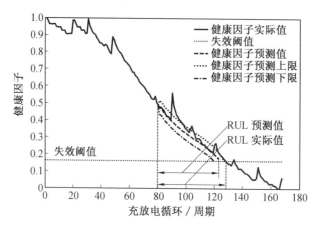

图 8.17　B5 电池在 FPGA 平台上 RUL 预测结果

从图中可知，两个平台的健康因子预测值及其预测上、下限与容量实际的退

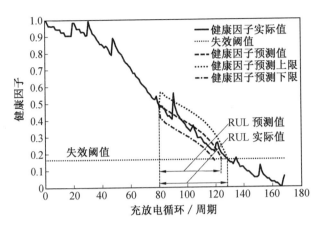

图 8.18　B5 电池在计算机平台上 RUL 预测结果图

化趋势一致,且容量实际值基本在 95% 置信区间内。因此,RUL 预测值十分接近 RUL 实际值,且两个计算平台所实现的 RUL 预测结果也十分接近。从而证明了本书采用基于 FPGA 平台的 RUL 预测结果实现了与计算机平台相近水平的计算精度,进一步证明了本书采用的基于 FPGA 的动态可重构算法的合理性。但是,两个计算平台的 RUL 预测结果也略有不同,这是由于 FPGA 平台采用了单精度浮点数实现 RUL 预测,而计算机平台是在 MATLAB 环境下采用双精度浮点数实现 RUL 预测。

　　限于篇幅原因,Capacity－CS2－35 电池的类似预测结果将不重复给出。下面以定量形式给出 B5 电池和 Capacity－CS2－35 电池的预测结果、绝对误差及 FPGA 平台相对计算机平台预测精度情况(预测精度提升比)η_{AE},详细计算结果对比见表 8.8。

表 8.8　RUL 预测结果对比

电池	计算平台	RUL 实际值 / 周期	RUL 预测值 / 周期	95% 置信区间	绝对误差 / 周期	η_{AE}
B5	FPGA	48	45	[34, 49]	3	-4.2%
	计算机		49	[41, 54]	1	
Capacity－CS2－35	FPGA	263	225	[202, 278]	38	-4.6%
	计算机		237	[207, 267]	26	

　　从表 8.8 中的数据分析可知,两种电池、两个平台的 RUL 预测值都十分接近 RUL 实际值。对于 B5 电池,FPGA 平台的 RUL 预测值与实际值的绝对误差为

3,计算机平台的 RUL 预测值与实际值的绝对误差为 1,绝对误差均很小;在预测精度提升比方面,FPGA 平台较计算机平台下降了 4.2%,在实际应用中可以接受;在置信区间方面,两个平台的 95% 置信区间也基本接近,且 RUL 实际值均位于置信区间内。对于 Capacity－CS2－35 电池,FPGA 平台和计算机平台的绝对误差分别为 38 和 26,相对于 RUL 实际值,该绝对误差值也可以接受;在预测精度提升比方面,FPGA 平台较计算机平台下降了 4.6%,在实际应用中也可以接受;在 95% 置信区间方面,两个平台 RUL95% 置信区间也基本接近,且 RUL 实际值均位于置信区间内。

上述实验表明,基于动态可重构 RVM 的锂离子电池 RUL 预测算法,在 FPGA 单精度计算平台上实现了与计算机平台相近精度水平的预测精度。

(2)计算效率分析。

由于嵌入式平台计算资源有限,且计算任务复杂,因此对计算效率提出较高的要求。因此,为验证所构建的动态可重构 RUL 预测算法在提升计算效率方面的有效性,本节针对其预测过程的计算效率进行分析,并与计算机平台在 MATLAB 环境下的 RUL 计算效率进行对比。实验所用的计算机平台配置为酷睿 2 双核 CPU、2.53 GHz 主频及 2G DDR2 内存。动态可重构计算与 PC 平台效率对比见表 8.9。

表 8.9　动态可重构计算与 PC 平台效率对比

电池	平台	训练时间 /ms	预测时间 /ms	重构次数 /次	重构时间 /ms	总时间 /ms
B5	FPGA	96.70	7.32	2	16.99	138.00
	计算机	614.02	11.81	0	0.00	625.83
	加速比 η_t	6.35	1.61	0	0.00	4.54
Capacity－CS2－35	FPGA	616.76	81.49	2	16.99	732.23
	计算机	7 396.82	218.38	0	0.00	7 615.20
	加速比 η_t	11.99	2.68	0	0.00	10.40

从表 8.9 可知,所构建的动态可重构锂离子电池剩余使用寿命预测平台在训练效率、预测效率以及总体效率上均优于计算机平台。在计算复杂度较低的预测部分,对于预测步长较少的 B5 电池实现了相对于特定计算机平台 1.61 倍的加速比,对于预测步长较大的 Capacity－CS2－35 电池实现了 2.68 倍的加速比;而在计算复杂度最高的训练部分,对于训练样本量较少的 B5 电池实现了 6.35 倍的加速比,对于训练样本量较大的 Capacity－CS2－35 电池实现了 11.99 倍的加速

比。以上结果说明了所建立的平台更加适合于高计算量算法的计算。另外，所搭建的平台为提高硬件利用率而采用动态重构策略，虽然增加了重构时间，但总体效率也较计算机平台实现了 4 倍以上的加速比。这说明，所建立的动态可重构锂离子电池 RUL 预测平台能够有效地处理剩余使用寿命计算的复杂模型。

（3）硬件资源占用情况分析。

本节对硬件计算资源进行分析，以验证所搭建的动态可重构锂离子电池剩余使用寿命预测平台对计算资源限制的适应能力。首先，分析静态逻辑区和动态逻辑区分别占用整个 FPGA 的逻辑资源情况。然后，进一步分析动态可重构算法的资源占用率相对于静态重构算法的资源占用率提升情况。表 8.10 给出了整个系统所需硬件资源及相对于 FPGA 总体资源的占用情况。

表 8.10　FPGA 资源占用情况

项目	PowerPC	LUT	BRAM	DSP48E
静态逻辑区	1	4 826	48	0
动态逻辑区	0	14 144	40	120
总计	1	18 970	88	120
FPGA 资源	2	81 920	298	320
占用率 /%	50.00	23.16	29.53	37.50

从表 8.10 可知，所构建的动态可重构锂离子电池剩余使用寿命预测平台中，DSP48E 和 BRAM 比逻辑资源 LUT 的占用率大，这与基于 FPGA 硬件 IP 核计算的特点相符。同时，FPGA 还有超过 50.00% 的 BRAM 和 DSP48E 资源空闲，这验证了所构建平台在有限计算资源条件下实现复杂计算的能力。而进一步利用剩余资源，可实现后续锂离子电池 RUL 预测的多种算法的融合计算，或者实现 BMS 其他的功能，如数据采集控制、充放电优化控制等。

综合上述分析，对于锂离子电池剩余使用寿命预测的在线计算而言，利用相对复杂的机器学习或深度学习算法，或是基于模型融合的剩余使用寿命预测方法，其计算模型相对复杂，在电动汽车、新能源储能、航空航天等嵌入式资源受限的条件下，难以实现复杂模型的在线解算。本节所提出的动态可重构 RVM 剩余使用寿命预测算法，通过对 RVM 算法自身计算结构、计算任务和关键计算流程的设计优化，在计算资源受限的条件下增强了计算性能，为锂离子电池剩余使用寿命预测的嵌入式计算提供了有效的技术支撑。表 8.11 给出了硬件资源利用率提高情况汇总。

表 8.11　硬件资源利用率提高情况汇总

项目	LUT	BRAM	DSP48E
重构单元 A	9 440	21	90
重构单元 B	14 112	34	92
两重构单元之和	23 552	55	182
动态逻辑区资源	14 144	40	120
资源节省数量	9 408	15	62
资源节省率	39.95%	27.27%	34.07%

从表 8.11 可知,本书所提方法在资源利用率方面相对于静态重构方法获得较大提升。其中,LUT 节省了约 39.95%,BRAM 节省了约 27.27%,DSP48E 节省了约 34.07%。该结果说明本书所提方法具有较高的 FPGA 资源利用率,是一种计算资源与计算效率平衡的解决方案,能够更好地适用计算资源受限的应用场合。

同时,两个重构单元的 DSP48E 的相对误差 $\Delta = 2$,约占重构单元 B 所需 DSP48E 的 2.17%。这说明,本书的两个重构单元在 DSP48E 方面基本达到平衡,进一步验证了本书采用多目标优化的可重构任务划分方法的合理性和有效性。

8.4　本章小结

电池管理系统通过实时监测和采集锂离子电池在充放电过程中的电压、电流和温度等参数,实时评估锂离子电池的荷电状态、健康状态等关键信息,并预测其性能退化趋势,为其运维保障提供基础信息支撑。但是,精度较高的锂离子电池状态评估和预测方法往往具有较高的计算复杂度,在嵌入式应用场景下,需要对应设计其计算架构,并对计算过程进行并行优化,从而提升其在线计算效能。

本章主要介绍了可重构计算技术的基本概念和内涵,并通过状态估计和预测两个实例,给出了可重构计算技术在电池管理系统中的实际应用案例,为电池管理系统的设计和研发提供了参考。

第 9 章

总结与展望

在 实际应用中,锂离子电池单体常通过串、并联组成锂离子电池组,
为系统提供更高的容量和功率。然而,由于锂离子电池组的测试
成本高、测试环境受限,以及问题自身的复杂性,因此相对于锂电池单体,
针对锂离子电池组状态估计和预测方法的研究相对较少。锂离子电池组
的测试和实验、状态感知、状态估计和预测,以及锂离子电池成组优化等
方向,已成为当前相关领域的研究热点。针对锂离子电池组与锂离子电
池单体在退化机理、工作模式等方向的差异性,本章将对锂离子电池组状
态估计和预测问题的发展趋势进行展望,以期为新能源储能、航空航天、
电动汽车等相关领域的电池管理和优化设计提供参考。

9.1　锂离子电池组的退化机理分析

锂离子电池单体通过复杂的串、并联形式构成锂离子电池组,以满足系统对电能存储容量和输出功率的需求。常见的锂离子电池组成组方式如图 9.1 所示。

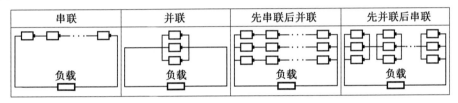

图 9.1　常见的锂离子电池组成组方式

以航天器应用场景为例,其锂离子电池组的拓扑结构主要包括"先串联后并联"("P－S"型)和"先并联后串联"("S－P"型)两类,航天器锂离子电池组拓扑结构的对比见表 9.1。

表 9.1　航天器锂离子电池组拓扑结构的对比

项目	"P－S"型拓扑结构	"S－P"型拓扑结构
优点	仅需实现并联电池包层级的状态监测和均衡	电池单体的失效、短路及断路,均不会引起电池组的电压下降
缺点	电池单体的短路和失效会影响电池组电压,需要旁路模块移除故障	为了保证电池组的充放电性能,需要电池单体层级的状态监测和均衡
应用场景	大容量单体(单体容量不小于 20 Ah)构成的电池组	小容量单体(单体容量不大于 10 Ah)构成的低功率电池组

需要指出的是,由于生产工艺、制造环境、原材料等方面的细微差异,锂离子电池单体间的不一致性难以避免。在微观尺度上,锂离子电池单体间的电极活

性材料分布、电解液浓度等存在不一致性,这导致了锂离子电池内部电流分布不均匀、固态电解质膜(Solid Electrolyte Interface,SEI)厚度、锂枝晶析出位置等也存在差异。这些不一致性在宏观尺度上,表现为电池单体间短时充放电状态不一致、运行工况不一致,以及长时性能退化不一致,如图9.2所示。这三类不一致性随锂离子电池组的充放电过程逐渐演化、相互关联和耦合,最终导致锂离子电池组的可用容量损失和可用功率衰减,影响锂离子电池组的充放电性能和剩余使用寿命。

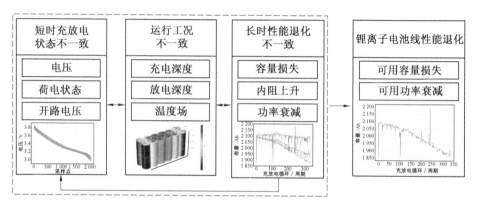

图 9.2　电池组内单体不一致性的耦合关系示意图

　　(1)短时充放电状态不一致。电池单体在电池组内充放电时,来源于生产阶段的容量、内阻、自放电率等不一致参数,会直接引起组内单体短时充放电状态的不一致。这种不一致反映为单体间电压、荷电状态等参数的不一致,进而引起电池单体运行工况的不一致。

　　(2)运行工况不一致。电池单体间的充放电特性差异以及电池组拓扑结构会导致电池单体在电池组内的运行工况不一致。具体而言,串联电池单体间充放电电流相同,但单体间的工作电压区间、SOC 区间等存在差异;并联电池单体间充放电的工作电压区间相同,但单体间的电流分布则不同。此外,受冷却系统原理、结构、单体产热特性等影响,电池组温度场分布也存在差异。

　　(3)长时性能退化不一致。组内单体间运行环境和充放电工况的不一致造成单体间长时性能退化的不一致,主要体现在单体的容量、内阻等参数中。这种不一致会进一步导致单体间短时充放电状态不一致和运行工况不一致,形成"恶性循环",从而影响电池组的充放电性能和剩余使用寿命。

　　总体而言,在持续充放电的过程中,锂离子电池单体的性能逐渐退化。同时,锂离子电池单体间的不一致性受电池组拓扑结构、运行工况等因素的影响,导致单体间的不一致性随充放电过程逐渐演化(一般以不一致性的扩张和劣化居多),这进一步加剧了电池组的性能退化。由于电池单体的不一致性,电池组的剩余使用寿命往往低于电池组任意单体的剩余使用寿命。因此,在实际应用中,更需要关注锂离子电池组的状态感知、评估和预测问题。

9.2　锂离子电池组的分布式状态监测

在现有的应用场景下,锂离子电池的状态参数仅能通过电压、电流和温度进行监测。但是电池单体成组后,电池管理系统的体积、功耗等会使参数采集进一步受限。对于大规模锂离子电池组,准确测量其运行工况和运行状态是保证其运行安全的前提,同时运行工况和运行状态也是表征电池组内不一致性的关键参数。因此,引入新型非侵入式测量方法,利用光纤、超声、红外等新型传感器,实现电池组内单体间温度场、应力场的分布式参数感知,是提升锂离子电池组状态监测能力的有效手段。

(1) 基于分布式光纤的锂离子电池测温法。

光纤测温的基本操作是将光纤缠绕在锂离子电池上,然后利用激光发射器向光纤发射激光,通过产生的后向拉曼散射温度效应进行测温。其基本原理:当光在传输时,会在多个方向上发生反射现象,其中部分反射光的方向与入射光的正好相反,这种后向反射光被定义为拉曼散射光。拉曼反射光又可以分成两类,波长大于入射光波长的称之为斯托克斯光,波长小于入射光波长的称之为反斯托克斯光。其中,反斯托克斯光的光强与光线中反射点的温度具有一定的耦合关系 —— 在反射点处温度越高,光强就越大。这种耦合关系可以通过数学形式进行表达,因此可以利用该关系进行温度的监测。所涉及的数学关系表达式如下:

$$R(T) = \frac{I_1(T)}{I_2(T)} \tag{9.1}$$

式中,T 为绝对温度;$I_1(T)$ 为反斯托克斯光强;$I_2(T)$ 为斯托克斯光强;$R(T)$ 为当前温度下的光强比。将该式与预先设定好的光强比进行对比与变换,即可获得当前时刻的温度。同时,由于光纤在缠绕时会经过多个位置,这些位置可作为测温点,即可对多个点进行温度监测。光纤传感器使用示意图如图 9.3 所示。

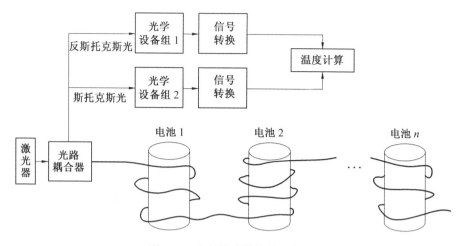

图 9.3　光纤传感器使用示意图

（2）基于光纤光栅传感器的锂离子电池测温法。

光纤光栅传感器是一种新型无源传感器。掺杂光纤的光敏特性是该传感器的核心原理。该传感器通过特定的工艺处理光纤纤芯,使其折射率沿纤芯的方向发生周期性变化或非周期性变化,进而在光纤纤芯内形成了一种空间相位光栅。当光源照射在该光纤光栅上时,光波会发生某种模式耦合,从而反射出布拉格波长的反射谱。

有效折射率与光栅周期是影响反射波波长的主要影响因素,当温度、应变、应力等参数发生变化时,中心波长也会发生相应的变化。利用该特性,对波长进行光学分析,可以获得相应的参数变化情况。波长与温度的数学关系如下:

$$\frac{\Delta\lambda}{\lambda} = (\alpha + \beta) \times \Delta T \tag{9.2}$$

式中,$\Delta\lambda$ 表示波长变量;λ 表示原波长;α 表示光纤的热膨胀系数;β 表示光纤的热光系数;ΔT 表示温度改变量。由该式可明确波长改变量与温度改变量的关系,即可通过波长改变量获取温度改变量,从而实现对锂离子电池的温度监测。

（3）基于超声波的锂离子电池状态监测法。

超声波在无损检测中广泛使用,能够有效监测锂离子电池内部物质的变化信息,已成为锂离子电池状态感知和监测领域的研究热点。对于不同荷电状态和健康状态的锂离子电池单体,超声波在其中的传播时间对锂离子电池单体的状态变化十分敏感,且存在较强的关联性,适用于大规模锂离子电池单体成组的应用场景。在电池表面的不同位置布置用于生成和接收超声波的压电晶片,可以实现对电池运行状态的全面表征和监测。如图 9.4 给出了利用超声波监测锂离子电池单体荷电状态变化的实际装置。

信号发生器　　　　　　被测电池及探头　　　　　　　示波器

图 9.4　利用超声波监测锂离子电池单体荷电状态变化的实际装置

（4）基于表面膨胀力的锂离子电池状态监测法。

对于特定形状的锂离子电池单体（如方形锂离子电池、袋形锂离子电池），在性能退化的过程中，其内部会生成气体，从而导致电池的表面膨胀力发生变化。因此，测量此类锂离子电池表面的应力可实现锂离子电池性能退化的多模态表征。图 9.5 给出了利用压力传感器监测锂离子电池单体表面膨胀力的实际装置。

图 9.5　利用压力传感器监测锂离子电池单体表面膨胀力的实际装置

引入具有非侵入监测能力的新型传感器，进一步丰富了锂离子电池运行状态的感知参数，同时进一步强化了锂离子电池在实际应用场景下的状态感知能力，为提升状态评估和预测精度提供了多维度、多模态的传感数据支撑。

9.3　锂离子电池组的数字孪生体构建

对于复杂装备，其运行环境和任务模式日趋复杂，因此在动态多变的运行环境下，如何实现复杂装备的实时状态评估与预测已成为当前相关领域的研究热点。尤其对于锂离子电池,通过数字孪生技术建立锂离子电池单体和电池组的高保真充放电行为模拟模型,并对其运行状态、运行工况进行高精度监测,可以满足在动态多变运行环境下,对电池组运行状态的实时评估与预测。锂离子电池组的数字孪生体构建已成为当前锂离子电池运维控制、管理优化的前沿支撑性技术。构建锂离子电池组的数字孪生体,需要重点关注以下几项关键技术。

（1）锂离子电池的多尺度、多参数融合建模。

高保真的运行行为仿真模型,是锂离子电池组数字孪生体的关键支撑。构建融合微观运行机理和外在状态表征的锂离子电池组多时间尺度、多参数融合模型,是建立锂离子电池组数字孪生体的基础。当前,以等效电路模型和电化学模型为核心的锂离子电池仿真模型能够模拟短时的充放电行为,但是长时的性能退化及性能退化对锂离子电池单体充放电行为的影响,尚无法通过量化的模型来表达。

对于锂离子电池组而言,其充放电过程还受到单体间不一致性的影响,呈现"时间－空间"融合的问题属性。一方面,锂离子电池组内单体的监测参数受限,这使得锂离子电池单体的模型参数辨识和动态更新面临挑战。另一方面,锂离子电池组内单体间的不一致性耦合关系尚不明确,初始参数、工况分布和性能退化的多维度、多尺度不一致性的耦合仿真,仍是构建锂离子电池组的数字孪生体模型需要解决的关键问题。

（2）锂离子电池的全寿命周期数据管理。

锂离子电池的全寿命周期数据的存储和管理是锂离子电池组数字孪生体的重要支撑。存储系统的全寿命周期数据,可以为数据分析和展示提供更充分的信息,使数字孪生体具备历史状态回放、退化分析、寿命预测、未来任务场景下的效能评估,以及任意历史时刻状态的智能解析功能。海量的历史数据同时还为数据挖掘提供了丰富的样本信息,通过提取数据中的有效特征、分析数据间的关联关系,从而可获取表征锂离子电池组运行状态的高价值信息。

而对于实际运行场景下的锂离子电池组,监测数据的采样率、感知参数覆盖程度等都比实验室研究环境下锂离子电池单体的相关参数更难获取。尤其在未来的梯次利用场景下,锂离子电池组的成组优化需要利用其运行过程中的历史数据来评估当前状态,从而进一步指导梯次利用锂离子电池单体的筛选和配组。

（3）"边云一体化"状态监测与评估。

对锂离子电池组运行状态的精准感知是构建锂离子电池组数字孪生体的关键。与锂离子电池单体相比,锂离子电池组的状态监测参数种类多、数量大,传

统的单点状态监测和评估方法已无法满足在更大空间内的应用需求。因此,需
要针对锂离子电池组自身的应用特点,建立"边云一体化"的状态监测和评估体
系,在边缘端实现电池组内单体运行状态的感知和决策,在云端实现对监测数据
和运行状态的深度挖掘,并给出控制和决策支撑。

9.4　本章小结

　　锂离子电池单体成组后,电池单体间的不一致性会相互耦合,导致电池组的
状态评估和预测问题比电池单体更加复杂。因此,锂离子电池组的状态评估和
预测成为当前新能源储能、电动汽车、梯次利用等领域的研究热点。本章主要对
锂离子电池组的状态评估和预测问题进行了总结和展望,从锂离子电池组的退
化机理分析、分布式状态监测及数字孪生体构建等方面,对现有问题和关键技术
等进行了总结与探讨。

参 考 文 献

[1] 陈琦，刘治钢，张晓峰，等. 航天器电源技术[M]. 北京：北京理工大学出版社，2018：6-7.

[2] 朱振才. 神舟七号飞船伴随卫星及其在轨飞行试验[R]. 上海：上海微小卫星工程中心，2008.

[3] 罗广求，罗萍. 空间锂离子蓄电池应用研究现状与展望[J]. 电源技术，2017，41(10)：1501-1504.

[4] 李小飞，刘奕宏，马亮. 资源一号 02D 卫星供配电分系统设计与在轨验证[J]. 航天器工程，2020，29(6)：98-103.

[5] 张伟，程保义，张泰峰，等. 新一代大型 GEO 卫星电源系统综述[J]. 电源技术，2019，43(11)：1901-1904.

[6] 朱立颖，乔明，王涛. 一种航天器锂离子电池寿命预测方法[J]. 航天器工程，2016，25(2)：46-51.

[7] 乔明，朱立颖，赵冰欣. 中型敏捷遥感卫星公用平台供配电系统设计与验证[J]. 航天器工程，2021，30(3)：148-155.

[8] 朱炜，张国斌，陈凤熹，等. 中型敏捷遥感卫星公用平台寿命工作研究与实践[J]. 航天器工程，2021，30(3)：102-107.

[9] 张斯明，孙天逸，李红林，等. 东四增强卫星平台锂电池地面模拟试验设计[J]. 电源技术，2021，45(5)：622-625.

[10] 朱立颖，乔明，赵冰欣，等. 高分多模卫星锂离子蓄电池长寿命影响因素[J]. 航天器工程，2021，30(3)：177-183.

[11] 陶强，吴健，陈塞崎，等. 高分五号卫星长寿命保证技术[J]. 上海航天，2019，36(S2)：18-23.

[12] 郑见杰，杜园，王炜娜，等. 深空探测用锂离子蓄电池在轨管理策略研究[J]. 深空探测学报，2020，7(1)：81-86.

[13] 杨同智，党建成，钟靓，等. 基于多特征融合的航天器锂电池健康评估技术[J]. 中国空间科学技术，2021，41(6)：79-84.

[14] NATIONAL RESEARCH COUNCIL，DIVISION ON ENGINEERING，PHYSICAL SCIENCES，et al. NASA space technology roadmaps and priorities：restoring NASA's technological edge and paving the way for a new era in space[M]. Washington D. C. ：National Academies Press，2012.

[15] 宋缙华，丰震河，郭向飞，等. SAR 卫星用能量功率兼顾型锂离子电池研究[J]. 上海航天(中英文)，2020，37(2)：104-108,129.

[16] UNO M，OGAWA K，TAKEDA Y，et al. Development and on-orbit operation of lithium-ion pouch battery for small scientific satellite "REIMEI"[J]. Journal of Power Sources，2011，196(20)：8755-8763.

[17] ARMAND M，TARASCON J M. Building better batteries[J]. Nature，2008，451(7179)：652-657.

[18] GOODENOUGH J B，KIM Y. Challenges for rechargeable Li batteries[J]. Chemistry of Materials，2010，22(3)：587-603.

[19] SMART M C，MUTHULINGAM D，LISANO M E，et al. The use of low temperature lithium-ion batteries to enable the NASA insight mission on Mars[J]. ECS Meeting Abstracts，2019(2)：2464.

[20] 詹弗兰科·皮斯托亚. 锂离子电池技术 —— 研究进展与应用[M]. 赵瑞瑞，余乐，常毅，等译. 北京：化学工业出版社，2017：223-224.

[21] VETTER J，NOVAK P，WAGNER R，et al. Ageing mechanisms in lithium-ion batteries[J]. Journal of Power Sources，2005，147(1-2)：269-281.

[22] PALACIN M R. Understanding ageing in Li-ion batteries：a chemical issue[J]. Chemical Society Reviews，2018，47(13)：4924-4933.

[23] BARRÉ A，DEGUILHEM B，GROLLEAU S，et al. A review on lithium-ion battery ageing mechanisms and estimations for automotive applications[J]. Journal of Power Sources，2013，241(1)：680-689.

[24] ZHANG G X，WEI X Z，HAN G S，et al. Lithium plating on the anode for lithium-ion batteries during long-term low temperature cycling[J].

Journal of Power Sources，2021，484(2)：229312.

[25] HU D Z, CHEN L, TIAN J, et al. Research progress of lithium plating on graphite anode in lithium-ion batteries[J]. Chinese Journal of Chemistry，2021，39(1)：165-173.

[26] GRÜTZKE M, KRAFT V, HOFFMANN B, et al. Aging investigations of a lithium-ion battery electrolyte from a field-tested hybrid electric vehicle[J]. Journal of Power Sources，2015，273(1)：83-88.

[27] TERBORG L, WEBER S, BLASKE F, et al. Investigation of thermal aging and hydrolysis mechanisms in commercial lithium-ion battery electrolyte[J]. Journal of Power Sources，2013，242(15)：832-837.

[28] CHEN L, LÜ Z Q, LIN W L, et al. A new state-of-health estimation method for lithium-ion batteries through the intrinsic relationship between Ohmic internal resistance and capacity[J]. Measurement，2018，116(2)：586-595.

[29] TIAN J Q, WANG Y J, LIU C, et al. Consistency evaluation and cluster analysis for lithium-ion battery pack in electric vehicles[J]. Energy，2020，194(1)：116944.

[30] FENG F, HU X S, HU L, et al. Propagation mechanisms and diagnosis of parameter inconsistency within Li-ion battery packs[J]. Renewable and Sustainable Energy Reviews，2019，112(9)：102-113.

[31] 刘仲明. 锂离子电池组不一致性及热管理的模拟研究[D]. 天津：天津大学，2014：53-74.

[32] XIE S B, HU X S, ZHANG Q K, et al. Aging-aware co-optimization of battery size, depth of discharge, and energy management for plug-in hybrid electric vehicles[J]. Journal of Power Sources，2020，450(29)：227638.

[33] 魏学哲，陆天怡，房乔华，等. 并联电池组电流分布及寿命一致性演变规律研究[J]. 机电一体化，2018，24(Z1)：3-11.

[34] SHI W, HU X S, JIN C, et al. Effects of imbalanced currents on large-format $LiFePO_4$/Graphite batteries systems connected in parallel[J]. Journal of Power Sources，2016，313(1)：198-204.

[35] ZHENG Y J, GAO W K, OUYANG M G, et al. State-of-charge inconsistency estimation of lithium-ion battery pack using

mean-difference model and extended Kalman filter[J]. Journal of Power Sources, 2018, 383(15): 50-58.

[36] 李雅琳, 李峰, 罗萍, 等. GEO 卫星锂离子蓄电池组在轨均衡方式研究[J]. 电源技术, 2018, 42(9): 1289-1293.

[37] GOTTAPU M, GOH T, KAUSHIK A, et al. Fully coupled simplified electrochemical and thermal model for series-parallel configured battery pack[J]. Journal of Energy Storage, 2021, 36(4): 102424.

[38] LIU X H, AI W L, MARLOW M N, et al. The effect of cell-to-cell variations and thermal gradients on the performance and degradation of lithium-ion battery packs[J]. Applied Energy, 2019, 248(15): 489-499.

[39] 习成献, 孔陈杰, 李锐. 导航卫星镍钴铝酸锂电池组在轨自主管理及特性分析[J]. 航天器工程, 2020, 29(4): 80-85.

[40] 余文涛, 李红林, 黄智, 等. 高轨卫星锂离子蓄电池组安全应用实践[J]. 电源技术, 2018, 42(6): 766-768, 827.

[41] 谢文杰, 邵圣祥, 王霞, 等. 基于影锥特征角的近圆轨道卫星进出地影时间的快速判定法[J]. 载人航天, 2020, 26(3): 278-283.

[42] 张强, 孔陈杰, 习成献, 等. 中高轨卫星锂离子蓄电池组自主健康管理系统设计[J]. 储能科学与技术, 2019, 8(5): 954-959.

[43] 崔振海, 罗萍, 梁霍秀. 50 Ah 卫星用锂离子蓄电池的研制及性能分析[J]. 电源技术, 2016, 40(8): 1575-1577.

[44] 崔波, 陈世杰, 李旭丽, 等. 高轨卫星锂离子蓄电池组自主管理系统设计[J]. 航天器工程, 2017, 26(1): 65-70.

[45] 韩雪冰. 车用锂离子电池机理模型与状态估计研究[D]. 北京: 清华大学, 2016.

[46] PRASAD K G, RAHN D C. Model based identification of aging parameters in lithium-ion batteries[J]. Journal of Power Sources, 2013, 232: 79-85.

[47] YANG S, ZHANG C, JIANG J, et al. Review on state-of-health of lithium-ion batteries: characterizations, estimations and applications[J]. Journal of Cleaner Production, 2021, 314(10): 128015.

[48] LYU C, SONG Y, ZHENG J, et al. In situ monitoring of lithium-ion battery degradation using an electrochemical model[J]. Applied Energy, 2019, 250: 685-696.

[49] GAO Y, LIU K, ZHU C, et al. Co-estimation of state-of-charge and state-of-health for lithium-ion batteries using an enhanced electrochemical model[J]. IEEE Transactions on Industrial Electronics, 2022, 69(3): 2684-2696.

[50] DUAN B, ZHANG Q, GENG F, et al. Remaining useful life prediction of lithium-ion battery based on extended Kalman particle filter[J]. International Journal of Energy Research, 2020, 44(3): 1724-1734.

[51] LIEBHART B, KOMSIYSKA L, ENDISCH C. Passive impedance spectroscopy for monitoring lithium-ion battery cells during vehicle operation[J]. Journal of Power Sources, 2020, 449: 227297.

[52] GAO Y, YANG S J, JIANG J C, et al. The mechanism and characterization of accelerated capacity deterioration for lithium-ion battery with Li(NiMnCo)O$_2$ cathode[J]. Journal of the Electrochemical Society, 2019, 166(8): A1623-A1635.

[53] ZHANG X, LU J L, YUAN S F, et al. A novel method for identification of lithium-ion battery equivalent circuit model parameters considering electrochemical properties[J]. Journal of Power Sources, 2017, 345(31): 21-29.

[54] XIONG R, WANG J, SHEN W X, et al. Co-estimation of state of charge and capacity for lithium-ion batteries with multi-stage model fusion method[J]. Engineering, 2021, 7(10): 1469-1482.

[55] FENG T H, YANG L, ZHAO X W, et al. Online identification of lithium-ion battery parameters based on an improved equivalent-circuit model and its implementation on battery state-of-power prediction[J]. Journal of Power Sources, 2015, 281(1): 192-203.

[56] 马克·欧瑞姆,伯伦德·特瑞博勒特. 电化学阻抗谱[M]. 雍兴跃,张学元,译. 北京: 化学工业出版社, 2014: 1-2.

[57] JIANG J C, LIN Z S, JU Q, et al. Electrochemical impedance spectra for lithium-ion battery ageing considering the rate of discharge ability[J]. Energy Procedia, 2017, 105: 844-849.

[58] ZHANG Y W, TANG Q C, ZHANG Y, et al. Identifying degradation patterns of lithium-ion batteries from impedance spectroscopy using machine learning[J]. Nature communications, 2020, 11(1): 1706.

[59] 全国汽车标准化技术委员会. 电动汽车用动力蓄电池循环寿命要求及试验

方法:GB/T 31484—2015[S].北京:中国标准出版社,2015.

[60] CAI L, MENG J H, STROE D I, et al. Multi objective optimization of data-driven model for lithium-ion battery SOH estimation with short-term feature[J]. IEEE Transactions on Power Electronics, 2020, 35(11): 11855-11864.

[61] LIN C, TANG A, WANG W. A review of SOH estimation methods in lithium-ion batteries for electric vehicle applications[J]. Energy Procedia, 2015, 75(C): 1920-1925.

[62] XIAO B, XIAO B, LIU L S. Rapid measurement method for lithium-ion battery state of health estimation based on least squares support vector regression[J]. International Journal of Energy Research, 2021, 45(4): 5695-5709.

[63] DUBARRY M, BAURE G, ANSEÁN D. Perspective on state-of-health determination in lithium-ion batteries[J]. Journal of Electrochemical Energy Conversion and Storage, 2020, 17(4): 1-25.

[64] WANG Y J, TIAN J Q, SUN Z D, et al. A comprehensive review of battery modeling and state estimation approaches for advanced battery management systems[J]. Renewable and Sustainable Energy Reviews, 2020, 131(10): 110015.

[65] ZHANG Q C, Li X Z, DU Z C, et al. Aging performance characterization and state-of-health assessment of retired lithium-ion battery modules[J]. Journal of Energy Storage, 2021, 40: 102743.

[66] TIAN J P, XIONG R, SHEN W X. State-of-health estimation based on differential temperature for lithium-ion batteries[J]. IEEE Transactions on Power Electronics, 2020, 35(10): 10363-10373.

[67] SHIBAGAKI T, MERLA Y, OFFER G J. Tracking degradation in lithium-ion phosphate batteries using differential thermal voltammetry[J]. Journal of Power Sources, 2018, 374(15): 188-195.

[68] FENG H L, SONG D D. A health indicator extraction based on surface temperature for lithium-ion batteries remaining useful life prediction[J]. Journal of Energy Storage, 2021, 34(2): 102118.

[69] SAMAD A, KIM Y, SIEGEL B, et al. Battery capacity fading estimation using a force-based incremental capacity analysis[J]. Journal of The

Electrochemical Society, 2016, 163(8): A1584.

[70] HARTMUT P, MARKUS K, MARCUS J, et al. Mechanical methods for state determination of lithium-ion secondary batteries: a review[J]. Journal of Energy Storage, 2020, 32(12): 101859.

[71] LADPLI P, KOPSAFTOPOULOS F, CHANG F K. Estimating state of charge and health of lithium-ion batteries with guided waves using built-in piezoelectric sensors/actuators[J]. Journal of Power Sources, 2018, 384(30): 342-354.

[72] DUBARRY M, SVOBODA V, HWU R, et al. Incremental capacity analysis and close-to-equilibrium OCV measurements to quantify capacity fade in commercial rechargeable lithium batteries[J]. Electrochemical and Solid State Letters, 2006, 9(10): A454-A457.

[73] JIANG B, DAI H F, WEI X Z. Incremental capacity analysis based adaptive capacity estimation for lithium-ion battery considering charging condition[J]. Applied Energy, 2020, 269: 115074.

[74] 陈景龙, 王日新, 李玉庆, 等. 一种基于 SD−ICA 的卫星电池健康状态估计方法[J]. 北京航空航天大学学报, 2020, 47(10): 2058-2067.

[75] WIDODO A, SHIM M C, CAESARENDRA W, et al. Intelligent prognostics for battery health monitoring based on sample entropy[J]. Expert Systems with Applications, 2011, 38(9): 11763-11769.

[76] HU X S, LI S E, JIA Z Z, et al. Enhanced sample entropy-based health management of Li-ion battery for electrified vehicles[J]. Energy, 2014, 64(1): 953-960.

[77] HU X S, JIANG J C, CAO D P, et al. Battery health prognosis for electric vehicles using sample entropy and sparse Bayesian predictive modeling[J]. IEEE Transactions on Industrial Electronics, 2016, 63(4): 2645-2656.

[78] LIU D T, WANG H, PENG Y, et al. Satellite lithium-ion battery remaining cycle life prediction with novel indirect health indicator extraction[J]. Energies, 2013, 6(8): 3654-3668.

[79] HU C, JAIN G, SCHMIDT C, et al. Online estimation of lithium-ion battery capacity using sparse Bayesian learning[J]. Journal of Power Sources, 2015, 289(1): 105-113.

[80] ZHOU Y, HUANG M, CHEN Y, et al. A novel health indicator for on-line lithium-ion batteries remaining useful life prediction[J]. Journal of Power Sources, 2016, 321(30): 1-10.

[81] RICHARDSON R R, BIRKL C R, OSBORNE M A, et al. Gaussian process regression for in situ capacity estimation of lithium-ion batteries[J]. IEEE Transactions on Industrial Informatics, 2018, 15(1): 127-138.

[82] ZHENG Y J, WANG J J, QIN C, et al. A novel capacity estimation method based on charging curve sections for lithium-ion batteries in electric vehicles[J]. Energy, 2019, 185: 361-371.

[83] 杨杰. 基于可快速测量参数的锂离子电池健康状态诊断方法研究[D]. 哈尔滨: 哈尔滨工业大学, 2019.

[84] NAHA A, HAN S, AGARWAL S, et al. An incremental voltage difference based technique for online state of health estimation of Li-ion batteries[J]. Scientific Reports, 2020, 10(1): 9526.

[85] WENG C H, FENG X N, SUN J, et al. State-of-health monitoring of lithium-ion battery modules and packs via incremental capacity peak tracking[J]. Applied Energy, 2016, 180: 360-368.

[86] WANG L M, PAN C F, LIU L, et al. On-board state of health estimation of $LiFePO_4$ battery pack through differential voltage analysis[J]. Applied Energy, 2016, 168: 465-472.

[87] WANG L M, ZHAO X L, LIU L, et al. State of health estimation of battery modules via differential voltage analysis with local data symmetry method[J]. Electrochimica Acta, 2017, 256: 81-89.

[88] KALOGIANNIS T, STROE I, NYBORG J, et al. Incremental capacity analysis of a lithium-ion battery pack for different charging rates[J]. ECS Transactions, 2017, 77(11): 403.

[89] ERIK S, LOAN D S, KJELD N, et al. Incremental capacity analysis applied on electric vehicles for battery state-of-health estimation[J]. IEEE Transactions on Industry Applications, 2021, 57(2): 1810-1817.

[90] AMELIE K, ERNST F, FRANK S, et al. Incremental capacity analysis as a state of health estimation method for lithium-ion battery modules with series-connected cells[J]. Batteries, 2020, 7(1): 2.

[91] HUA Y, CORDOBA A A, WARNER N, et al. A multi time-scale state-of-charge and state-of-health estimation framework using nonlinear predictive filter for lithium-ion battery pack with passive balance control[J]. Journal of Power Sources, 2015, 280: 293-312.

[92] CORDOBA-ARENAS A, ONORI S, RIZZONI G. A control-oriented lithium-ion battery pack model for plug-in hybrid electric vehicle cycle-life studies and system design with consideration of health management[J]. Journal of Power Sources, 2015, 279: 791-808.

[93] BI J, ZHANG T, YU H Y, et al. State-of-health estimation of lithium-ion battery packs in electric vehicles based on genetic resampling particle filter[J]. Applied Energy, 2016, 182: 558-568.

[94] HUHMAN B M, HEINZEL J M, MILI L, et al. Investigation into state-of-health impedance diagnostic for 26650 4P1S battery packs[J]. Journal of The Electrochemical Society, 2017, 164(1): A6401-A6411.

[95] 王震坡, 孙逢春, 张承宁. 电动汽车动力蓄电池组不一致性统计分析[J]. 电源技术, 2003, 27(5): 438-441.

[96] GOGOANA R, PINSON M B, BAZANT M Z, et al. Internal resistance matching for parallel-connected lithium-ion cells and impacts on battery pack cycle life[J]. Journal of Power Sources, 2014, 252: 8-13.

[97] 柳杨, 张彩萍, 姜久春, 等. 锂离子电池组容量差异辨识方法研究[J]. 中国电机工程学报, 2021, 41(4): 1422-1430,1548.

[98] ZHANG C P, JIANG Y, JIANG J C, et al. Study on battery pack consistency evolutions and equilibrium diagnosis for serial-connected lithium-ion batteries[J]. Applied Energy, 2017, 207(12): 510-519.

[99] CHE Y H, FOLEY A, EL-GINDY M, et al. Joint estimation of inconsistency and state of health for series battery packs[J]. Automotive Innovation, 2021, 4(1): 103-116.

[100] DIAO W, JIANG J, ZHANG C, et al. Energy state of health estimation for battery packs based on the degradation and inconsistency[J]. Energy Procedia, 2017, 142: 3578-3583.

[101] ZHANG X, WANG Y J, LIU C, et al. A novel approach of battery pack state of health estimation using artificial intelligence optimization algorithm[J]. Journal of Power sources, 2018, 376: 191-199.

[102] 谭强，范燕平. 我国卫星长寿命技术发展需求及组织与管理探讨[J]. 航天器工程，2011，20(5)：111-115.

[103] 李红林，余文涛，黄智，等. 东方红四号卫星平台锂离子蓄电池在轨应用分析[J]. 航天器工程，2016，25(5)：57-62.

[104] 石明. 前景广阔的东四增强型平台[J]. 国际太空，2020(4)：32-35.

[105] MENDOZA S, BOLAY L J, HORSTMANN B, et al. Durability analysis of the REIMEI satellite Li-ion batteries after more than 14 years of operation in space[J]. Electrochemistry，2020，88(4)：300-304.

[106] KRAUSE F C, RUIZ J P, JONES S C, et al. Performance of commercial Li-ion cells for future NASA missions and aerospace applications[J]. Journal of The Electrochemical Society，2021，168(4)：040504.

[107] SURAMPUDI R, ELLIOTT J, BLOSIU J, et al. Advanced energy storage technologies for future NASA planetary science mission concepts[R]. California：NASA Jet Propulsion Laboratory，2018：5，12，17.

[108] 全国宇航技术及其应用标准化技术委员会. 宇航用锂离子蓄电池组设计与验证要求：GB/T 38314—2019[S]. 北京：中国标准出版社，2019.

[109] STEPHANE R, SERGE L, STEPHANE L, et al. Qualification and life testing of li-ion VES16 batteries[J]. E3S Web of Conferences，2017，16：17009.

[110] SMART M C, RATNAKUMAR B V, WHITCANACK L D, et al. Life verification of large capacity Yardney Li-ion cells and batteries in support of NASA missions[J]. International Journal of Energy Research，2010，34(2)：116-132.

[111] QIU J, HE D D, SUN M Z, et al. Effects of neutron and gamma radiation on lithium-ion batteries[J]. Nuclear Instruments and Methods in Physics Research Section B：Beam Interactions with Materials and Atoms，2015，345：27-32.

[112] TAN C T, LYONS D J, PAN K, et al. Radiation effects on the electrode and electrolyte of a lithium-ion battery[J]. Journal of Power Sources，2016，318：242-250.

[113] JOKAR A, RAJABLOO B, DÉSILETS M, et al. Review of simplified pseudo-two-dimensional models of lithium-ion batteries[J]. Journal of

Power Sources，2016，327(9)：44-55.

[114] MADANI S S, SCHALTZ E, KAER S K. A review of different electric equivalent circuit models and parameter identification methods of lithium-ion batteries[J]. ECS Transactions, 2018, 87(1)：23-37.

[115] LIAW B Y, NAGASUBRAMANIAN G, JUNGST R G, et al. Modeling of lithium ion cells：a simple equivalent-circuit model approach[J]. Solid state ionics, 2004, 175(1-4)：835-839.

[116] PLETT G. Extended Kalman filtering for battery management systems of LiPB-based HEV battery packs：part 3. state and parameter estimation[J]. Journal of Power Sources, 2004, 134(2)：277-292.

[117] LAI X, WANG S Y, MA S D, et al. Parameter sensitivity analysis and simplification of equivalent circuit model for the state of charge of lithium-ion batteries[J]. Electrochimica Acta, 2020, 330：135239.

[118] LIN X Y, TANG Y L, REN J, et al. State of charge estimation with the adaptive unscented Kalman filter based on an accurate equivalent circuit model[J]. Journal of Energy Storage, 2021, 41：102840.

[119] 魏婧雯. 储能锂电池系统状态估计与热故障诊断研究[D]. 合肥：中国科学技术大学，2019.

[120] HE H W, XIONG R, FAN J X. Evaluation of lithium-ion battery equivalent circuit models for state of charge estimation by an experimental approach[J]. Energies, 2011, 4(4)：582-598.

[121] HUA X, ZHANG C, OFFER G. Finding a better fit for lithium ion batteries：A simple, novel, load dependent, modified equivalent circuit model and parameterization method[J]. Journal of Power Sources, 2021, 484(2)：229117.

[122] LAI X, ZHENG Y J, SUN T. A comparative study of different equivalent circuit models for estimating state-of-charge of lithium-ion batteries[J]. Electrochimica Acta, 2018, 259：566-577.

[123] NASERI F, SCHALTZ E, STROE D I, et al. An enhanced equivalent circuit model with real-time parameter identification for battery state-of-charge estimation[J]. IEEE Transactions on Industrial Electronics, 2021, 69(4)：3743-3751.

[124] VARINIM, CAMPANA P E, LINDBERGH G. A semi-empirical,

electrochemistry-based model for Li-ion battery performance prediction over lifetime[J]. Journal of Energy Storage, 2019, 25: 100819.

[125] ONAT N C, KUCUKVAR M, AFSHAR S. Eco-efficiency of electric vehicles in the united states: a life cycle assessment based principal component analysis[J]. Journal of Cleaner Production, 2019, 212(3): 515-526.

[126] ATKINSON A C, RIANI M, CORBELLINI A. The box-cox transformation: review and extensions[J]. Statistical Science, 2021, 36(2): 239-255.

[127] XU Z C, WANG J, LUND P D, et al. Estimation and prediction of state of health of electric vehicle batteries usingdiscrete incremental capacity analysis based on real driving data[J]. Energy, 2021, 225: 120160.

[128] JIA S, MA B, GUO W, et al. A sample entropy based prognostics method for lithium-ion batteries using relevance vector machine[J]. Journal of Manufacturing Systems, 2021,61(10):773-781.

[129] DE WINTER J C F, GOSLING S D, POTTER J. Comparing the Pearson and Spearman correlation coefficients across distributions and sample sizes: a tutorial using simulations and empirical data[J]. Psychological Methods, 2016, 21(3): 273-290.

[130] GAO D J, ZHOU Y, WANG T Z, et al. A method for predicting the remaining useful life of lithium-ion batteries based on particle filter using Kendall rank correlation coefficient[J]. Energies, 2020, 13(16): 4183.

[131] ASTROM J, BERNHARDSSON B. Systems with Lebesgue sampling[J]. Lecture Notes in Control and Information Sciences,2003, 286: 1-13.

[132] XU Y K, CAO X R. Lebesgue-sampling-based optimal control problems with time aggregation[J]. IEEE Transactions on Automatic Control, 2011, 56(5): 1097-1109.

[133] KAWAGUCHI T, INOUE M, ADACHI S. State estimation under Lebesgue sampling and an approach to event-triggered control[J]. SICE Journal of Control, Measurement, and System Integration, 2017,

10(3)：259-265.

[134] LYU D Z, NIU G X, ZHANG B, et al. Lebesgue-time-space-model-based diagnosis and prognosis for multiple mode systems[J]. IEEE Transactions on Industrial Electronics，2020，68(2)：1591-1603.

[135] TIPPING M E. Sparse Bayesian learning and the relevance vector machine[J]. Journal of Machine Learning Research，2001，1(6)：211-244.

[136] CAESARENDRAW, WIDODO A, YANG B S. Application of relevance vector machine and logistic regression for machine degradation assessment[J]. Mechanical Systems and Signal Processing，2010，24(4)：1161-1171.

[137] 周建宝. 基于 RVM 的锂离子电池剩余使用寿命预测方法研究[D]. 哈尔滨：哈尔滨工业大学，2013：20-26.

[138] 张红梅，刘胜，孙明健. 最优状态估计理论及应用[M]. 哈尔滨：哈尔滨工业大学出版社，2019：3-5.

[139] SELCUK A,MUHAMMAD S,ALESSANDRO M，et al. Theory of battery ageing in a lithium-ion battery：capacity fade，nonlinear ageing and lifetime prediction[J]. Journal of Power Sources，2020，478(12)：229026.

[140] DOUCET A, GODSILL S, ANDRIEU C. On Sequential Monte Carlo sampling methods for Bayesian filtering[J]. Statistics and Computing，2000，10(3)：197-208.

[141] SUN X F, ZHONG K, HAN M. A hybrid prognostic strategy with unscented particle filter and optimized multiple kernel relevance vector machine for lithium-ion battery[J]. Measurement，2021，170(1)：108679.

[142] SHU X, SHEN J, LI G, et al. A flexible state of health prediction scheme for lithium-ion battery packs with long short-term memory network and transfer learning[J]. IEEE Transactions on Transportation Electrification，2021,45(2):3113-3128.

[143] KAUR K, GARG A, CUI X J, et al. Deep learning networks for capacity estimation for monitoring SOH of Li-ion batteries for electric vehicles[J]. International Journal of Energy Research，2021，45(2)：3113-3128.

[144] 刘大同，周建宝，郭力萌，等. 锂离子电池健康评估和寿命预测综述[J]. 仪器仪表学报，2015，36(1)：1-16.

名词索引

附录   部分彩图

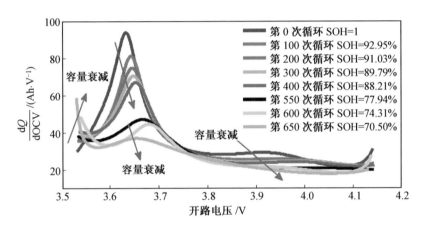

图 4.6   电池处于不同健康状态情况下的 IC 曲线

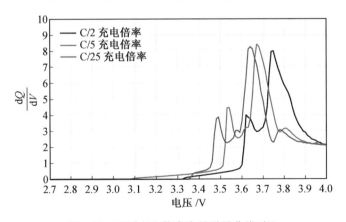

图 4.7   不同充电倍率容量增量曲线对比

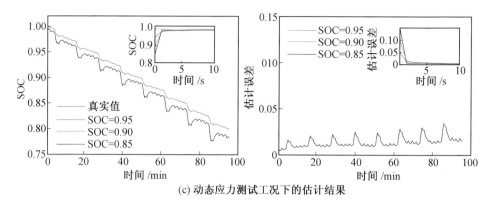

(c) 动态应力测试工况下的估计结果

图 5.13　SOC 初值未知条件下的电池荷电状态估计结果

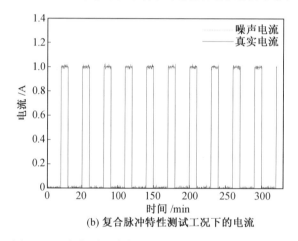

(b) 复合脉冲特性测试工况下的电流

图 5.14　含有测量噪声的三种基本工况下的电流曲线

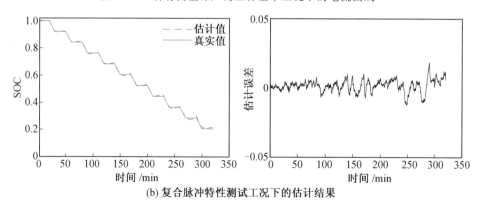

(b) 复合脉冲特性测试工况下的估计结果

图 5.15　含电流测量噪声的电池荷电状态估计结果

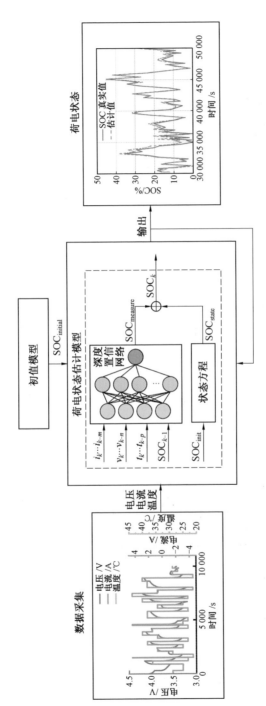

图 5.19　基于深度置信网络－卡尔曼滤波的锂离子电池荷电状态估计方法框架

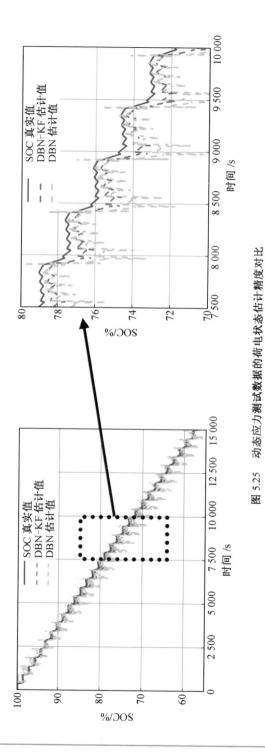

图 5.25 动态应力测试数据的荷电状态估计精度对比

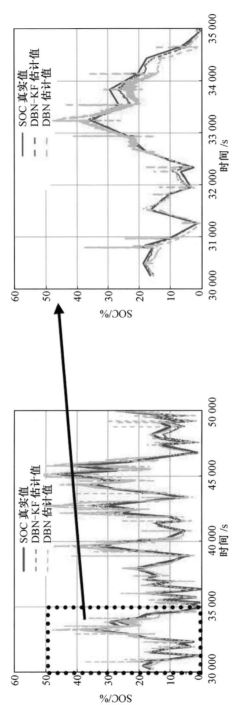

图 5.26 随机电池使用数据集测试数据的荷电状态估计精度对比

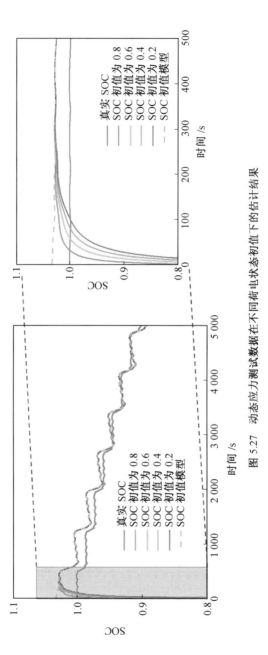

图 5.27　动态应力测试数据在不同荷电状态初值下的估计结果

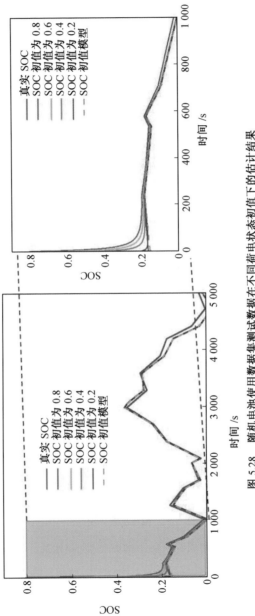

图 5.28　随机电池使用数据集测试数据在不同荷电状态初值下的估计结果

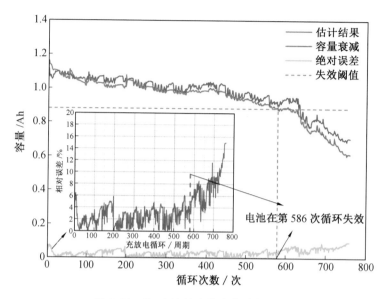

图 6.33　B1 电池健康状态估计结果

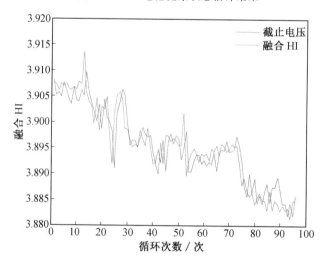

图 6.34　SS28 健康状态建模结果

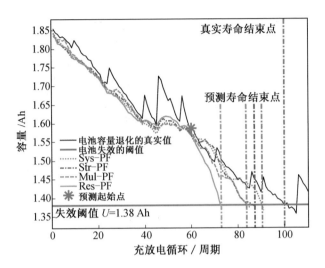

图 7.11　基于 Mul_PF、Res_PF、Str_PF 和 Sys_PF 4 种重采样算法的
锂离子电池剩余使用寿命预测结果

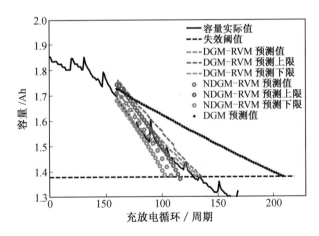

图 7.18　B5 电池 RUL 预测结果

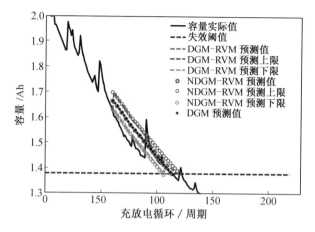

图 7.19　B6 电池 RUL 预测结果

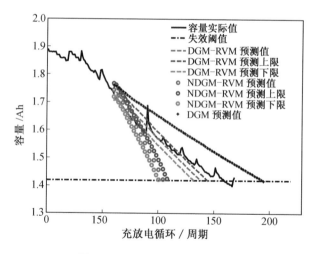

图 7.20　B7 电池 RUL 预测结果

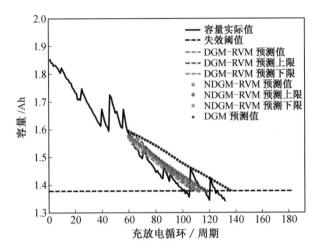

图 7.21 B18 电池 RUL 预测结果

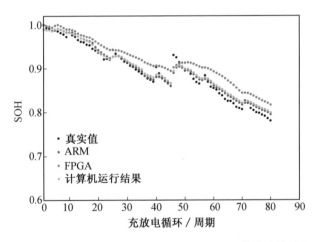

图 8.7 基于各嵌入式平台的 B18 电池 SOH 估计结果对比

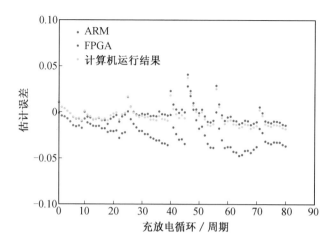

图 8.8　基于各嵌入式平台的 B18 电池 SOH 估计误差对比